高职高专物联网应用技术专业系列教材

STM32 应用开发实践

主　编　肖敦鹤

副主编　翟龙飞　皮永辉

西安电子科技大学出版社

内 容 简 介

本书以 ST 公司内嵌 Cortex-M4 内核的 STM32F4xx 系列 ARM 控制器为重点,深入浅出地介绍了 STM32 应用开发所涉及的各个方面的关键技术。全书内容可分为四大部分:第 1、2 章主要介绍 STM32 处理器内嵌 Cortex-M3/M4 内核的架构与资源,包括工作模式与状态、寄存器、总线接口、指令系统、异常与中断、存储器组织映射等;第 3、4 章为 STM32 开发基础,主要介绍 STM32F407 处理器的软硬件资源、开发调试手段与方法以及最小系统设计与调试;第 5~10 章为 STM32 应用开发实践,主要介绍 STM32 的 GPIO、中断、定时器、USART、SPI、I2C、ADC/DAC、DMA 等接口的资源配置、软件编程以及应用实践;第 11 章为物联网感知层应用开发,主要介绍 STM32 在物联网应用开发中常搭配使用的无线通信模块 WiFi、ZigBee、Bluetooth、NB-IoT、LoRa 及其应用开发。

本书在内容安排上由浅入深,理论与实践相结合,将 STM32 资源配置、接口及外设的应用开发作为重点,列出了各种实践案例和结果,具有较强的实践性。

本书可作为高职高专院校计算机、信息科学、电子信息等相关专业 STM32 单片机开发课程的教材,也可作为教师、科研人员和相关培训机构的参考材料,还可作为物联网初中级开发人员、STM32 单片机自学者的教材和参考书。

图书在版编目(CIP)数据

STM32 应用开发实践/肖敦鹤主编. —西安:西安电子科技大学出版社,2022.5(2023.7 重印)
ISBN 978-7-5606-6408-8

Ⅰ. ①S⋯ Ⅱ. ①肖⋯ Ⅲ. ①微控制器—高等职业教育—教材 Ⅳ. ①TP368.1

中国版本图书馆 CIP 数据核字(2022)第 045984 号

策　　划　明政珠
责任编辑　买永莲
出版发行　西安电子科技大学出版社(西安市太白南路 2 号)
电　　话　(029)88202421　88201467　　邮　编　710071
网　　址　www.xduph.com　　　　电子邮箱　xdupfxb001@163.com
经　　销　新华书店
印刷单位　咸阳华盛印务有限责任公司
版　　次　2022 年 5 月第 1 版　　2023 年 7 月第 2 次印刷
开　　本　787 毫米×1092 毫米　1/16　印　张　18.5
字　　数　438 千字
印　　数　1001~2000 册
定　　价　45.00 元

ISBN 978-7-5606-6408-8 / TP

XDUP 6710001-2

如有印装问题可调换

前　言

ARM 处理器作为嵌入式系统应用技术中的领导者，在物联网、人工智能、机器人等各个行业和领域得到了广泛的应用。ARM 处理器的应用开发作为高等院校 IT 类专业学生必备的专业技能，是大学毕业生从业的基础，在学生择业、就业的过程中发挥着重要的作用。因此，很多理工科类高等院校均将 ARM 处理器应用开发作为必修课或选修课列入了人才培养方案和教学计划中。

作为 ARM 内核的系列处理器，STM32 的应用范围广、影响大。因此，本书以封装了 Cortex-M3/M4 内核的 STM32F4xx 处理器为主体，介绍了 STM32 应用开发关键技术和应掌握的核心技能，以满足教学要求、就业需求和企业对人才的需要。

本书的特色如下：

(1) 依照嵌入式系统开发的核心技能，在理论基础部分，重点介绍 Cortex-M3/M4 内核结构、寄存器、总线接口、指令系统、异常与中断、存储器保护单元，这是从事 STM32 嵌入式应用开发必备的基础；在 STM32 应用开发基础部分，介绍 STM32F407 处理器软硬资源、开发调试环境、最小系统组成，此部分主要让学生建立嵌入式系统框架的概念，理解最小系统的重要性，掌握 STM32 应用开发使用的软件和硬件环境以及开发手段和方法；在 STM32 应用开发实践部分，主要介绍 STM32 的 GPIO、中断、定时器、USART、SPI、I2C、ADC/DAC、DMA 等接口的资源配置、软件编程以及应用实践；最后为综合应用开发部分，综合应用前面各章节知识，独立完整地开发一套可用的物联网无线传感节点产品。

(2) 按照 STM32 应用开发的流程，对 GPIO、USART、SPI、I2C、ADC/DAC 等外设接口设计了多个导引式的学习情境案例，每个学习情境均将知识体系和实践技能相结合，由浅及深地讲解，使学生更容易理解和掌握，可以产生良好的教学效果。

(3) 充分体现了高职院校的教学特点，引入 STM32 开发案例，设计 STM32 综合应用项目，在提高学生应用技能的同时，强化项目驱动，实现"工学结合"，提高了理论教学和实践教学质量。

本书内容安排遵循嵌入式开发流程和循序渐进的学习规律，结合案例加深对嵌入式系统的理解，让学生掌握应用开发的核心技能和方法，并通过综合实践培养学生独立的工作能力。本书共 11 章，各章内容安排如下：

第 1 章为 Cortex-M3/M4 体系结构，主要介绍 STM32 的内核 Cortex-M3/M4 体系结构，从内核充分了解 STM32 的功能及性能特点。

第 2 章为 STM32 处理器概述，主要介绍 STM32 处理器的命名方式、功能、资源以及外形封装。

　　第 3 章为 STM32 开发与调试方法，主要介绍 STM32 开发环境的搭建、工程的创建、程序的下载以及不同的开发模式。

　　第 4 章为 STM32 最小系统，主要介绍满足 STM32 工作的最小电路的硬件组成结构，以及 STM32 工作的硬件基础知识。

　　第 5 章为 GPIO 的功能与应用，主要介绍 GPIO 的结构和功能、GPIO 的寄存器与库函数以及 GPIO 口的应用案例。

　　第 6 章为 STM32 中断与编程，主要介绍 STM32 中断过程、中断控制器(NVIC)的配置过程、外部中断(EXTI)结构和配置过程以及中断相关的实践案例。

　　第 7 章为 STM32 定时器与编程，主要介绍 STM32 的三种不同用途的定时器，并按照不同用途讲解应用案例。

　　第 8 章为 USART 及其应用，主要介绍 USART 作为 STM32 频繁使用的片上外设的基本功能、串口中断、串口相关的寄存器和库函数以及串口应用案例。

　　第 9 章为同步串行总线 SPI 和 I2C，主要介绍 STM32 中常用的总线协议——I2C 协议和 SPI 协议及其应用与实践。

　　第 10 章为 ADC/DAC 与 DMA 的原理及应用，主要介绍 STM32 具有的 ADC/DAC (模数/数模转换)功能的使用配置方法以及 DMA 概述与应用。

　　第 11 章为物联网感知层应用开发，主要介绍 STM32 单片机技术在物联网中的应用案例，以 STM32 搭配 WiFi 模块、ZigBee 模块、Bluetooth 模块、NB-IoT 模块、LoRa 模块等，实现不同场景的远距离无线通信。

　　本书的三位编者长期从事 ARM 嵌入式应用开发的各项工作,包括产品研发、ARM 的应用推广、ARM 嵌入式培训和教学工作。在撰写本书的过程中我们得到了深圳信息职业技术学院、北京旋极信息技术股份有限公司、深圳市鹤洲富通科技有限公司的鼎力支持和帮助,在此一并表示衷心的感谢!

　　由于编者水平有限,书中难免存在不足之处,恳请读者批评指正,我们将在随后的修订中逐步完善本书。衷心希望本书能在我国的职教事业发展中作出些许的贡献。

编　者

2022 年 1 月

目　录

第 1 章　Cortex-M3/M4 体系结构

　　STM32 系列处理器是一类功能强大的 32 位单片机，其应用范围广、影响大。STM32F 系列处理器主要采用 Cortex 内核，其中 STM32F1xx、STM32F2xx 和 STM32F4xx 均采用了 Cortex-M3/M4 内核。

1.1　Cortex-M3/M4 内核结构

　　Cortex-M3 处理器内核是单片机的中央处理单元(CPU)，完整的基于 Cortex-M3 的处理器还需要很多其他组件。Cortex-M3 及内核结构如图 1.1 所示。

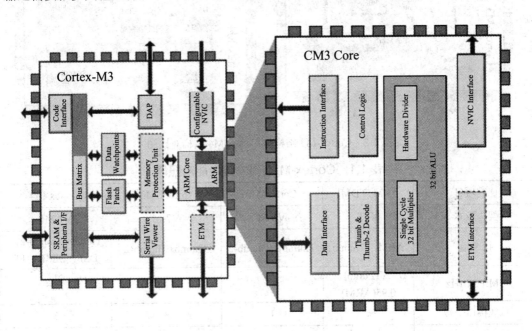

图 1.1　Cortex-M3 及内核结构

Cortex-M3 内核具有以下结构特点：

(1) 采用哈佛结构(Harvard Architecture)；

(2) 采用三级流水线，且具有分支预测功能；

(3) 支持位绑定操作；

(4) 内置嵌套向量中断控制器(NVIC)；

(5) 支持存储器非对齐访问；

(6) 定义了统一的存储器映射；

(7) 高效的 Thumb-2 16/32 位混合指令集；

(8) 支持串行调试(SWD)；

(9) 32 位硬件除法和单周期乘法。

相比于 Cortex-M3，Cortex-M4 采用了 V7-ME 架构，在多方面都进行了优化，性能有了更高的提升。此外，Cortex-M4 内核还增加了单精度浮点运算单元(FPU)以及 DSP 扩展指令集，其他功能与 Cortex-M3 的相同。Cortex-M3 与 Cortex-M4 结构对比图如图 1.2 所示。Cortex-M4 内核结构与其他 ARM 内核结构详细的性能对照表如表 1.1 所示。

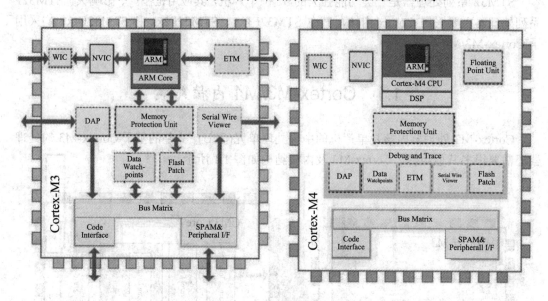

图 1.2　Cortex-M3 结构与 Cortex-M4 结构对比图

表 1.1　Cortex-M 系列内核性能对照表

比较项目	ARM7TDMI	Cortex-M0	Cortex-M3	Cortex-M4
架构版本	V4T	V6-M	V7-M	V7-ME
指令集	ARM，Thumb	Thumb，Thumb-2	Thumb+Thumb-2	Thumb+Thumb-2，DSP，SIMD，FP
DMIPS/MHz	0.72(Thumb)，0.95(ARM)	0.9	1.25	1.25
总线接口个数	无	1	3	3
中断控制器(NVIC)	无	有	有	有
中断个数	2(IRQ 和 FIQ)	1~32 +NMI	1~240 +NMI	1~240 +NMI
中断优先级	无	4	8 位二进制数表示中断优先级时，最多 256 级	8 位二进制数表示中断优先级时，最多 256 级

续表

比较项目	ARM7TDMI	Cortex-M0	Cortex-M3	Cortex-M4
存储保护单元(MPU)	无	无	有(可选择)	有(可选择)
集成跟踪模块(ETM)	有(可选择)	无	有(可选择)	有(可选择)
单周期乘法	无	有(可选择)	有	有
硬件除法	无	无	有	有
位绑定(Bit Banding)	无	无	有	有
DSP	无	无	无	有
浮点运算单元(FPU)	无	无	无	有
总线	ARM7TDMI-S AHB Wrapper	AHB Lite	AHB Lite，APB	AHB Lite，APB

1.2　工作模式及状态

Cortex-M3 中提供了存储器访问的保护机制，使得普通的用户程序代码不能意外地或者恶意地执行涉及要害的操作，因此处理器为程序赋予了操作模式/用户两级权限，分别为特权级和用户级，如表 1.2 所示。

表 1.2　操作模式和特权等级

操作模式/用户等级	特 权 级	用 户 级
异常 Handler 的代码	Handler 模式	错误用法
主应用程序代码	线程模式	线程模式

以特权级执行可以访问所有的资源；而以非特权级执行时，对于某些资源的访问将受到限制或不允许访问。在特权级下的代码可以通过置位 CONTROL[0]进入用户级。不管是任何原因产生了任何异常，处理器都将以特权级来运行其服务例程，异常返回后将回到产生异常之前的特权级。用户级下的代码不能再试图修改 CONTROL[0]来回到特权级，它必须通过一个异常 Handler，由该异常 Handler 来修改 CONTROL[0]，才能在返回到线程模式后获得特权级，如图 1.3 所示。

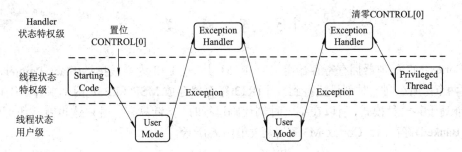

图 1.3　特权级和处理器模式的改变图

    把代码按特权级和用户级分开对待,有利于使架构更加安全和健壮,不会因为一些小的失误导致整个系统崩溃。为了避免系统堆栈因应用程序的错误使用而毁坏,可以给应用程序专门配一个堆栈,使它无法共享操作系统内核的堆栈。在该管理原则下,运行在线程模式下的用户代码使用 PSP(Process Stack Pointer,进程堆栈指针),而异常服务例程则使用 MSP(Main Stack Pointer,主堆栈指针)。这两个堆栈指针的切换是全自动的,在出入异常服务例程时由硬件处理。特权等级和堆栈指针的选择均由 CONTROL 负责,在异常处理的始末,只发生了处理器模式的转换,如图 1.4 所示。在用户级的线程模式下,在中断响应的始末,处理器模式和特权等级都会发生变化,如图 1.5 所示。

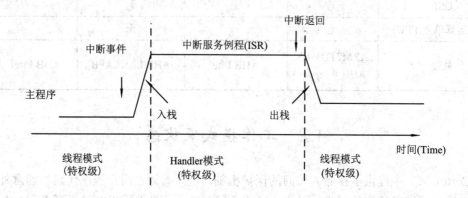

图 1.4　中断前后的状态转换

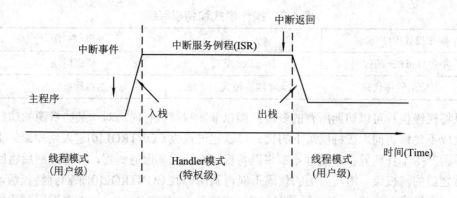

图 1.5　中断前后的状态转换及特权等级切换

1.3　寄　存　器

    Cortex-M3 处理器拥有寄存器组 R0～R15。其中,R13 为堆栈指针(Stack Pointer,SP)。SP 有两个,但在同一时刻只能看到一个(R13 寄存器存放 MSP 和 PSP 两个指针,代码运行时只能处于某一种模式,所以在某一时刻代码运行时,指针只有一种),这也就是所谓的"影子"(Banked)寄存器。Cortex-M3 寄存器如图 1.6 所示。

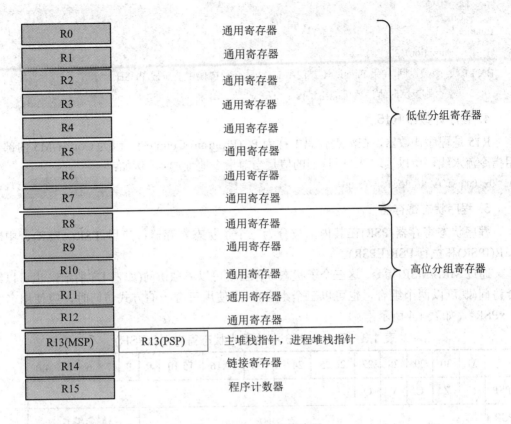

图 1.6　Cortex-M3 寄存器

1. 通用寄存器 R0~R12

R0~R12 都是 32 位通用寄存器，用于数据操作。但应注意，绝大多数 16 位 Thumb 指令只能访问 R0~R7，因此 R0~R7 也被称为低位分组寄存器；而 R8~R12 的字长为 32 位，所以它们也被称为高位分组寄存器。32 位 Thumb-2 指令可以访问所有寄存器。

2. 堆栈指针 R13

Cortex-M3 拥有两个堆栈指针：

(1) 主堆栈指针：复位后缺省使用的堆栈指针，用于操作系统内核以及异常处理例程(包括中断服务例程)。

(2) 进程堆栈指针：由用户的应用程序代码使用。

3. 链接寄存器 R14

R14 是链接寄存器(LR)。LR 用于函数或子程序调用时存储返回地址。例如，在使用 BL(Branch with Link，带链接的分支)指令时，会自动填充 LR 的值，代码示例如下：

```
Main      ;主程序
…
BL function1   ; 使用 BL 指令调用 function1，
; PC= function1 并且 LR 为主程序的下一条指令地址
```

```
…
function1
…        ; function1 的代码
BX LR    ; 函数返回[如果 function1 要使用 LR,则必须在使用前压栈(PUSH),
         ; 否则返回时程序就可能出错]
```

4. 程序计数器 R15

R15 是程序计数器,在汇编代码中称为 PC(Program Counter)。因为 Cortex-M3 内部使用指令流水线,所以读取 PC 时返回的值是当前指令地址加 4。例如:

```
0x1000:MOV R0,PC; R0=0x1004
```

5. 程序状态寄存器

程序状态寄存器(PSR)在其内部被分为三个子状态寄存器:应用 PSR(APSR)、中断 PSR(IPSR)和执行 PSR(EPSR)。

通过 MRS/MSR 指令,这三个子状态寄存器既可以单独访问(如表 1.3 所示),也可以组合访问(既可以两个组合,也可以三个组合)。当使用三合一的方式访问时,应使用名字"xPSR",如表 1.4 所示。

表 1.3　Cortex-M3 中的程序状态寄存器(xPSR)

	31	30	29	28	27	26:25	24	23:20	19:16	15:10	9	8	7	6	5	4:0
APSP	N	Z	C	V	Q											
IPSR													异常编号			
EPSR						ICI/IT	T			ICI/IT						

表 1.4　合体后的程序状态寄存器(xPSR)

	31	30	29	28	27	26:25	24	23:20	19:16	15:10	9	8	7	6	5	4:0
xPSR	N	Z	C	V	Q	ICI/IT	T			ICI/IT			异常编号			

6. Cortex-M3 的屏蔽寄存器

Cortex-M3 的三个屏蔽寄存器用于控制异常的使能和失能,如表 1.5 所示。

表 1.5　Cortex-M3 的屏蔽寄存器

寄存器名称	功 能 描 述
PRIMASK	这是个只有 1 个位的寄存器。当它置 1 时,可关掉所有可屏蔽的异常,只剩下 NMI 和硬 fault 可以响应。它的缺省值是 0,表示没有关中断
FAULTMASK	这是个只有 1 个位的寄存器。当它置 1 时,只有 NMI 才能响应,所有其他的异常,包括中断和 fault,都不能响应。它的缺省值是 0,表示没有关异常
BASEPRI	这个寄存器最多有 9 位(由表达优先级的位数决定)。它定义了被屏蔽优先级的阈值。当它被设成某个值后,所有优先级号大于等于此值的中断都被关闭(优先级号越大,优先级越低)。但若被设成 0,则不关闭任何中断,0 也是缺省值

对关键任务而言，PRIMASK 和 BASEPRI 可暂时关闭中断是非常必要的，而 FAULTMASK 可以被 OS 用于暂时关闭 fault 处理机制。这种处理在某个任务崩溃时会被需要，因为在任务崩溃时，常常伴随着很多 fault。在系统处理时，通常不再需要响应这些 fault，总之 FAULTMASK 是专门留给 OS 用的。要访问 PRIMASK、FAULTMASK 以及 BASEPRI，同样要使用 MRS/MSR 指令，且只有在特权级下才允许访问这三个寄存器。操作指令代码如下：

```
MRS R0, BASEPRI        ;读取 BASEPRI 到 R0 中
MRS R0, FAULTMASK      ;同上
MRS R0, PRIMASK       ;同上
MSR BASEPRI, R0        ;写入 R0 到 BASEPRI 中
MSR FAULTMASK, R0      ;同上
MSR PRIMASK, R0       ;同上
```

7. 控制寄存器

控制寄存器(CONTROL)用于定义特权级别及堆栈指针选择，如表 1.6 所示。

表 1.6　Cortex-M3 的 CONTROL 寄存器

位	功　　能
CONTROL[1]	堆栈指针选择。0=选择主堆栈指针 MSP(复位后缺省值)；1=选择进程堆栈指针 PSP。 在线程或基础级，可以使用 PSP。在 Handler 模式下，只允许使用 MSP，所以此时不得往该位写 1
CONTROL[0]	0=特权级的线程模式；1=用户级的线程模式。 Handler 模式永远都是特权级的

在 Cortex-M3 的 Handler 模式中，CONTROL[1]总是 0，而在线程模式中则可以为 0 或 1。仅当处于特权级的线程模式下，此位才可写，其他场合下禁止写此位。改变处理器的模式也有其他的方式，在异常返回时，通过修改 LR 的位 2，也能实现模式切换。

仅当在特权级下操作时才允许写 CONTROL[0]位。一旦进入了用户级，唯一返回特权级的途径，就是触发一个(软)中断，再由服务例程改写该位。

CONTROL 寄存器也是通过 MRS 和 MSR 指令来操作的：

```
MRS R0, CONTROL
MSR CONTROL, R0
```

1.4　总　线　接　口

Cortex-M3 处理器的总线接口是基于 AHB-Lite 和 APB(Advanced Peripheral Bus，高级外设总线)协议的，它们的规格在 AMBA 规范中有说明。通常情况下，芯片厂商都会

钩住(Hook Up)所有送往存储器和外设的总线信号。在少数情况下，芯片厂商把总线连接到总线桥上，并且允许外部总线系统连接到芯片上。Cortex-M3 内部结构及总线连接如图1.7 所示。

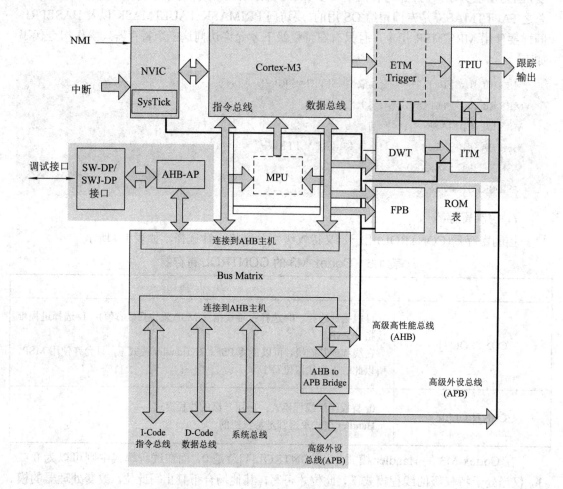

图 1.7　Cortex-M3 内部结构及总线连接

需要注意的是：虚线框中的 MPU 和 ETM 是可选组件，即不一定会包含在每一个Cortex-M3 处理器中。图 1.7 中还有很多新的组件，表 1.7 中列出了这些组件。

表 1.7　图 1.7 中的缩写及其定义

缩　写	含　义
NVIC	嵌套向量中断控制器
SysTick	一个简易的周期定时器，用于提供时基，多为操作系统所使用
MPU	存储器保护单元(可选组件)
BusMatrix	总线矩阵
AHB to APB Bridge	把 AHB 转换为 APB 的总线桥

缩　写	含　义
SW-DP/SWJ-DP	串行线/串行线 JTAG 调试端口(DP)。通过串行线调试协议或者是传统的 JTAG 协议(专用于 SWJ-DP)，都可以用于实现与调试接口的连接
AHB-AP	AHB 访问端口，它把串行线/SWJ 接口的命令转换成 AHB 数据传送
ETM	嵌入式跟踪宏单元(可选组件)，调试用。用于处理指令跟踪
DWT	数据观察点及跟踪单元调试用。这是一个处理数据观察点功能的模块
ITM	指令跟踪宏单元
TPIU	跟踪单元的接口单元。所有跟踪单元发出的调试信息都要先送给它，它再转发给外部跟踪捕获硬件
FPB	Flash 地址重载及断点单元
ROM 表	一个小的查找表，其中存储了配置信息

1. I-Code 总线

I-Code 总线是一条基于 AHB-Lite 总线协议的 32 位总线，负责在 0x00000000～0x1FFFFFFF 之间的取指操作。

2. D-Code 总线

D-Code 总线是一条基于 AHB-Lite 总线协议的 32 位总线，负责在 0x00000000～0x1FFFFFFF 之间的数据访问操作。

3. 系统总线

系统总线也是一条基于 AHB-Lite 总线协议的 32 位总线，负责在 0x20000000～xDFFFFFFF 和 0xE0100000～0xFFFFFFFF 之间的所有数据传送、取指和数据访问。

4. APB 私有外设总线

APB 私有外设总线是一条基于 APB 总线协议的 32 位总线，负责 0xE0040000～0xE00FFFFF 之间的私有外设访问。但是，由于此 APB 存储空间的一部分已经被 TPIU、ETM 以及 ROM 表使用了，只留下 0xE0042000～E00FF000 这个区间用于配接附加的 APB 私有外设。

5. AHB 内部私有外设总线

内部专用总线是 AHB 总线，此总线负责 0xE0000000～0xE003FFFF 空间的取数据和调试访问。

1.5　存储器组织与映射

与传统的 ARM 架构相比，Cortex-M3 的存储器系统已经有了脱胎换骨的变化，主要体现在四个方面：

(1) 其存储器映射是预定义的，并且规定固定位置使用的总线。

(2) 支持所谓的"位带"(Bit-band)操作。

(3) 支持非对齐访问和互斥访问。

(4) 采用大小端模式。

1. 存储器映射

Cortex-M3 的地址空间是 4 GB，程序可以在代码区、内部 SRAM 区以及外部 RAM 区中执行。但是因为指令总线与数据总线是分开的，最理想的是把程序放到代码区，从而使取指和数据访问各自使用各自的总线。

内存映射是按 4 GB 的存储空间划分的，如图 1.8 所示。

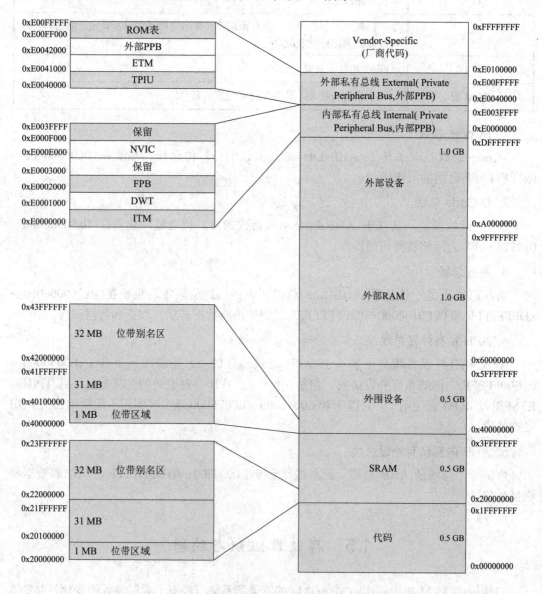

图 1.8　Cortex-M3 预定义的存储器映射

图 1.8 中，内部 SRAM 区的大小是 0.5 GB，用于芯片制造商连接片上的 SRAM，这个区通过系统总线来访问。在这个区的下部，有一个 1 MB 的位带区，该位带区还有一个对应的 32 MB 的"位带别名(Bit Band Alias)区"，容纳了 8 MB 的"位变量"。地址空间的另一个 0.5 GB 范围由片上外设寄存器使用。还有两个 1 GB 的范围，分别用于连接外部 RAM 和外部设备，两者的区别在于外部 RAM 区允许执行指令，外部设备区则不允许。而 Cortex-M3 内核就在最后的 0.5 GB 的隐秘地带，包括系统级组件、内部私有外设总线、外部私有外设总线以及由提供者定义的系统外设。

NVIC 所处的区域称为"系统控制空间(SCS)"，在 SCS 里的还有 SysTick、MPU 以及代码调试控制所用的寄存器，如图 1.9 所示。

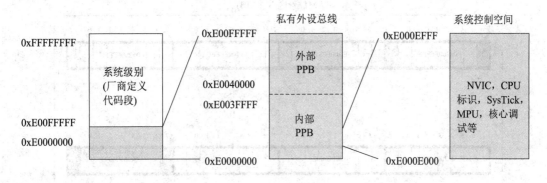

图 1.9 系统控制空间地址

2. Cortex-M3 的"位带操作"

Cortex-M3 支持位带操作，通过位带别名区访问时，可以达到访问原始比特的目的。通过位带的功能，可以把多个布尔型数据打包在单一的字中，但仍可以从位带别名区中像访问普通内存一样使用它们。位带别名区中的访问是原子操作，消灭了传统的"读—改—写"操作，如图 1.10 所示。

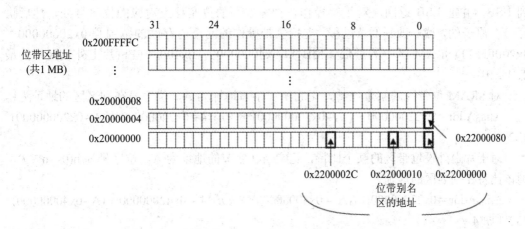

图 1.10 位带区与位带别名区的膨胀对应关系图 A

图 1.11 从另一个侧面演示了比特的膨胀对应关系。

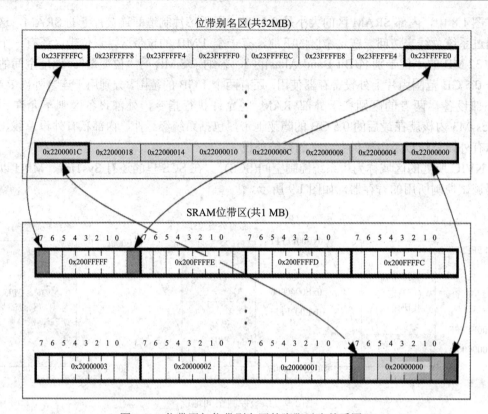

图 1.11　位带区与位带别名区的膨胀对应关系图 B

Cortex-M3 使用如下术语来表示位带存储的相关地址。

(1) 位带区：支持位带操作的地址区。

(2) 位带别名：对别名地址的访问最终作用到位带区的访问上。

在位带区中，每个比特都映射到别名地址区的一个字。当一个别名地址被访问时，会先把该地址变换成位带地址，对于读操作，读取位带地址中的一个字，再把需要的位右移到 LSB，并把 LSB 返回。对于写操作，把需要写的位左移至对应的位序号处，然后执行一个原子的"读－改－写"过程。支持位带操作的两个内存区的范围是 0x20000000～0x200FFFFF(SRAM 区中的最低 1 MB)和 0x40000000～0x400FFFFF(片上外设区中的最低 1 MB)。

对 SRAM 位带区的某个比特，记它所在字节地址为 A，位序号在别名区的地址为：

AliasAddr＝0x22000000 + ((A−0x20000000)*8 + n)*4= 0x22000000 + (A−0x20000000)*32 + n*4

对于片上外设位带区的某个比特，记它所在字节的地址为 A，位序号为 n(0≤n≤7)，则该比特在别名区的地址为：

AliasAddr＝0x22000000 + ((A − 0x40000000)*8 + n)*4 = 0x42000000 + (A−0x40000000)*32 + n*4

上式中，"*4"表示一个字为 4 个字节，"*8"表示一个字节中有 8 个比特。

位带操作可以使代码更加简洁，且在多任务中，还可用于实现共享资源在任务间的"互锁"访问。

3. 互斥访问

互斥体在多任务环境中使用，也在中断服务例程和主程序之间使用，用于给任务申请共享资源(如一块共享内存)。在某个(排他型)共享资源被一个任务拥有后，直到这个任务释放它之前，其他任务不得再访问它。为建立一个互斥体，需要定义一个标志变量，用于指示其对应的共享资源是否已经被某任务拥有。当另一个任务欲取得此共享资源时，要先检查这个标志，以获知共享资源是否无人使用。在传统的 ARM 处理器中，这种检查操作是通过 SWP 指令来实现的。SWP 保证互斥体检查是原子操作的，从而避免了一个共享资源同时被两个任务占有。

在新版的 ARM 处理器中，读/写访问往往使用不同的总线，导致 SWP 无法再保证操作的原子性，因为只有在同一条总线上的读/写才能实现一个互锁的传送。因此，互锁传送必须用另外的机制实现，这就引入了"互斥访问"。互斥访问的理念同 SWP 的非常相似，不同点在于：在互斥访问操作下，允许互斥体所在的地址被其他总线 Master(主服务)访问，也允许被其他运行在本机上的任务访问，但是 Cortex-M3 能够"驳回"有可能导致竞态条件的互斥写操作。

4. 端模式

作为 32 位的处理器，ARM 体系结构所支持的最大寻址空间为 4 GB(2^{32} bit)。在内存中，数据的存储分为两种形式，称为大端模式和小端模式。

(1) 大端模式：字数据的高字节存储在低地址中，而字数据的低字节存放在高地址中。

(2) 小端模式：与大端存储模式相反，低地址存放的是字数据的低字节，高地址存放的是字数据的高字节。

Cortex-M3 支持小端模式和大端模式。但是单片机其他部分的设计，包括总线的连接、内存控制器以及外设的性质等，一定要先在单片机的数据手册上查清楚可以使用的端。这里推荐 Cortex-M3 的单片机都使用小端模式。

1.6　指　令　集

计算机编程语言是软件的载体，而软件和硬件是通过指令集联系的，即指令集是计算机硬件和软件的接口。为了给以后的学习扫清障碍，这里先简要地介绍一下 ARM 汇编器的基本语法。本书绝大多数的汇编示例都使用 ARM 汇编器的语法，部分情况会使用 GCC 汇编器 AS 的语法。

1. 汇编语言的基本语法

汇编指令的最典型的书写模式如下所示：

标号

操作码　操作数 1，操作数 2，…；注释

其中，标号是可选的，如果有，则必须顶格写。标号的作用是让汇编器来计算程序转移的地址。操作码是指令的助记符，它的前面必须有至少一个空白符，通常使用一个"Tab"键来产生。操作码后往往跟随若干个操作数，而第一个操作数通常都给出本指令执行结果

的存储地址。不同指令需要不同数目的操作数，并且对操作数的语法要求也可以不同。例如，立即数必须以"#"开头：

```
MOV R0, #0x12        ;将 0x12 送入 R0 寄存器
MOV R1, # 'A'        ; R1= A 将 A 的 ASCII 码对应的十进制数送入 R1 寄存器
```

注释均以";"开头，它的有无不影响汇编操作，只是给程序员看的，能让程序更易理解。还可以使用 EQU 指示字来定义常数，然后在代码中使用它们，例如：

```
NVIC_IRQ_SETEN0 EQU 0xE000E100
NVIC_IRQ0_ENABLE EQU 0x1

    …
    LDR R0, =NVIC_IRQ_SETEN0
;这里的 LDR 是个伪指令，它会被汇编器转换成一条"相对 PC 的加载指令"
    MOV R1, #NVIC_IRQ0_ENABLE   ;把立即数传送到指令中
    STR R1, [R0]   ; *R0=R1，执行完此指令后 IRQ #0 被使能
```

注意：常数定义必须顶格写。

如果汇编器不能识别某些特殊指令的助记符，则要"手工汇编"，即查出该指令的确切二进制机器码，然后使用 DCI 编译器格式。例如，BKPT 指令的机器码是 0xBE00，即可以按如下格式书写：

```
DCI 0xBE00       ; 断点(BKPT)，这是一个 16 位指令
```

类似地，还可以使用 DCB 来定义一串字节常数，即允许以字符串的形式表达，还可以使用 DCD 来定义一串 32 位整数。汇编指令 DCB、DCD 最常被用来在代码中书写表格，例如：

```
    LDR R3, =MY_NUMBER ; R3= MY_NUMBER
    LDR R4, [R3] ; R4= *R3
    …
    LDR R0, =HELLO_TEXT ; R0= HELLO_TEXT
    BL PrintText        ;呼叫 PrintText 以显示字符串，R0 传递参数
…
MY_NUMBER
    DCD 0x12345678
HELLO_TEXT
    DCB"Hello\n",0
```

注意：不同汇编器的指示字和语法可以不同。上述示例代码都是按 ARM 汇编器的语法格式书写的。如果使用其他汇编器，则建议参考其附带的示例代码。

2. 汇编语言：后缀的使用

在 ARM 处理器中，指令可以带有后缀，如表 1.8 所示。

表 1.8　后缀名的使用

后缀名	含　义
S	要求更新 APSR 中的标志 S，例如： ADDS R0，R1　;根据加法的结果更新 APSR 中的标志
EQ、NE、LT、GT 等	有条件地执行指令。EQ=Euqal，NE= Not Equal，LT= Less Than，GT= Greater Than。还有若干个其他的条件，例如： BEQ <Label>　;仅当 EQ 满足时转移

在 Cortex-M3 中，对条件后缀的使用有限制，只有转移指令(B 指令)才可随意使用。而对于其他指令，Cortex-M3 引入了 IF-THEN 指令块，只有在这个块中才可以加后缀，且必须加后缀。

3. 统一的汇编语言

为了最有力地支持 Thumb-2，ARM 引入了"统一汇编语言"(Unified Assembly Language，UAL)语法机制。对于 16 位指令和 32 位指令均能实现的一些操作(常见于数据处理操作)，有时虽然指令的实际操作数不同，或者对立即数的长度有不同的限制，但是汇编器允许开发者以相同的语法格式书写，并且由汇编器来决定是使用 16 位指令还是使用 32 位指令。Thumb 的语法和 ARM 的语法原本不同，UAL 出现后对两者的书写格式进行了统一，例如：

```
ADD R0, R1          ;使用传统的 Thumb 语法
ADD R0, R0, R1      ; UAL 语法允许的等值写法(R0=R0+R1)
```

虽然引入了 UAL，但是仍然允许使用传统的 Thumb 语法。但应注意：如果使用传统的 Thumb 语法，有些指令会默认地更新 APSR，即使没有加上 S 后缀。如果使用 UAL 语法，则必须指定 S 后缀才会更新。例如：

```
AND R0, R1          ;传统的 Thumb 语法
ANDS R0, R0, R1     ;等值的 UAL 语法(必须有 S 后缀)
```

在 Thumb-2 指令集中，有些操作既可以由 16 位指令完成，也可以由 32 位指令完成。例如 R0 = R0 + 1，16 位的指令与 32 位的指令都提供了助记符为"ADD"的指令。在 UAL 下，可以由汇编器来决定，也可以手工指定是用 16 位的还是 32 位的。例如：

```
ADDS R0, #1         ;汇编器为了节省空间而使用 16 位指令
ADDS.N R0, #1       ;指定使用 16 位指令(N＝Narrow)
ADDS.W R0, #1       ;指定使用 32 位指令(W=Wide)
```

如果没有给出后缀，则汇编器会先试着使用 16 位指令以缩小代码体积，如果不行再使用 32 位指令。因此，使用".N"多此一举，但汇编器仍然允许这样的语法。

注意：这是 ARM 公司汇编器的语法，其他汇编器的语法可能略有不同，但如果没有给出后缀，则汇编器总是会尽量选择更短的指令。在绝大多数情况下，程序是用 C 语言编写的，C 编译器也会尽可能地使用短指令。然而，当立即数超出一定范围时，或者 32 位指令能更好地适合某个操作，将使用 32 位指令。32 位 Thumb-2 指令也可以按半字对齐(以前 ARM 32 位指令都必须按字对齐)，因此下例是允许的：

```
0x1000: LDR r0, [r1]        ;一个 16 位的指令
0x1002: RBIT.W r0           ;一个 32 位的指令，跨越了字的边界
```

绝大多数 16 位指令只能访问 R0~R7，32 位 Thumb-2 指令则无任何限制。然而，将 R15(PC)作为目的寄存器，用对了会有意想不到的妙处，出错时则会使程序跑飞。通常只有系统软件才会不惜冒险地做此高危行为。

1.6.1　ARM 指令集

ARM 指令系统是 RISC(Reduced Instruction Set Computing，精简指令集计算机)指令集，指令系统优先选取使用频率高的指令，以及一些有用但不复杂的指令，ARM 指令集指令长度固定、指令格式种类少、寻址方式少，只有存取指令访问存储器，其他的指令都在寄存器间操作，且大部分指令都在一个指令周期内完成；以硬布线控制逻辑为主，不用或少用代码控制。ARM 更容易实现流水线等操作。ARM 采用长乘法指令和增强的 DSP 指令等指令类型，集合了 RISC 和 CISC(Complex Instruction Set Computing 复杂指令集计算机)的优势。同时，ARM 采用快速中断响应、虚拟存储系统支持、高级语言支持、定义不同的操作模式等，使得其功能更加强大。Cortex-M3 的 ARM 指令列表如表 1.9 所示。

表 1.9　ARM 指令表

指　令	用　　法
ADC	带进位的 32 位数加法
ADD	32 位数相加
AND	32 位数的逻辑与
B	在 32 MB 空间内的相对跳转指令
BEQ	相等则跳转(Branch if Equal)
BNE	不相等则跳转(Branch if Not Equal)
BGE	大于或等于跳转(Branch if Greater than or Equal)
BGT	大于跳转(Branch if Greater Than)
BIC	32 位数的逻辑位清零
BKPT	断点指令
CDP CDP2	协处理器数据处理操作
CLZ	零计数
CMP	32 位数比较
EOR	32 位逻辑异或
LDC LDC2	从协处理器取一个或多个 32 位值
LDM	从内存送多个 32 位字到 ARM 寄存器
LDR	从虚拟地址取一个单个的 32 位值
MLA	32 位乘累加

续表

指　令	用　法
MOV	传送一个 32 位数到寄存器
MRS	把状态寄存器的值送到通用寄存器
MSR	把通用寄存器的值传送到状态寄存器
MUL	32 位乘
MVN	把一个 32 位数的逻辑"非"送到寄存器
ORR	32 位逻辑或
PLD	预装载提示指令
QADD	有符号 32 位饱和加
QDADD	有符号双 32 位饱和加
QSUB	有符号 32 位饱和减
QDSUB	有符号双 32 位饱和减
RSB	逆向 32 位减法
RSC	带进位的逆向 32 位减法
SBC	带进位的 32 位减法
SMLAxy	有符号乘累加(16 位 × 16 位 + 32 位=32 位)
SMLAL	64 位有符号乘累加(32 位 × 32 位 + 64 位 = 64 位)
SMALxy	64 位有符号乘累加(32 位 × 32 位 + 64 位 = 64 位)
SMLAWy	有符号乘累加(32 位 × 16 位>>16 位 + 32 位 = 32 位)
SMULL	64 位有符号乘累加(32 位 × 32 位 = 64 位)
SMULxy	有符号乘(16 位 × 16 位 = 32 位)
SMULWy	有符号乘(32 位 × 16 位>>16 位 = 32 位)
STC STC2	从协处理器中把一个或多个 32 位值存到内存
UMLAL	64 位无符号乘累加(32 位 × 32 位 + 64 位 = 64 位)
UMULL	64 位无符号乘累加(32 位 × 32 位 = 64 位)

1.6.2　Thumb 指令集

　　Thumb 指令集是 ARM 指令集的一个子集，指令的长度为 16 位。与等价的 32 位代码相比，Thumb 指令集在保留 32 位代码优势的同时，大大地节省了系统的存储空间。Thumb 不是一个完整的体系结构，处理器不可能只执行 Thumb 指令集而不支持 ARM 指令集。

　　ARM 开发必须处理好两个状态，即 32 位的 ARM 状态和 16 位的 Thumb 状态。当处理器在 ARM 状态下时，所有的指令均是 32 位的，此时处理指令的能力更高；而在 Thumb 状态时，所有的指令均是 16 位的，代码密度提高了一倍。但是，Thumb 状态下的指令功能只是 ARM 状态下的一个子集，有可能需要更多条指令去完成相同的工作，导致处理性能下降。

　　为了取长补短，很多应用程序都混合使用 ARM 和 Thumb 代码段。然而，这种混合使用是有额外开销(Overhead)的，时间上的和空间上的都有，且主要发生在状态切换时，如图 1.12 所示。另一方面，ARM 代码和 Thumb 代码需要以不同的方式编译，这也增加了软件开发管理的复杂度。

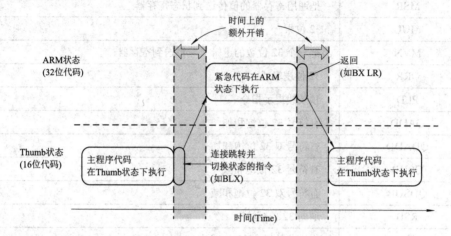

图 1.12　ARM7 处理器上的状态切换模式图

1.6.3　Thumb-2 指令集

　　Thumb-2 指令集的出现，使得处理器可以在单一的操作模式下进行所有指令的处理，避免了在 ARM 状态和 Thumb 状态之间来回切换。事实上，Cortex-M3 内核都不支持 ARM 指令，中断也在 Thumb-2 状态下处理(以前的 ARM 总是在 ARM 状态下处理所有的中断和异常)。Cortex-M3 只使用 Thumb-2 指令集。这是个很大的突破，因为它允许 32 位指令和 16 位指令优势互补，使得 Cortex-M3 在以下几个方面比传统的 ARM 处理器更先进。

　　(1) 消灭了状态切换的额外开销，节省了执行时间和指令空间。

　　(2) 不再需要把源代码文件分成按 ARM 编译的和按 Thumb 编译的，大大降低了软件开发管理的复杂度。ARM 指令集的发展如图 1.13 所示。

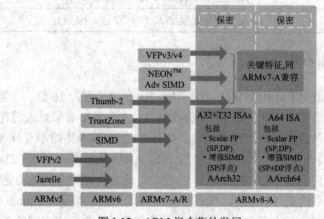

图 1.13　ARM 指令集的发展

对于 Thumb-2 指令集，建议初学者利用英文还原法记忆指令功能，会查看汇编代码相关的指令集，能够读懂代码的意图和作用。

1.7　流　水　线

在计算机中一条指令的执行可分为若干个阶段，由于每个阶段的操作都是相对独立的，因此可以采用流水线的重叠技术来提高系统的性能。在流水线填满后，多个指令可以并行执行，这样可以充分利用现有的硬件资源，提高微处理器的运行效率。

Cortex-M3 处理器使用一个三级流水线，即取指(Fetch)、解码(Decode)和执行(Execute)，如图 1.14 所示。

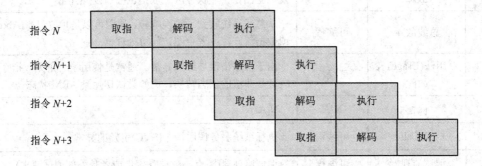

图 1.14　Cortex-M3 的三级流水线

1.8　异　常　与　中　断

1.8.1　异常和中断的概念

异常通常定义为在正常的程序执行流程中发生暂时的停止并转向相应的处理，包括 ARM 内核产生复位、取指或存储器访问失败、遇到未定义指令及执行软件中断指令。大多数异常都对应一个软件的异常处理程序，也就是在异常发生时执行的软件程序。在处理异常前，当前处理器的状态必须保留，这样当异常处理完成后，当前程序可以继续执行。处理器允许多个异常同时发生，它们将会按固定的优先级进行处理。中断与异常类似，如果没有特别说明，本书中将把异常都作为中断来处理。

Cortex-M3 在内核水平上搭载了一个中断响应系统，支持众多的系统中断和内核以外的中断。其中，编号 1～15 对应系统中断，如表 1.10 所示；编号大于等于 16 的则全是内核以外的中断，如表 1.11 所示。

表 1.10　系统异常清单

编号	类 型	优先级	简 介
0	N/A	N/A	没有异常在运行
1	复位	-3(最高)	复位
2	NMI	-2	不可屏蔽中断(来自外部 NMI 输入脚)
3	硬故障(Hard Fault)	-1	所有被除能的故障，都将"上访"(Escalation)成硬故障。只要 FAULTMASK 没有置位，硬故障服务例程就会被强制执行。故障被失能的原因包括被禁用或者 FAULTMASK 被置位
4	MemManage 故障	可编程	存储器管理故障，MPU 访问犯规以及访问非法位置均可引发。企图在"非执行区"取指也会引发此异常
5	总线故障	可编程	从总线系统收到了错误响应，原因可以是预取流产(Abort)或数据流产，或者企图访问协处理器
6	用法(Usage)故障	可编程	由于程序错误导致的异常。通常是使用了一条无效指令，或者是非法的状态转换，例如尝试切换到 ARM 状态
7-10	保留	N/A	N/A
11	SVCall	可编程	执行系统服务调用指令(SVC)引发的异常
12	调试监视器	可编程	调试监视器(断点、数据观察点或者是外部调试请求)
13	保留	N/A	N/A
14	PendSV	可编程	为系统设备而设的"可悬挂请求"(Pendable Request)
15	SysTick	可编程	系统滴答定时器(即周期性溢出的时基定时器)

表 1.11　系统中断清单

编 号	类 型	优先级	简 介
16	IRQ#0	可编程	外中断#0
17	IRQ#1	可编程	外中断#1
…	…	…	…
255	IRQ#239	可编程	外中断#239

1.8.2　中断控制器

向量中断控制器(NVIC)是 Cortex-M3 不可分离的一部分，它与 Cortex-M3 内核的逻辑紧密耦合。NVIC 的寄存器以存储器映射的方式来访问，除包含控制寄存器和中断处理控制逻辑外，NVIC 还包含了处理器的控制寄存器、SysTick 定时器以及调试控制。

NVIC 的访问地址是 0xE000E000。所有 NVIC 的中断控制/状态寄存器都只能在特权级下访问，但软件触发中断寄存器可以在用户级下访问以产生软件中断。所有的中断控制/状态寄存器均可按字/半字访问。此外，有些中断屏蔽寄存器与中断控制密切相关，它们是特殊功能寄存器，只能通过 MRS/MSR 及 CPS 来访问。

1.8.3　中断、异常过程

当 Cortex-M3 开始响应一个中断时，会进行以下三种操作。

1. 入栈

入栈是把 8 个寄存器的值压入栈。响应异常的第一个行动，就是自动保存现场的必要部分：依次把 xPSR、PC、LR、R12 以及 R3～R0 由硬件自动压入适当的堆栈中。响应异常时，如果当前的代码正在使用 PSP，则压入 PSP，即使用线程堆栈；否则压入 MSP，使用主堆栈。一旦进入了服务例程，就将一直使用主堆栈。

2. 取向量

取向量即从向量表中找出对应的服务程序入口地址。当数据总线(系统总线)忙于入栈操作时，指令总线(I-Code 总线)则正在为响应中断紧张有序地执行另一项重要的任务：从向量表中找出正确的异常向量，然后在服务程序的入口处预取指。

3. 更新寄存器

在入栈和取向量工作完毕后，执行服务例程之前，还要选择堆栈指针 MSP/PSP、更新堆栈指针 SP、更新连接寄存器 LR 及更新程序计数器 PC。

1.8.4　嵌套优先级

在 Cortex-M3 内核以及 NVIC 的深处，已经内建了对中断嵌套的全力支持。STM32 允许中断嵌套，前提是发生中断的优先级足够高，且要计算主堆栈容量的最小安全值。STM32 的所有服务函数都只使用主堆栈，所以当中断嵌套加深时，对主堆栈的压力会增大。每嵌套一级，至少需要 8 个字，即 32 B 的堆栈空间。此外，还有 ISR 对堆栈的额外需求，且何时嵌套多少级也是不可预料的。如果主堆栈的容量已经所剩无几，中断嵌套又突然加深，则主堆栈会被用完溢出。在这里，堆栈溢出是很致命的，它会使入栈数据与主堆栈前面的数据区发生混叠，使这些数据被破坏；若服务函数又更改了混叠区的数据，则堆栈内容会被破坏。这样在执行中断返回后，系统极可能功能紊乱，造成死机！

另一个要注意的是，相同的中断是不允许重入的。因为每个中断都有自己的优先级，并且在中断处理期间，同级或低优先级的中断是应被阻塞的，因此对于同一个中断，只有在上次的服务例程执行完毕后，才可继续响应新的中断请求。

1.8.5　咬尾中断

Cortex-M3 为缩短中断延迟做了很多努力，而新增的"咬尾中断"(Tail-Chaining)机制就是所做努力之一。

当处理器在响应某异常时，如果又发生了其他异常，但它们的优先级不够高，则会被阻塞。在当前的异常执行返回后，系统处理悬挂起的异常时，若仍按照先 POP 后 PUSH(压栈)的顺序，则会浪费 CPU 的时间。因此，Cortex-M3 会继续使用上一个异常已经 PUSH 好的成果，看上去好像后一个异常把前一个的"尾巴"咬掉了，前前后后只执行了一次入栈/出栈操作。这样操作使得这两个异常之间的"时间沟"变窄了很多，如图 1.15 所示。

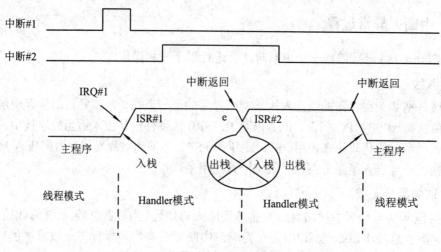

图 1.15　咬尾中断示意图

1.8.6　晚到异常

Cortex-M3 的中断处理还有另一个机制，它强调了优先级的作用，这就是"晚到的异常处理"。当 Cortex-M3 对某个异常的响应序列还处在入栈的阶段，尚未执行其服务例程时，如果收到了高优先级异常的请求，则入栈后，将执行高优先级异常的服务例程。可见，新的异常虽然晚到，却还是因优先级高而先被执行。

例如，若在响应某低优先级异常#1 的早期，检测到了高优先级异常#2，则只要异常#2 不是太晚，就能以"晚到异常"的方式处理，即在入栈完毕后执行异常#2，如图 1.16 所示。如果异常#2 来得太晚，以至于已经执行了 ISR #1 的指令，则按普通的抢占处理，这会需要更多的处理器时间和额外 32 B 的堆栈空间。在 ISR #2 执行完毕后，则以"咬尾中断"方式来启动 ISR #1 的执行。

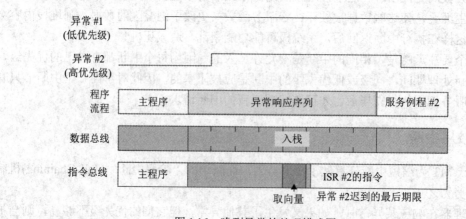

图 1.16　晚到异常的处理模式图

1.8.7　异常返回值

进入异常服务程序后，LR 的值被自动更新为特殊的 EXC_RETURN，即 LR 的高 28 位全为 1，只有[3:0]的值有特殊含义，如表 1.12 所示。当异常服务例程把这个值送往 PC 时，就会启动处理器的中断返回序列。因为 LR 的值是由 Cortex-M3 自动设置的，所以若没有特殊需求，建议不要改动。

表 1.12　EXC_RETURN 位段详解

位　段	含　义
[31：4]	EXC_RETURN 的标识，必须全为 1
3	0 = 返回后进入 Handler 模式 1 = 返回后进入线程模式
2	0 = 从主堆栈中做出栈操作，返回后使用 MSP 1 = 从进程堆栈中做出栈操作，返回后使用 PSP
1	保留，必须为 0
0	0 = 返回 ARM 状态 1 = 返回 Thumb 状态。在 Cortex-M3 中必须为 1

思 考 与 练 习

1. 简述 Cortex-M3 内核的结构特点。
2. 简述 Cortex-M3 的总线及特点。
3. 简述存储器映射的优点。
4. 简述 ARM 指令集和 Thumb 指令集的优缺点。
5. 简述中断嵌套的一般过程。

第 2 章　STM32 处理器概述

2.1　STM32 处理器命名

STM32 是 ST 公司基于 Cortex-M 内核的 32 位处理器的总称，该系列产品具有低成本、低功耗、高性能、多功能等优点，并且以系列化方式推出，方便用户选型。每一型号对应一个具体名称，通过名称可以了解该处理器的类型、功能用途、引脚数、内存容量、封装等特性。STM32 系列处理器按照一定规则来命名，其命名规则如图 2.1 所示。

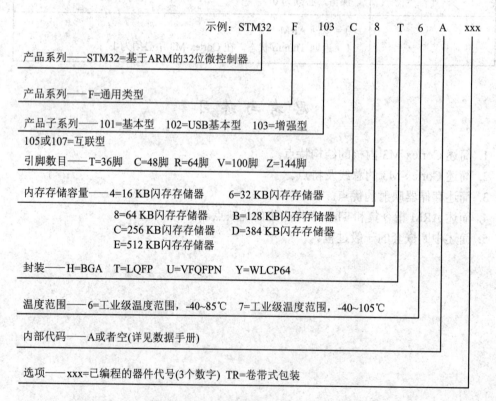

图 2.1　STM32 系列微控制器的命名规则

从命名规则可知，每一类型的 STM32 产品都有由 17 个字母或数字构成的编号标志，用户可以根据需要选择不同的产品型号，读者可以按照上面的命名规则说明对比 STM32 各类型处理器的性能指标。

2.2　STM32 处理器资源

基于 Cortex-M3/M4 的 STM32 处理器有八大系列产品，这些产品具有共同的特性和资源，针对不同应用场景设计了不同内核、不同内存容量、不同外设资源以及工作频率。各型号资源如图 2.2 所示。

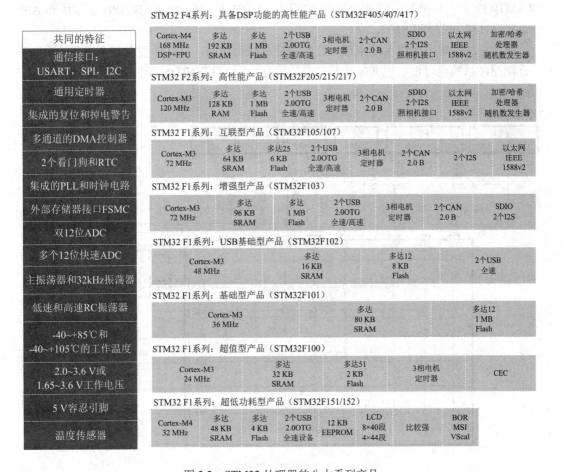

图 2.2　STM32 处理器的八大系列产品

2.3　STM32F407 处理器

STM32F4xx 是基于 Cortex-M4 内核的系列处理器，是具有 DSP 功能的高性能产品，共有 STM32F405/415 和 STM32F407/417 等多个类型。本书所涉及开发板中的硬件、软件及案例均基于 STM32F407ZGT6 处理器平台。下面介绍该处理器系统架构、功能单元、资源、引脚和封装。

2.3.1　STM32F407 系统架构

STM32F407 主系统由 32 位多层 AHB 总线矩阵构成，可实现以下部分的互连。

(1) 8 条主控总线：Cortex-M4 内核 I 总线、D 总线、S 总线、以太网 DMA 总线、DMA1 存储器总线、DMA2 存储器总线、DMA2 外设总线和 USB OTG HS DMA 总线。

(2) 7 条被控总线：内部 Flash I-Code 总线、内部 Flash D-Code 总线、主要内部 SRAM1(112 KB)、辅助内部 SRAM2(16 KB)、AHB1 外设(包括 AHB-APB 总线桥和 APB 外设)、AHB2 外设和 FSMC。

借助总线矩阵，可以实现主控总线到被控总线的访问，这样即使在多个高速外设同时运行期间，系统也可以实现并发访问和高效运行。STM32F407xx 器件的系统架构如图 2.3 所示。

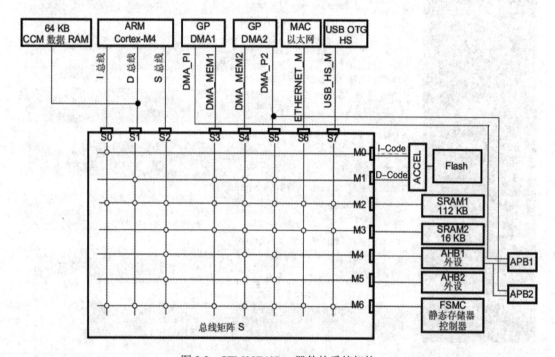

图 2.3　STM32F407xx 器件的系统架构

从图 2.3 中可以看出，8 条主控总线标号为 S0～S7，7 条被控总线为 M0~M6。被控总线连接的器件可以被各自的主控总线控制和访问。总线矩阵 S 用于主控总线之间的访问仲裁管理。此外，借助两个 AHB/APB 总线桥 APB1 和 APB2，可在 AHB 总线与两个 APB 总线之间实现完全同步的连接，从而灵活选择外设频率。应注意，使用外设前，必须在 RCC_AHBxENR 或 RCC_APBxENR 寄存器中使能其时钟。

(1) S0：I 总线。此总线用于将 Cortex-M4 内核的指令总线连接到总线矩阵。内核通过此总线获取指令。此总线访问的对象是包含代码的存储器。

(2) S1：D 总线。此总线用于将 Cortex-M4 数据总线和 64 KB CCM 数据 RAM 连接到

总线矩阵。内核通过此总线进行立即数加载和调试访问。此总线访问的对象是包含代码或数据的存储器(内部 Flash 或通过 FSMC 的外部存储器)。

(3) S2：S 总线。此总线用于将 Cortex-M4 内核的系统总线连接到总线矩阵。此总线用于访问位于外设或 SRAM 中的数据，也可通过此总线获取指令(效率低于 I-Code)。此总线访问的对象是 112 KB、64 KB 和 16 KB 的内部 SRAM、包括 APB 外设在内的 AHB1 外设、AHB2 外设以及通过 FSMC 的外部存储器。

(4) S3、S4：DMA 存储器总线。此总线用于将 DMA 存储器总线主接口连接到总线矩阵。DMA 通过此总线来执行存储器数据的传入和传出。此总线访问的对象是数据存储器：内部 SRAM(112 KB、64 KB、16 KB)以及通过 FSMC 的外部存储器。

(5) S5：DMA 外设总线。此总线用于将 DMA 外设主总线接口连接到总线矩阵。DMA 通过此总线访问 AHB 外设或执行存储器间的数据传输。此总线访问的对象是 AHB 和 APB 外设以及数据存储器：内部 SRAM 以及通过 FSMC 的外部存储器。

(6) S6：以太网 DMA 总线。此总线用于将以太网 DMA 主接口连接到总线矩阵。以太网 DMA 通过此总线向存储器存取数据。此总线访问的对象是数据存储器：内部 SRAM(112 KB、64 KB 和 16 KB)以及通过 FSMC 的外部存储器。

(7) S7：USB OTG HS DMA 总线。此总线用于将 USB OTG HS DMA 主接口连接到总线矩阵。USB OTG DMA 通过此总线向存储器加载/存储数据。此总线访问的对象是数据存储器：内部 SRAM(112 KB、64 KB 和 16 KB)以及通过 FSMC 的外部存储器。

2.3.2　STM32F407 功能单元

STM32F407 系列处理器功能单元框图如图 2.4 所示。

STM32F407 系列处理器功能单元如下：

(1) 2 个 USB OTG(其中一个支持 HS)。

(2) 音频：专用音频 PLL 和 2 个全双工 I2S。

(3) 通信接口多达 15 个(包括 6 个速度高达 11.25 Mb/s 的 USART、3 个速度高达 45 Mb/s 的 SPI、3 个 I2C、2 个 CAN 和 1 个 SDIO)。

(4) 模拟：2 个 12 位 DAC、3 个速度为 2.4 MSPS 或 7.2 MSPS(交错模式)的 12 位 ADC。

(5) 定时器多达 17 个：频率高达 168 MHz 的 16 位和 32 位定时器。

(6) 1 个 FSMC 接口：可以利用支持紧凑型闪存(Compact Flash)、SRAM、PSRAM、NOR 和 NAND 存储器的灵活静态存储器轻松扩展存储容量。

(7) 1 个基于模拟电子技术的真随机数发生器。

2.3.3　STM32F407 处理器资源

STM32F407 系列处理器内部资源如表 2.1 所示，该表也是 STM32F407 系列处理器内部资源汇总。

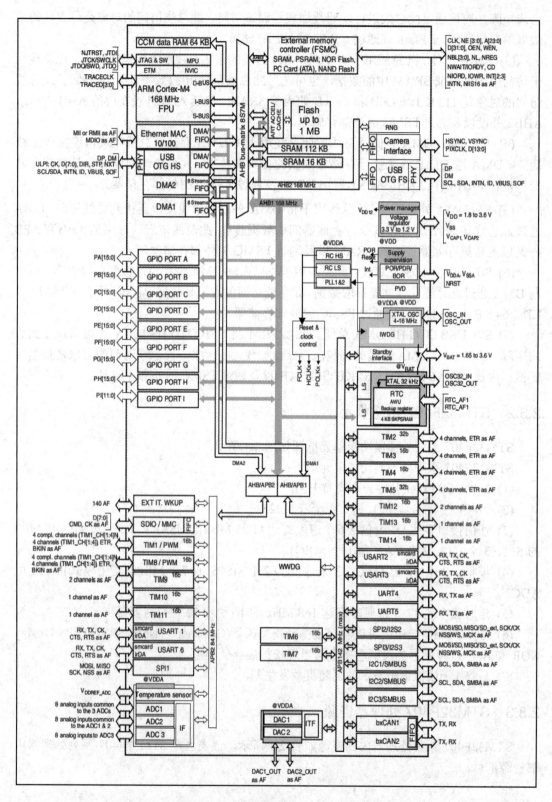

图 2.4　STM32F407 系列处理器模块框图

表 2.1　STM32F407 系列处理器内部资源

外　设		STM32F405RG	STM32F405VG	STM32F405ZG	STM32F407Vx		STM32F407Zx		STM32F407Lx	
闪存/KB		1024			512	1024	512	1024	512	1024
SRAM /KB	系统区	192(112+16+64)								
	备份区	4								
FSMC 存储控制器		否	是							
以太网		否			是					
定时器	通用目的	10								
	高级控制	2								
	基础	2								
随机数发生器		是								
通信接口	SPI/I2S	3/2 全双工								
	I2C	3								
	USART/UART	4/2								
	USB OTG FS	否			是					
	USB OTG HS	是			是					
	CAN	2								
DCMI		否			是					
GPIO		51	82	114	82		114		140	
12 位 ADC 数字通道		3								
		16	16	24	16		24		24	
12 位 DAC 数字通道		是 2								
最大 CPU 频率/MHz		168								
工作电压/V		1.8～3.6								

从表 2.1 中可以看出，STM32F407ZGT6 的内部资源包含 196 KB 的 SRAM、FSMC 控制器、以太网(Ethernet)接口、通用定时器、高级定时器、基本定时器、随机数发生器、多种通信接口(SPI/I2S、I2C、USART/UART、USB OTG FS、USB OTG HS、CAN、DCMI)、通用输入/输出接口(GPIO)、12 位分辨率 ADC，以及 12 位分辨率 DAC 和一个最高频率可达 168 MHz 的 Cortex-M4 内核，允许的供电电压范围为 1.8～3.6V。

2.3.4　STM32F407 引脚和封装

本书以 STM32F407 系列微控制器中的 STM32F047ZGT6 为例进行讲解，其引脚如图

2.5 所示，其外形图如图 2.6 所示。

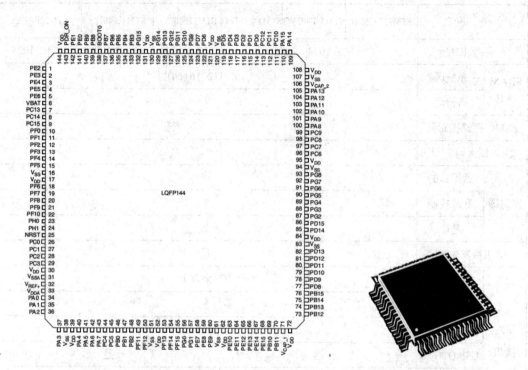

图 2.5　STM32F407ZGT6 引脚图　　　　图 2.6　STM32F407ZGT6 外形图

关于 STM32F407ZGT6 引脚功能，读者可以参考 STM32 官方提供的 STM32F4XX 型号的数据手册进行了解。

STM32F407ZGT6 的封装为 LQFP144，20 mm × 20 mm，144 脚，如图 2.7 所示。

推荐封装如图 2.8 所示，图中数值的尺寸单位为 mil。

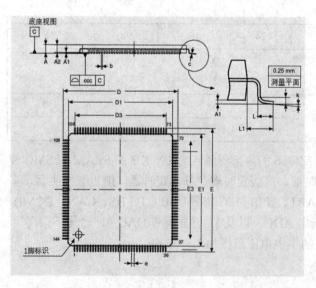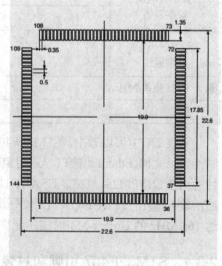

图 2.7　STM32F407ZGT6 LQFP144 封装　　　　图 2.8　推荐封装

图 2.7 中的尺寸标识如表 2.2 所示。

表 2.2　图 2.7 中的尺寸标识

标识	尺寸单位/mil		
	Min	Typ	Max
A			1.600
A1	0.050		0.150
A2	1.350	1.400	1.450
b	0.170	0.220	0.270
c	0.090		0.200
D	21.800	22.000	22.200
D1	19.800	20.000	20.200
D3		17.500	
E	21.800	22.000	22.200
E1	19.800	20.000	20.200
E3		17.500	
e		0.500	
L	0.450	0.600	0.750
L1		1.000	
k	0°	3.5°	7°
ccc	0.080		

思 考 与 练 习

1. ST 公司的 STM32F4 系列芯片采用了_____内核。其中 STM32F407 系列的运行频率为_____。

2. 根据 STM32 的命名规则，STM32F407ZGT6 中的 F4 代表_____。

3. STM32F407 系列芯片的最高工作频率是_____。

4. STM32F407ZGT6 芯片的封装格式是_____。

5. STM32F407ZGT6 芯片的 Flash 大小是_____。

6. STM32F4 系列资源有哪些？

第3章　STM32 开发与调试方法

通过第 1、2 章的学习，我们已经熟悉了 STM32 单片机的体系结构和处理器资源。接下来学习利用 STM32 单片机的内部资源和外部资源实现一些有趣的开发。在开发之前，需要先配置 STM32 的开发环境，本章将介绍 STM32 开发环境的搭建、STM32 的开发模式以及工程创建方法。

3.1　STM32 的开发环境与使用

3.1.1　开发环境简介

利用 STM32 处理器开发嵌入式系统需要安装开发环境，而开发环境由集成开发环境 (Integrated Development Environment，IDE)、仿真器(Emulator)和目标板(Target)组成。IDE 安装运行在 PC 上，PC 通常称为主机。IDE 由工程管理、编译器、链接器、调试器等功能模块组成。主机、仿真器和目标板连接，其示意图如图 3.1 所示。

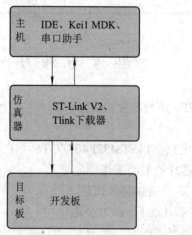

图 3.1　嵌入式系统开发环境示意图

目前，由于处理器频率越来越高，传统仿真器渐渐淡出人们的视野，对于基于如 STM32 处理器的嵌入式系统开发，均大量使用 JTAG 调试接口，将 IDE 和目标板连接起来进行软件编程和开发。

一般常见的 STM32 开发软件有 IAR、Keil MDK。这两款软件各有其特点，这里我们选择 ARM 公司推荐的 Keil MDK 软件集成开发环境。Keil MDK 开发套件组成如图 3.2 所示。

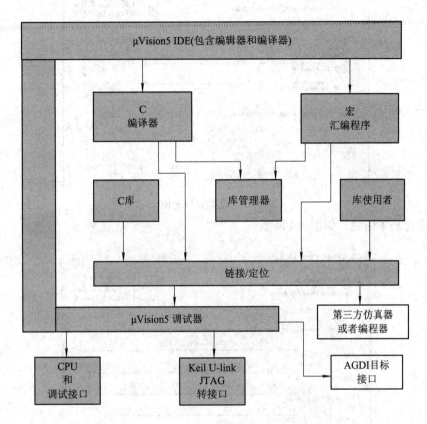

图 3.2　Keil MDK 开发套件组成

Keil MDK 开发套件具有支持自动补全关键字、支持 ST-Link 下载方式、支持 SWD 调试等功能，使用起来简单、便捷。

3.1.2　开发环境的使用

1. 软件的下载和安装

本书所涉及的范例均使用 Keil MDK5.14 版本。该版本与 Keil MDK 不同，Keil MDK 将所有组件包含到一个安装包里，显得十分"笨重"；而 Keil MDK5.14 的内核是一个独立的安装包，它并不包含器件支持、设备驱动等组件(器件支持包集成在 Pack 软件包中)，300 MB 左右，相对于 MDK4.7x 的 500 多兆，瘦身明显。可以在 https://www.keil.com/demo/eval/arm.htm 下载 Keil MDK5.14 安装包，而器件支持、设备驱动可以在 https://www.keil.com/dd2/Pack/下载 Pack 软件包，然后进行安装。

Keil MDK 软件可按如下步骤进行安装：

(1) 双击 mdk514.exe 进行安装。这里我们将其安装到 D 盘 MDK5.14 文件夹下，需要设置安装路径，如图 3.3 所示。应注意，修改安装路径时，路径中不能包含中文名称。

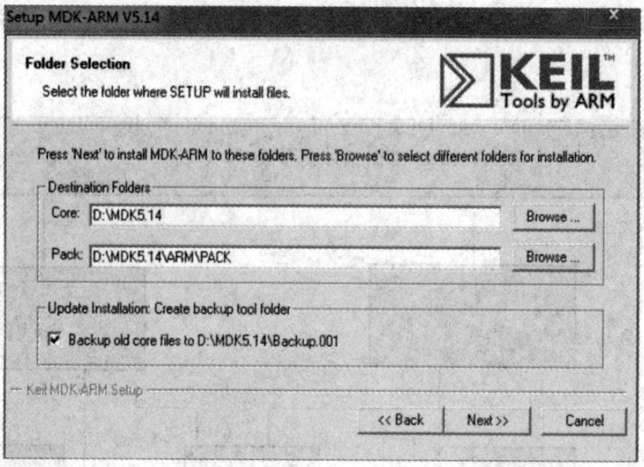

图 3.3　设置安装路径

(2) 设置基本信息，如图 3.4 所示。

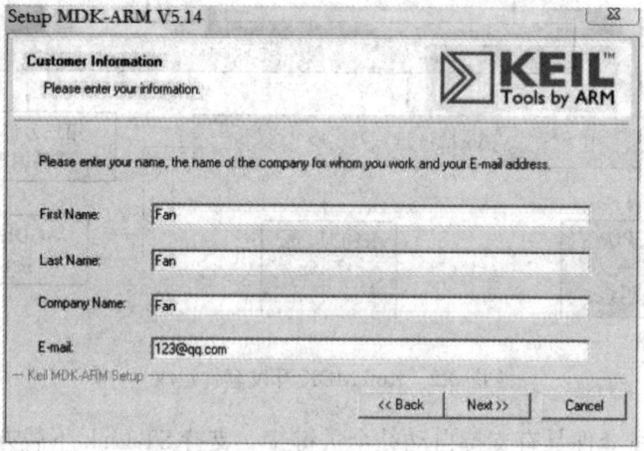

图 3.4　填写用户信息

(3) 填写完基本信息后，单击"Next"按钮，进入如图 3.5 所示的安装等待界面。

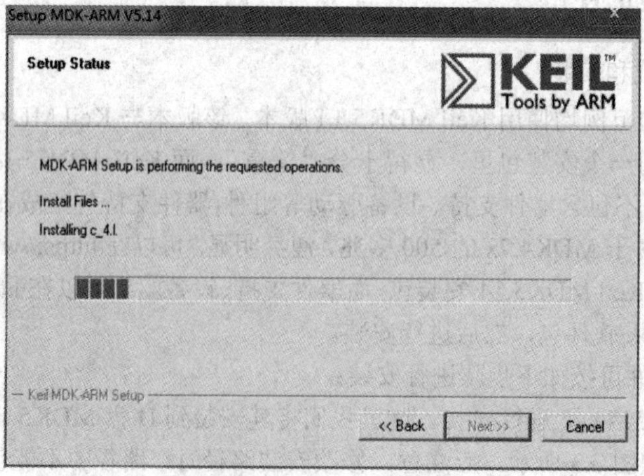

图 3.5　MDK5.14 安装中

（4）等待安装完成后，Keil MDK 会显示如图 3.6 所示的界面。

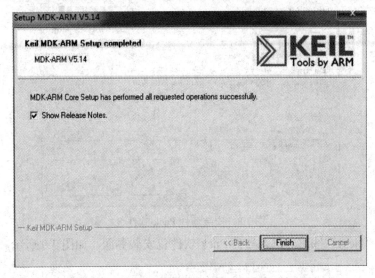

图 3.6　MDK5.14 安装完成

（5）单击"Finish"按钮即可完成安装，并弹出如图 3.7 所示的界面。

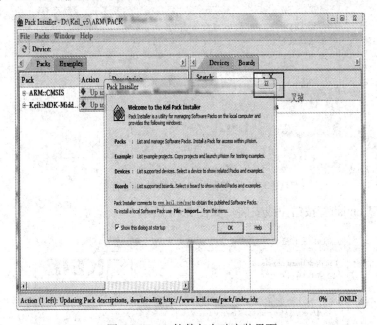

图 3.7　Pack 软件包自动安装界面

从图 3.7 中可以看出，Keil MDK5.14 安装完成后，CMSIS 和 MDK 中间软件包也已经安装。

（6）对于不同系列的 STM32 单片机，还要安装对应的 Pack 软件支持包。Pack 软件支持包为编译器提供了不同型号芯片的特性，Keil 才能按照该芯片的特点去编译。这里以 STM32F407 系列为例，双击下载好的 Keil STM32F4xx_DFP 2.7.0.pack 安装包进行安装，如图 3.8 所示。

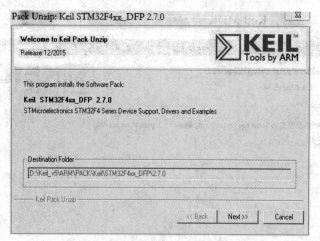

图 3.8　安装器件 Pack 软件包

(7) 单击"Next"按钮，进入器件 Pack 软件包安装界面，如图 3.9 所示。

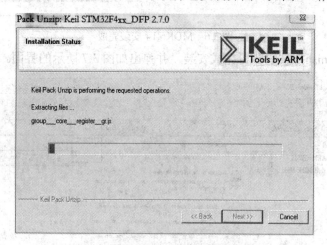

图 3.9　安装器件 Pack 软件包进行中

(8) 单击"Finish"按钮完成安装，如图 3.10 所示。

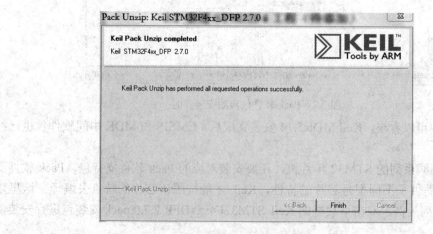

图 3.10　器件 Pack 软件包安装完成

2. Keil 软件的常用功能设置

Keil 工具多用于创建工程、编写代码、烧录下载和编译调试。这里主要讲解编写代码时经常用到的便捷设置，而编译、调试、创建工程和烧录下载会在后续章节中进行讲解。常用功能设置如下。

1) 自动补全关键字

顾名思义，自动补全关键字就是可以快速地补全代码。设置详情如图 3.11 所示。

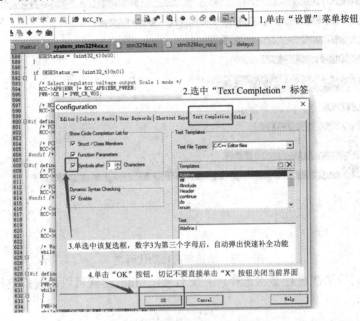

图 3.11   自动补全功能设置方法

2) 使用 Tab 键快速对齐代码

实际工作中的代码，不仅要正确率高，还要书写美观。这就需要对代码进行规范化，而 Tab 键可以快速地调整、对齐代码，达到迅速使代码规范化的目的。

在如图 3.12 所示的串口 1 中断函数中，虽然代码数量很少，但阅读起来很不方便。

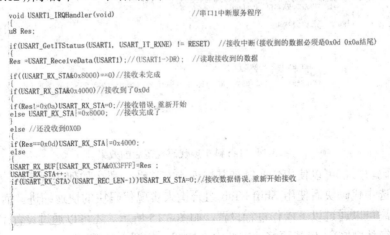

图 3.12   没有遵守编程规范的串口 1 中断函数

随着代码数量的不断增加，阅读和维护也会更加困难，此时需要使用 Tab 键快速规范代码格式。具体操作方法如下：

(1) 选中一块代码，然后按下 Tab 键，被选中的代码块会跟着右移一定的距离，如图 3.13 所示。

```c
void USART1_IRQHandler(void)              //串口1中断服务程序
{
    u8 Res;

    if(USART_GetITStatus(USART1, USART_IT_RXNE) != RESET)   //接收中断(接收到的数据必须是0x0d 0x0a结尾)
    {
        Res =USART_ReceiveData(USART1);//(USART1->DR);   //读取接收到的数据

        if((USART_RX_STA&0x8000)==0)//接收未完成
        {
        if(USART_RX_STA&0x4000)//接收到了0x0d
        {
            if(Res!=0x0a)USART_RX_STA=0;//接收错误,重新开始
            else USART_RX_STA |=0x8000;    //接收完成了
        }
        else  //还没收到0X0D
        {
            if(Res==0x0d)USART_RX_STA|=0x4000;
            else
            {
            USART_RX_BUF[USART_RX_STA&0X3FFF]=Res ;
            USART_RX_STA++;
            if(USART_RX_STA>(USART_REC_LEN-1))USART_RX_STA=0;//接收数据错误,重新开始接收
            }
        }
        }
    }
}
```

图 3.13　快速向右移动代码块

(2) 按照不同的层次进行多次选择，并配合使用 Tab 键就可以快速规范代码。最终效果如图 3.14 所示。

```c
void USART1_IRQHandler(void)              //串口1中断服务程序
{
    u8 Res;

    if(USART_GetITStatus(USART1, USART_IT_RXNE) != RESET)   //接收中断(接收到的数据必须是0x0d 0x0a结尾)
    {
        Res =USART_ReceiveData(USART1);//(USART1->DR);   //读取接收到的数据

        if((USART_RX_STA&0x8000)==0)//接收未完成
        {
            if(USART_RX_STA&0x4000)//接收到了0x0d
            {
                if(Res!=0x0a)USART_RX_STA=0;//接收错误,重新开始
                else USART_RX_STA |=0x8000;    //接收完成了
            }
            else //还没收到0X0D
            {
                if(Res==0x0d)USART_RX_STA|=0x4000;
                else
                {
                    USART_RX_BUF[USART_RX_STA&0X3FFF]=Res ;
                    USART_RX_STA++;
                    if(USART_RX_STA>(USART_REC_LEN-1))USART_RX_STA=0;//接收数据错误,重新开始接收
                }
            }
        }
    }
}
```

图 3-14　Tab 键实现代码规范后的效果

选中代码块后，可以使用 Tab 键使其快速向右移动，那么如何实现代码块的缩进呢？此时，可在选中代码块后使用 Shift＋Tab 组合键来实现代码块的快速缩进。而单击 Tab 键后移动的距离可以通过以下操作进行设置，如图 3.15 所示。还可以通过设置编码格式，选择 GB2312(简体中文)，使其更好地支持中文注解，如图 3.15 所示。

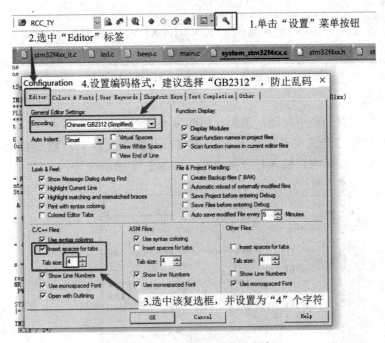

图 3.15　设置 Tab 键移动距离

3) 快速定位函数/变量被定义的位置

快速定位功能为我们学习和调试代码提供了很大便利。例如，可以通过图 3.16 所示操作快速找到函数的定义和声明。

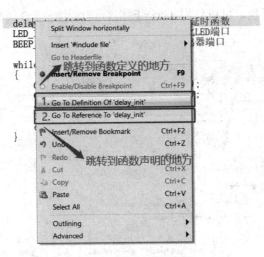

图 3.16　实现函数跳转

此外，还可以利用 Keil 快捷栏中的 ← 按钮向前跳转，使用 → 按钮向后跳转。

4) 快速注解/取消注解

对于如图 3.17 所示的快速注释/取消注解图标，没有选中代码时图标为灰色，表明不可用；当选中要注释的代码时，图标会变为绿色，此时单击左边的图标可以实现代码注解，单击右边的图标可以取消注解。应注意，没有顶格书写的注解不能使用快速取消注解。

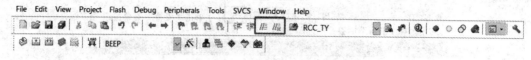

图 3.17　快速注释/取消注解图标

5) 其他小技巧

使用 Keil 时，有一些小技巧，下面介绍两种小技巧。

第一个是快速打开头文件。将光标放在要打开的头文件上，然后右键选择 " Open document "xxx.h" " 菜单可以快速打开头文件，如图 3.18 所示。

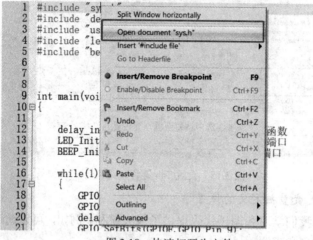

图 3.18　快速打开头文件

第二个是查找和替换。可以使用 Ctrl+F 组合键调出快速查找和替换界面，如图 3.19 所示。

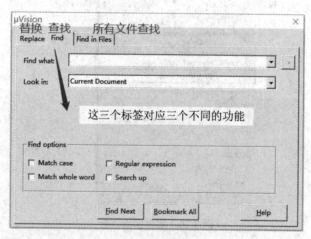

图 3.19　快速查找和替换界面

查找时选中 "Find" 标签，在 "Find what:" 文本框中输入要查找的内容，再单击 "Find Next" 即可跳转到当前页要查找的内容处。在所有文件中查找与在当前页中查找的操作类似，选择 "Find in Files" 标签即可。

替换时选中 "Replace" 标签，在 "Find what:" 文本框中输入要查找的内容，在 "Replace

with:"文本框输入要替换的内容，再单击"Replace All"按钮就能实现快速替换。

3.2　STM32 程序的开发模式

单片机的开发模式分为基于寄存器的开发模式、基于固件库的开发模式和基于操作系统的开发模式。不同的开发模式之间不是完全孤立的，而是相互依存，可以满足不同的开发要求。

不同的开发模式有不同的特点，也有不同的学习方法。基于操作系统的开发模式不适合初学者，因为它对嵌入式操作系统的多任务等理论要求较高，建议学习者在 STM32 开发达到一定的阶段后，再尝试这种开发模式。从学习角度，可以从基于寄存器的开发模式入手，这样可以更清晰地了解和掌握 STM32 的架构和原理。从高效开发以及容易上手的角度，建议使用基于固件库的开发模式，这种模式封装了底层比较复杂的一些原理和概念，更容易理解。这种模式开发的程序更容易维护、移植，开发周期更短，程序出错的概率更小。当然，也可以采用基于寄存器和基于固件库混合的方式。

3.2.1　基于寄存器的开发模式

1. 实现原理

基于寄存器的开发模式是通过对寄存器的操作实现对单片机的控制。使用这种开发模式，应熟悉单片机内部的寄存器，包括控制寄存器、状态寄存器、数据寄存器、中断寄存器等，并掌握主要寄存器的功能以及寄存器的位定义与作用，能够通过赋值语句来设置和获取相关寄存器的值。学习基于寄存器的开发模式可以让我们熟悉单片机工作的原理，明白库函数的本质。在学习和使用基于寄存器的开发模式时，可以借助《STM32F4xx 中文参考手册》来查看和操作对应的寄存器。基于寄存器的开发模式在创建工程模板时可以更精简，其也可以与基于固件库的开发模式一起使用统一的工程模板。

2. 编程举例

实现功能：控制 LED 灯以 500 ms 为周期闪烁。

实现原理分析：要控制 LED 灯周期亮灭，需要连接 LED 的引脚，使其周期输出高低电平。控制 LED 所使用的 GPIO 分别为 PF9、PF10，可以通过对应的输出寄存器控制 GPIO 口输出高低电平。如何实现周期控制呢？可以使用 while() 循环占用处理器资源来实现简单的延时，具体的实现过程可以参考范例，后续章节中会介绍更高级的延时函数。

实现过程分析：

第一步，配置 AHB1 外设复位寄存器，复位 GPIOF 口的时钟。对于 STM32 的所有外设，在使用前都必须要使能其时钟。

第二步，配置 GPIO 口模式寄存器(GPIOx_MODER)为输出模式。

第三步，根据外部电路决定配置上下拉寄存器(GPIOx_PUPDR)，此处配置为上拉模式。

第四步，配置输出类型寄存器(GPIOx_OTYPER)为推挽输出。

第五步，配置输出速度寄存器(GPIOx_OSPEEDR)为低速模式。

第六步,配置输出寄存器(GPIOx_IDR)为输出高电平时灯关闭;输出低电平时灯点亮。点亮和关闭之间添加适当的延时就可以实现周期闪烁。在基于寄存器的开发模式实现 LED 灯以 500 ms 为周期闪烁的范例代码中,我们只选取 main.c、led.c 和 led.h 三个文件进行说明。

(1) 源文件 1——main.c,其具体内容如下:

```c
#include "sys.h"          //包含头文件
#include "led.h"

void delay_ms(unsigned int ms)
{
    unsigned int i;
    unsigned char j;
    for(i=0;i<ms;i++)
    {
    for(j=0;j<200;j++);
    for(j=0;j<102;j++);
}
}
int main(void)
{
    Stm32_Clock_Init(336,8,2,7);              //设置时钟,168 MHz
    LED_Init();                               //初始化 LED 时钟
    while(1)
    {
        GPIOF->ODR ^= 0x01<<9 | 0x01<<10;
        delay_ms(500);
    }
}
```

(2) 源文件 2——led.c。该文件主要是对控制 LED 灯的 GPIO 口寄存器进行配置操作,具体内容如下:

```c
#include "led.h"
//初始化 PF9 和 PF10 为输出口,并使能这两个口的时钟
//LED IO 初始化
void LED_Init(void)
{
    //开启 GPIOF 的时钟,PF9 F10 为高电平亮
    //先清零 AHB1 的第五位即 GPIOF 位可以关闭 GPIOF 的时钟
```

```
RCC->AHB1ENR &= ~(0x01<<5);
//再置 AHB1 的第五位即 GPIOF 位为 1, 可以开启 GPIOF 的时钟
RCC->AHB1ENR |= 0x01<<5;

//设置 PF9 和 PF10 的模式为输出模式
GPIOF->MODER &= ~(0x03<<9*2 | 0x03<<10*2);
GPIOF->MODER |= 0x01<<9*2 | 0x01<<10*2;

//设置 PF9 和 PF10 的输出类型为推挽输出
GPIOF->OTYPER &= ~(0x01<<9 | 0x01<<10);
//设置 PF9 和 PF10 的输出速度为低速 2 MHz
GPIOF->OSPEEDR &= ~(0x03<<9*2 | 0x03<<10*2);
//设置 PF9 和 PF10 的上下拉寄存器为无上下拉
GPIOF->PUPDR &= ~(0x03<<9*2 | 0x03<<10*2);
}
```

(3) 源文件 3——led.h。该文件主要是 LED 灯初始化函数的声明文件, 具体内容如下:

```
#ifndef __LED_H
#define __LED_H

void LED_Init(void);        //初始化

#endif
```

3. 特点

基于寄存器的开发模式有以下几个特点:

(1) 与硬件关系密切。程序编写直接面对底层的部件、寄存器和引脚。

(2) 要求编程者清楚 STM32 的结构与原理, 要求编程者熟练掌握 STM32 单片机的体系结构和工作原理, 尤其要特别熟悉寄存器及其功能。

(3) 程序代码比较紧凑、短小, 代码冗余相对较少, 因此源程序生成的机器码比较短小。

(4) 开发难度大、周期长, 后期维护、调试比较烦琐。

3.2.2　基于固件库的开发模式

1. 实现原理

基于固件库的开发模式是 ST 公司基于寄存器封装的函数, 方便开发者通过操作库函数快速地实现代码功能。使用固件库开发只需要了解单片机外设具有的功能, 包括 GPIO、定时器和计数器、串行通信 USART、SPI、I2C、中断及其原理等, 不需要深入了解底层寄存器; 只需要熟悉固件库中相关外设所涉及库函数的功能、调用方法以及系统初始化函数,

就能快速上手实现相应的功能。基于固件库的开发模式可以实现快速开发项目，是单片机开发公司采用最多的开发模式，是走向工作岗位后常用的开发模式，因此本书的教学范例都采用基于固件库的开发模式。

2. 编程举例

实现功能：控制 LED 灯以 500 ms 为周期闪烁。

实现原理及实现过程分析：基于固件库的开发模式同基于寄存器的开发模式的实现原理和实例过程类似，只不过这里不需要直接操作寄存器，而是通过库函数实现相应的功能。同样的,我们只对源程序主要用到的三个文件 main.c、led.c 和 led.h 进行说明。

(1) 源文件 1—— main.c。该文件主要是调用初始化函数以及功能实现代码。其具体内容如下：

```
#include "sys.h"
#include "led.h"

void delay_ms(unsigned int ms)
{
    unsigned int i;
    unsigned char j;
    for(i=0;i<ms;i++)
    {
        for(j=0;j<200;j++);
        for(j=0;j<102;j++);
    }
}

int main(void)
{
    LED_Init();                      //初始化 LED 端口
    /**下面是通过直接操作库函数的方式实现 I/O 控制**/
    while(1)
    {
        //LED0 对应引脚 GPIOF.9 拉低，灯亮，等同 LED0=0;
        GPIO_ResetBits(GPIOF,GPIO_Pin_9);
        //LED1 对应引脚 GPIOF.10 拉高，灯灭，等同 LED1=1;
        GPIO_SetBits(GPIOF,GPIO_Pin_10);
        delay_ms(500);                        //延时 500 ms
        //LED0 对应引脚 GPIOF.9 拉高，灯灭，等同 LED0=1;
        GPIO_SetBits(GPIOF,GPIO_Pin_9);
        //LED1 对应引脚 GPIOF.10 拉低，灯亮，等同 LED1=0;
```

```
        GPIO_ResetBits(GPIOF,GPIO_Pin_10);
        delay_ms(500);                              //延时 500 ms
    }
}
```

(2) 源文件 2——led.c 的具体内容如下：

```
#include "led.h"
//初始化 PF9 和 PF10 为输出口，并使能这两个口的时钟
//LED IO 初始化
void LED_Init(void)
{
    GPIO_InitTypeDef   GPIO_InitStructure;
    //使能 GPIOF 时钟
    RCC_AHB1PeriphClockCmd(RCC_AHB1Periph_GPIOF, ENABLE);
    //GPIOF9,GPIOF10 初始化设置
    GPIO_InitStructure.GPIO_Pin = GPIO_Pin_9 | GPIO_Pin_10;
    //LED0 和 LED1 对应 IO 口
    GPIO_InitStructure.GPIO_Mode = GPIO_Mode_OUT;        //普通输出模式
    GPIO_InitStructure.GPIO_OType = GPIO_OType_PP;        //推挽输出
    GPIO_InitStructure.GPIO_Speed = GPIO_Speed_100MHz;  //100 MHz
    GPIO_InitStructure.GPIO_PuPd = GPIO_PuPd_UP;         //上拉
    GPIO_Init(GPIOF, &GPIO_InitStructure);               //初始化 GPIO
    GPIO_SetBits(GPIOF,GPIO_Pin_9 | GPIO_Pin_10);
    //GPIOF9,GPIOF10 设置高，灯灭
}
```

(3) 源文件 3——led.h 的具体内容如下：

```
#ifndef __LED_H
#define __LED_H
#include "sys.h"

void LED_Init(void);          //初始化
#endif
```

3. 特点

基于固体库的开发模式有以下几个特点：

(1) 与硬件的关系比较疏远。由于函数的封装，使得固体库与底层硬件接口的部分被封装，因此编程时不需要过多地关注硬件。

(2) 要求编程者对 STM32 的结构与原理及对硬件原理有基本的认识，能按照固件库的要求给定库函数的参数，会利用返回值。

(3) 程序代码比较烦琐、偏多。考虑到函数的稳健性、扩充性等因素，程序的冗余部

分会较大。

(4) 开发难度小、周期较短，后期维护、调试比较容易。外围设备参数函数比较容易获取，也较容易修改。

3.2.3　基于操作系统的开发模式

1. 实现方式

基于操作系统的开发模式需要移植一些小型的嵌入式操作系统，例如 TencentOS-tiny、LiteOS、RT_Thread、μc/OS-Ⅲ、FreeRTOS 等。

2. 基于操作系统的程序开发模式

基于操作系统的程序开发模式是程序的开发建立在嵌入式操作系统的基础上，通过操作系统的 API 接口函数完成系统的程序开发。

这种模式的开发首先需要选择合适的小型嵌入式操作系统；其次，裁剪操作系统，并将其嵌入系统；最后，利用基于嵌入式操作系统的 API 接口函数，完成系统所需功能的程序开发。

3. 特点

从理论上讲，基于嵌入式操作系统的开发模式具有快捷高效的特点，开发的软件移植性、后期的维护性、程序的稳健性等都比较好。是不是所有的项目都适合基于操作系统的开发模式？因为这种模式要求开发者对操作系统的原理掌握得比较透彻，一般功能比较简单的系统不建议使用操作系统，因为操作系统也占用系统资源。因此，应根据项目的实际情况来确定是否需要使用嵌入式操作系统。

3.3　STM32 工程的创建

无论采用哪种开发模式，创建工程都是必不可少的。虽然基于寄存器的开发模式和基于固件库的开发模式有所不同，前者更简单，但都必须要建立工程模板。建立工程模板主要包含两个方面：一是获取固件库文件，二是将必要文件添加到 Keil 工程中。

3.3.1　STM32 固件库

STM32 标准外设库是一个固件函数包，它由程序、数据结构和宏组成，包括了微控制器所有外设的性能特征。该函数库还包括每一个外设的驱动描述和应用实例，为开发者访问底层硬件提供了一个中间 API。通过使用固件函数库，无须深入掌握底层硬件细节，开发者就可以轻松使用每一个外设。

ARM 公司为了让不同厂家的 Cortex-M4 芯片在软件上能基本兼容，和芯片厂商共同提出了 CMSIS 标准(Cortex Microcontroller Software Interface Standard)，即 "ARM Cortex 处理器软件接口标准"。ST 固件库就是根据这套标准设计的。为了杜绝厂家设计出不同风格的固件库，CMSIS 标准是强制规定，芯片厂家必须按照 CMSIS 标准设计库函数。

CMSIS 标准的优点在于，即使学习时使用的芯片和工作中使用的芯片生产厂家不同，但只要都是 Cortex-M4 内核系列的芯片，我们都能快速上手。例如，在使用 STM32 芯片时首先要进行系统初始化。CMSIS 规范规定，系统初始化函数名字必须为 SystemInit，所以各个芯片公司在编写自己的库函数时必须使用 SystemInit 对系统进行初始化。CMSIS 还对各个外设驱动文件的文件名字及函数名字等进行规范，这样就可以从库函数的名字得知其功能及使用方法。

1. STM32F4 官方固件库

本书使用的是 V1.8.0 固件库，该固件库可以从 ST 的官方网站 https://www.keil.com/dd2/pack 下载解压缩得到的文件及其结构如图 3.20 所示。

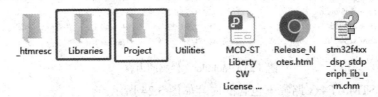

图 3.20　V1.8.0 固件库的文件结构

从图 3.20 中可知，固件库包含四个文件夹和三个文件。_htmrec 文件夹中包含 ST 公司的 Logo 图标等文件，可以直接忽略它；Libraries 文件夹下是驱动的源代码与启动文件；Project 文件夹下是用驱动库编写的例子和一个工程模板；Utilities 文件夹下存放的是 ST 公司评估板的相关例程代码，可以作为学习资料使用，对程序开发没有影响，也可以直接忽略它。因此，固件库的核心是 Libraries、Project 两个文件夹下的内容，以及 stm32f4xx_dsp_stdperiph_lib_um.chm 帮助文件。该帮助文件描述了如何使用固件库来编写自己的应用程序并举例说明，可以通过它来查阅库函数的使用方法和范例。

2. 对固件库的简单分析

Libraries 文件夹包含 CMSIS 文件夹和 STM32F4xx_StdPeriph_Driver 文件夹，如图 3.21 所示。

图 3.21　Libraries 文件夹的内容

CMSIS 文件夹包含的是 Cortex-M4 内核自带的外设驱动代码和启动代码(如图 3.22 所示)，核心是 Include 文件夹和 Device 文件夹，其余可以忽略。

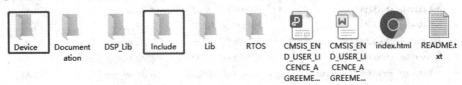

图 3.22　CMSIS 文件夹的内容

Include 文件夹包含如图 3.23 所示的文件，是 Cortex-M4 内核的外设驱动程序，也是我们创建工程时需要复制的重要文件。

arm_common_tables.h	2016/11/5 1:33	Header file	8 KB
arm_const_structs.h	2016/11/5 1:33	Header file	4 KB
arm_math.h	2016/11/5 1:33	Header file	247 KB
core_cm0.h	2016/11/5 1:33	Header file	36 KB
core_cm0plus.h	2016/11/5 1:33	Header file	43 KB
core_cm3.h	2016/11/5 1:33	Header file	102 KB
☑ core_cm4.h	2016/11/5 1:33	Header file	112 KB
core_cm7.h	2016/11/5 1:33	Header file	136 KB
core_cmFunc.h	2016/11/5 1:33	Header file	18 KB
core_cmInstr.h	2016/11/5 1:33	Header file	28 KB
core_cmSimd.h	2016/11/5 1:33	Header file	23 KB
core_sc000.h	2016/11/5 1:33	Header file	44 KB
core_sc300.h	2016/11/5 1:33	Header file	101 KB

图 3.23　Include 文件夹的内容

Device\ST\STM32F4xx 路径下包含的内容如图 3.24 所示。

Include　　Source　　Release_N
otes.html

图 3.24　STM32F4xx 文件夹的内容

Source 文件夹下只包含 Templates 文件夹，而 Templates 文件夹下又包含 5 个对应不同开发环境的启动代码文件夹，如图 3.25 所示。其中，arm 文件夹对应 Keil 的开发环境。

arm　　gcc_ride7　　iar　　SW4STM3
2　　TASKING　　TrueSTUD
IO　　system_st
m32f4xx.c

图 3.25　Templates 文件夹的内容

这些文件夹下的代码文件均由汇编语言开发，以 arm 文件夹下的文件为例，其中包括如图 3.26 所示的文件，它们实际对应不同容量芯片的启动代码。

☑ startup_stm32f40_41xxx.s	2016/11/7 23:02	ASM source file	29 KB
startup_stm32f40xx.s	2016/11/7 23:02	ASM source file	29 KB
startup_stm32f401xx.s	2016/11/7 23:02	ASM source file	26 KB
startup_stm32f410xx.s	2016/11/7 23:02	ASM source file	19 KB
startup_stm32f411xe.s	2016/11/7 23:02	ASM source file	26 KB
startup_stm32f412xg.s	2016/11/7 23:02	ASM source file	21 KB
startup_stm32f413_423xx.s	2016/11/7 23:02	ASM source file	23 KB
startup_stm32f427_437xx.s	2016/11/7 23:02	ASM source file	31 KB
startup_stm32f427x.s	2016/11/7 23:02	ASM source file	31 KB
startup_stm32f429_439xx.s	2016/11/7 23:02	ASM source file	31 KB
startup_stm32f446xx.s	2016/11/7 23:02	ASM source file	22 KB
startup_stm32f469_479xx.s	2016/11/7 23:02	ASM source file	31 KB

图 3.26　arm 文件夹的内容

Device\ST\STM32F4xx 路径下除了启动文件夹 Source 外，Include 文件夹也十分重要，其包含了如图 3.27 所示的两个文件。

stm32f4xx.h	2016/11/7 23:03	Header file	919 KB
system_stm32f4xx.h	2016/11/7 23:03	Header file	3 KB

图 3.27　Include 文件夹的内容

STM32F4xx_StdPeriph_Driver 文件夹包含的是芯片制造商在 Cortex-M4 内核上外加的驱动程序，包含 inc 与 src 这两个文件夹，如图 3.28 所示，其他的 html 文件可以直接忽略。

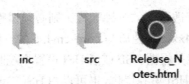

inc　　　　src　　　Release_N
otes.html

图 3.28　STM32F4xx_StdPeriph_Driver 文件夹的内容

inc 文件夹的内容如图 3.29 所示，它包含每个驱动文件对应的头文件。当应用程序需要某个外设驱动程序时，将它的头文件包含至应用程序即可。

misc.h	stm32f4xx_adc.h	stm32f4xx_can.h
stm32f4xx_cec.h	stm32f4xx_crc.h	stm32f4xx_cryp.h
stm32f4xx_dac.h	stm32f4xx_dbgmcu.h	stm32f4xx_dcmi.h
stm32f4xx_dfsdm.h	stm32f4xx_dma.h	stm32f4xx_dma2d.h
stm32f4xx_dsi.h	stm32f4xx_exti.h	stm32f4xx_flash.h
stm32f4xx_flash_ramfunc.h	stm32f4xx_fmc.h	stm32f4xx_fmpi2c.h
stm32f4xx_fsmc.h	stm32f4xx_gpio.h	stm32f4xx_hash.h
stm32f4xx_i2c.h	stm32f4xx_iwdg.h	stm32f4xx_lptim.h
stm32f4xx_ltdc.h	stm32f4xx_pwr.h	stm32f4xx_qspi.h
stm32f4xx_rcc.h	stm32f4xx_rng.h	stm32f4xx_rtc.h
stm32f4xx_sai.h	stm32f4xx_sdio.h	stm32f4xx_spdifrx.h
stm32f4xx_spi.h	stm32f4xx_syscfg.h	stm32f4xx_tim.h
stm32f4xx_usart.h	stm32f4xx_wwdg.h	

图 3.29　inc 文件夹的内容

src 文件夹的内容如图 3.30 所示，它包含的是每个驱动对应的 C 源代码文件。

misc.c	stm32f4xx_adc.c	stm32f4xx_can.c
stm32f4xx_cec.c	stm32f4xx_crc.c	stm32f4xx_cryp.c
stm32f4xx_cryp_aes.c	stm32f4xx_cryp_des.c	stm32f4xx_cryp_tdes.c
stm32f4xx_dac.c	stm32f4xx_dbgmcu.c	stm32f4xx_dcmi.c
stm32f4xx_dfsdm.c	stm32f4xx_dma.c	stm32f4xx_dma2d.c
stm32f4xx_dsi.c	stm32f4xx_exti.c	stm32f4xx_flash.c
stm32f4xx_flash_ramfunc.c	stm32f4xx_fmc.c	stm32f4xx_fmpi2c.c
stm32f4xx_fsmc.c	stm32f4xx_gpio.c	stm32f4xx_hash.c
stm32f4xx_hash_md5.c	stm32f4xx_hash_sha1.c	stm32f4xx_i2c.c
stm32f4xx_iwdg.c	stm32f4xx_lptim.c	stm32f4xx_ltdc.c
stm32f4xx_pwr.c	stm32f4xx_qspi.c	stm32f4xx_rcc.c
stm32f4xx_rng.c	stm32f4xx_rtc.c	stm32f4xx_sai.c
stm32f4xx_sdio.c	stm32f4xx_spdifrx.c	stm32f4xx_spi.c
stm32f4xx_syscfg.c	stm32f4xx_tim.c	stm32f4xx_usart.c
stm32f4xx_wwdg.c		

图 3.30　src 文件夹的内容

V1.8.0 固体库的 Project 文件夹下的 STM32F4xx_StdPeriph_Templates 文件夹下有五个重要的文件，在工程模板中必须使用，如图 3.31 所示。

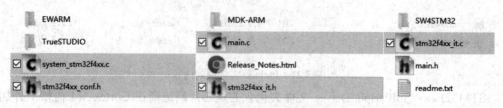

图 3.31　STM32F4xx_StdPeriph_Templates 文件夹下的重要文件

需要指出的是，如果要修改程序的时钟配置，则必须调整 system_stm32f4xx.c 文件中的相关内容。system_ stm 32f4xx.c 的性质与 core_cm4. h 的一样，也由 ARM 公司提供，遵循 CMSIS 标准。该文件的功能是根据 HSE 或者 HSI 设置系统时钟和总线时钟(AHB、APB1、APB2 总线)。系统时钟可以由 HSI 单独提供，也可以由 HSI 二分频后经过 PLL(Phase Locked Loop，锁相环倍频器)提供，或者由 HSE 经过 PLL 之后提供。

3.3.2　创建工程

1. 复制固件库文件

在对 STM32 单片机开发前，需要创建工程模板。创建工程需要使用 Keil MDK 官网提供的资料包，可以从 Keil 官网 http://www.keil.com/demo/eval/arm.htm 获取。创建工程的步骤如下：

(1) 创建工程文件夹，如图 3.32 所示。

Template

图 3.32　工程文件夹

(2) 在工程文件夹下创建子文件夹，如图 3.33 所示。

core　　　FWLIB　　　obj　　　user

图 3.33　工程文件夹子目录

(3) 复制文件。将 ST 标准库 STM32F4xx_DSP_StdPeriph_Lib_V1.8.0 中的文件夹中必要的文件及文件夹复制到步骤(2)中对应的文件夹下，具体操作如下：

① 将 STM32F4xx_DSP_StdPeriph_Lib_V1.8.0\Libraries\STM32F4xx_StdPeriph_ Driver 目录下的 src、inc 文件夹复制到步骤(2)的 FWLIB 文件夹下。

② 将 Stm32F4xx_DSP_StdPeriph_Lib_V1.8.0\Libraries\CMSIS\Device\ST\ Stm32F4xx \ Source\Templates\arm 目录下的 startup_stm32f40_41xxx.s 文件复制到步骤(2)的 core 文件

夹下。

③ 将 Stm32F4xx_DSP_StdPeriph_Lib_V1.8.0\Libraries\CMSIS\Include 目录下的四个头文件 core_cm4.h、core_cmSimd.h、core_cmFunc.h 以及 core_cmInstr.h 复制到步骤(2)的 core 文件夹下。

④ 将 Stm32F4xx_DSP_StdPeriph_Lib_V1.8.0\Libraries\CMSIS\Device\ST\ STM32F4xx \Include 目录下的两个头文件 stm32f4xx.h 和 system_stm32f4xx.h 复制到步骤(2)的 core 文件夹下。

⑤ 将 Stm32F4xx_DSP_StdPeriph_Lib_V1.8.0\Project\Stm32F4xx_StdPeriph_ Templates 目录下面的两个文件 stm32f4xx_conf.h，system_stm32f4xx.c 复制到步骤(2)的 core 文件夹下。

⑥ 将 Stm32F4xx_DSP_StdPeriph_Lib_V1.8.0\Project\Stm32F4xx_StdPeriph_ Templates 目录下的 main.c 文件复制到步骤(2)的 user 文件夹下。

最终得到的 core 文件夹下所包含的文件如图 3.34 所示。

图 3.34　core 文件夹下的文件

2. 新建一个 Keil 工程

前面我们已经准备好创建 STM32F4 工程所需要的文件，现在开始正式创建开发 STM32F4 的工程模板。

(1) 创建工程。打开 Keil μVision5，按照图 3.35 所示创建新工程。

图 3.35　创建新工程

　　工程名称设置为 template，并保存在 3.3.2 小节中创建的 user 文件中。然后，选择主控 MCU 为 "STM32F407ZGTx"，如图 3.36 所示。

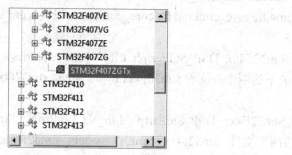

图 3.36　选择主控型号

(2) 配置 "Option"，如图 3.37 所示。

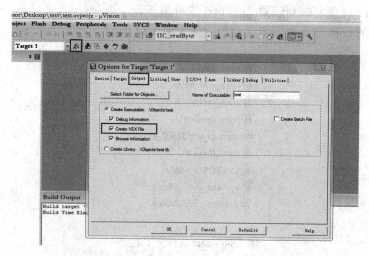

图 3.37　配置 "Option"

(3) 添加.c 文件和.s 文件到工程中，如图 3.38 所示。

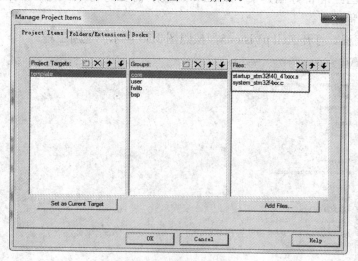

图 3.38　将.c 和.h 文件添加到工程中

(4) 将 FWLIB\src 下的全部文件添加到工程中，如图 3.39 所示。选中文件或文件夹，单击"⊠"处按钮即可将文件从工程中移除。

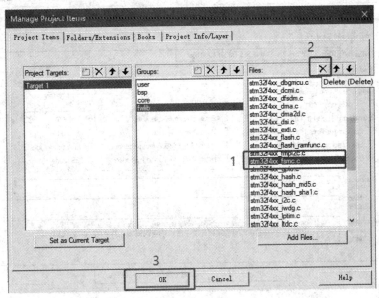

图 3.39　添加 src 下的文件到工程中

(5) 将头文件包含到工程中，如图 3.40 所示。

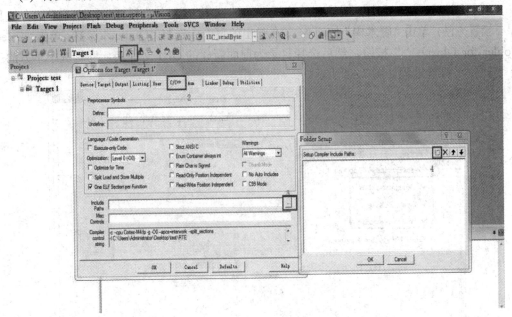

图 3.40　添加 FWLIB\inc 下的头文件到工程中

(6) 添加一个全局宏定义标识符。

对于 STM32F4xx 系列的工程，还需要添加一个全局宏定义标识符。添加方法为：单击"魔术棒"按钮，打开"C/C++"标签，然后在"Define"文本框中输入"USE_STDPERIPH_DRIVER,STM32F40_41xxx"，如图 3.41 所示。注意，这里两个标识符之间是用英文逗号隔开的。

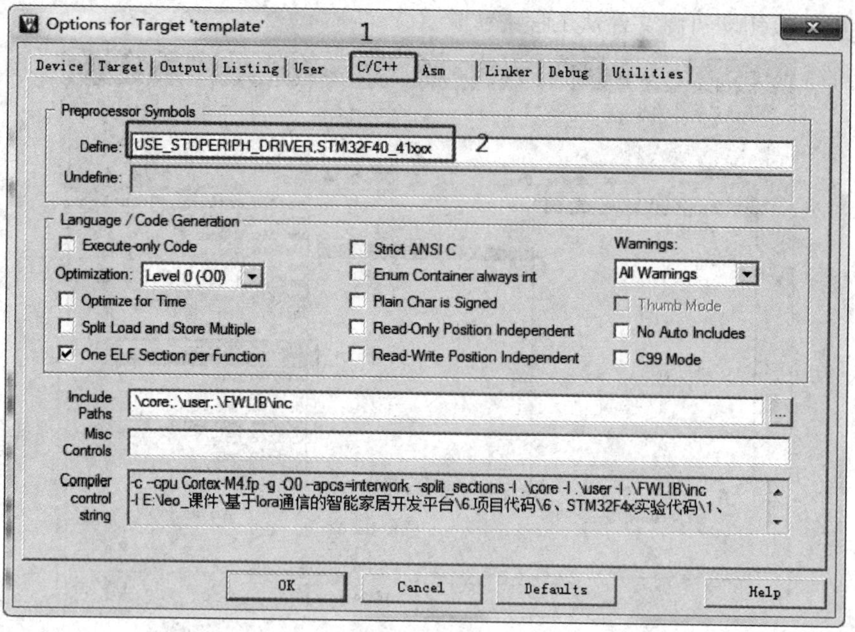

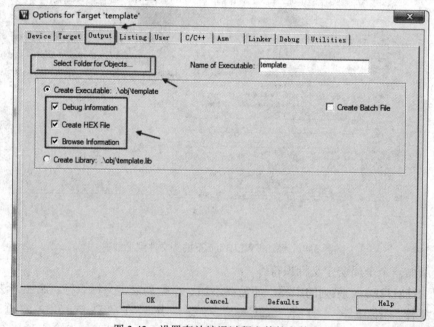

图 3.41　添加一个全局宏定义标识符

(7) 处理编译过程文件。

代码要经过编译后才能下载到单片机中运行，所以要设置中间文件编译后的存放目录。设置方法：单击"魔术棒"按钮 ，在弹出的页面中选择"Output"标签，单击"Select Folder for Objects…"按钮，然后选择目录为前面新建的 OBJ 文件夹，同时选中下方的三个复选框。操作过程如图 3.42 所示。

图 3.42　设置存放编译过程文件的文件夹

其中，选中"Create HEX File"复选框是要求编译之后生成 HEX 文件，这个设置是为了生成串口下载时需要的二进制文件，如果使用 ST-Link 下载器下载，则不需要此项设置；选中"Browse Information"复选框是方便用户查看工程中的一些函数和变量的定义。到此，工程创建完成。

(8) 编译前的最后设置。

工程创建完后，要编译测试。编译前还需要设置编译器的版本，操作方法如图 3.43 所示。

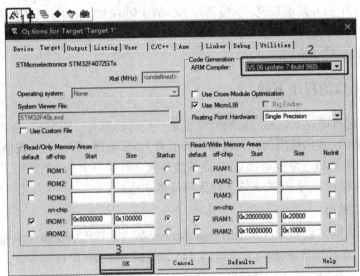

图 3.43　设置编译器版本

设置完成后即可编译。编译完成后，会提示 stm32f4xx_fsmc.c 文件相关的错误，根据错误提示将 stm32f4xx_fsmc.c 从工程中移除，重新编译后，输出信息"0 Error(s)，0 Warning(s)"，说明工程模板创建成功。

3.4　程序的下载(烧写)

STM32 单片机的启动模式由 BOOT0 和 BOOT1 两个引脚的电平决定。BOOT 引脚电平，对应着不同的启动模式，如表 3.1 所示。

表 3.1　启动模式

BOOT0	BOOT1	启动模式	说　　明
0	X	用户闪存存储器	用户闪存存储器，也就是 Flash 启动
1	0	系统存储器	系统存储器启动，用于串口下载
1	1	SRAM 启动	SRAM 启动，用于在 SRAM 中调试代码

注：1 表示高电平；0 表示低电平；X 表示任意电平。

(1) BOOT0 = 0，BOOT1 = X，从用户闪存(Flash)启动，这是正常的启动模式。

(2) BOOT0 = 1，BOOT1 = 0，从系统存储器启动，这种模式启动的程序是由厂家设置的。芯片出厂时在这个区域预置了一段引导加载程序(Bootloader)，也就是通常所说的ISP(In-System Programming，在线系统编程)程序，这个区域在芯片出厂后不能够修改或擦除，即它是一个 ROM 区。

(3) BOOT0 = 1，BOOT1 = 1，从内置 SRAM 启动，这种模式可以用于调试。

我们一般不使用第三种启动方式，即从内置 SRAM 启动，因为 SRAM 在掉电后数据会丢失。多数情况下，SRAM 启动方式只在调试和一些特殊情况中使用。

对于我们使用的开发板来说，一般情况 BOOT0 和 BOOT1 的拨码开关都在 0 侧。只有在 ISP 下载的时候，需要将 BOOT0 拨动到 1 侧。下载完成后，再把 BOOT0 拨动到 0 侧，使单片机处于正常启动模式。

3.4.1 基于串口的程序下载

STM32F4 通过串口下载程序是最简单也是最经济的方式。STM32 的串口下载一般是通过串口 1 下载的，我们使用的开发板串口带有转 USB 电路，因此不需要借助外部的 USB转串口工具，只需要将电路板通过 USB 连接线连接在计算机上，然后利用上位机软件下载工具，就可以将编译后的 HEX 文件下载到单片机中运行了。

1. ISP 下载软件

可以从 ST 官网下载 Flash Loader Demonstrator 软件，解压后安装在本地计算机上。然后打开该软件，正确配置波特率(建议使用 115 200 或 9600)、串口等参数，就可以利用该软件完成 HEX 文件的烧写。该软件的主界面如图 3.44 所示。

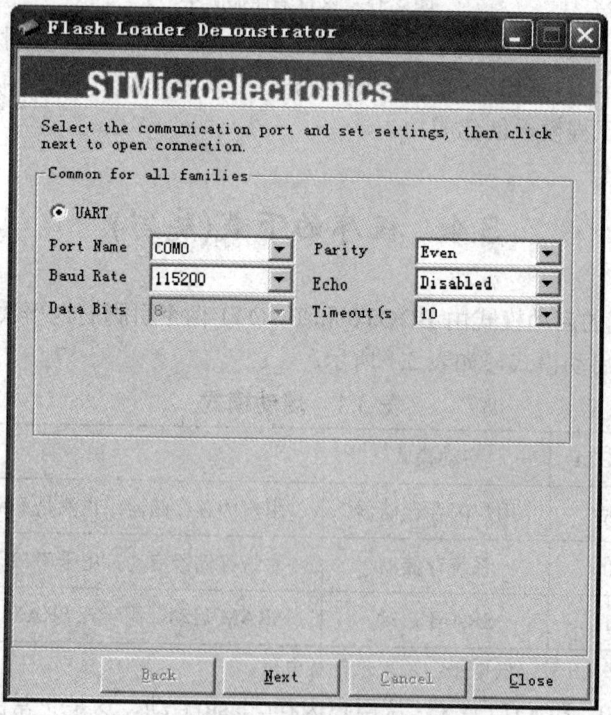

图 3.44 ST 官方 ISP 下载软件主界面

2. 第三方提供的 ISP 下载软件

第三方提供的 ISP 下载软件比较常见的有 FlyMcu 等。FlyMcu 的界面如图 3.45 所示。

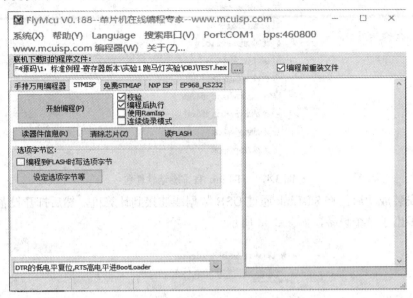

图 3.45　FlyMcu 界面

3.4.2　基于 JTAG 接口的程序下载

为了高效、快捷地调试 STM32 单片机程序，可以使用仿真器。目前针对 ARM 的经济型仿真器较多，本书所涉及的仿真器均为 ST-Link，具体型号为 V2。ST-Link 的实物图如图 3.46 所示。

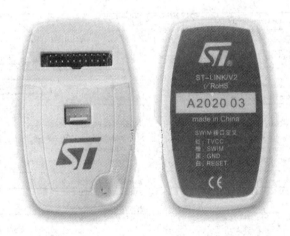

图 3.46　ST-Link 的实物图

在使用 ST-Link 之前，需要安装 ST-Link 驱动。可以在官网下载 ST-Link 的官方驱动文件，下载解压后的驱动文件如图 3.47 所示。用户可根据自己计算机的操作系统，选择 x64 或者 x86 的可安装文件。

图 3.47　ST-Link 官方驱动软件包

驱动安装成功后，将 ST-Link 通过 USB 数据线连接到计算机，然后打开设备管理器，可以看到多出了一个设备，如图 3.48 所示。

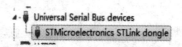

图 3.48　通过设备管理器查看 ST-Link Device

ST-Link 驱动安装完成后，还要在 Keil 工程中对 ST-Link 进行设置，具体操作步骤如下：

(1) 打开前面已经创建好的工程，单击工具栏上的"魔法棒"按钮，然后选中"Debug"标签，按照图 3.49 选择"ST-Link Debugger"选项，即我们所使用的 ST-Link 下载器。此外，还要在图 3.49 中选中"Run to main()"复选框，这样在仿真时就会直接运行到 main 函数。如果没选择这个选项，则会先执行 startup_stm32f40_41xxx.s 文件的 Reset_Handler，再跳到 main 函数。

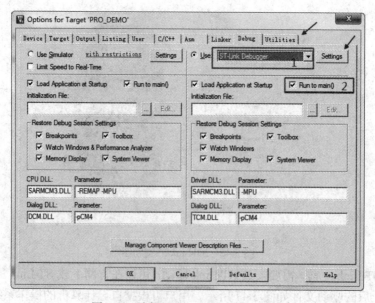

图 3.49　选择 ST-Link Debugger 模式

(2) 在选择好调试器后，单击图 3.49 右侧的"Settings"按钮，进入 Debug 模式设置界面，如图 3.50 所示。选中"Debug"选项卡，将 ST- Link 的连接方式选择为 SW 模式，此模式的连线比较少，占用的 I/O 也比较少，可节省开发板资源。

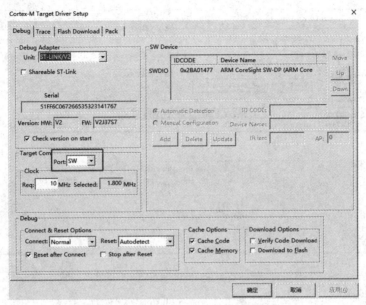

图 3.50　ST- Link 的连接模式设置

虽然我们的开发板使用的调试模式是 JTAG 接口，但是它是兼容 SW 模式的，如图 3.51 所示。

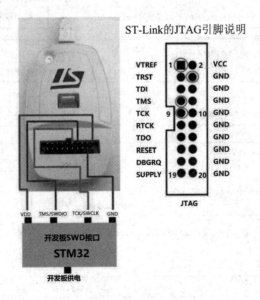

图 3.51　ST- Link 仿真器 SW 连接方式

随后，选中图 3.50 所示的"Flash Download"标签，这里 Keil 会根据新建工程时选择的目标器件，自动设置 Flash 算法。例如，我们使用的是 STM32F407ZGT6，Flash 容量为 1 MB，所以"Programming Algorithm"里面默认会有 1 MB 型号的 STM32F4xx Flash 算法。

需要注意的是，这里的 1 MB 型号的 Flash 算法不仅仅针对 1 MB 的 STM32F407，对于小于该容量的型号，也采用这种 Flash 算法，如图 3.52 所示。最后，选中"Reset and Run"复选框，以实现在编程后自动运行，其他设置默认即可。

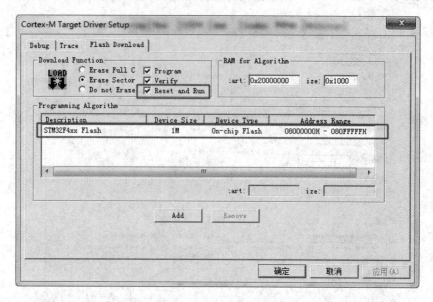

图 3.52　选择 Flash 大小

(3) 要使用 SW 模式仿真，需要设置"Utilities"标签，设置方式如图 3.53 所示。

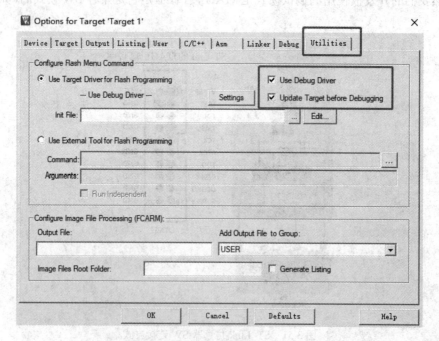

图 3.53　配置"Utilities"标签

设置完成后，单击"OK"按钮退出。使用 ST-Link 下载代码前要先编译工程，单击编译按钮████等待编译完成后，没有错误提示，再单击下载按钮████等待程序下载完成，程序就能在开发板上运行了。操作方法如图 3.54 所示。

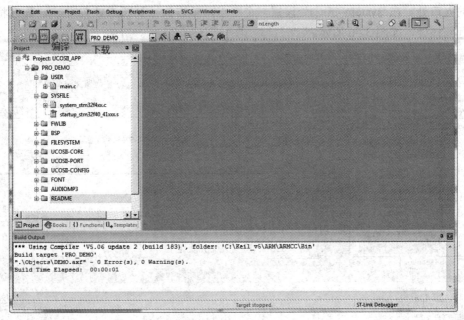

图 3.54　编译、下载操作方法

3.4.3　ST-Link 调试程序

使用 ST-Link 可以对程序进行调试。单击调试按钮，开始仿真(如果开发板的代码没被更新过，则会先更新代码，再调试)，如图 3.55 所示。

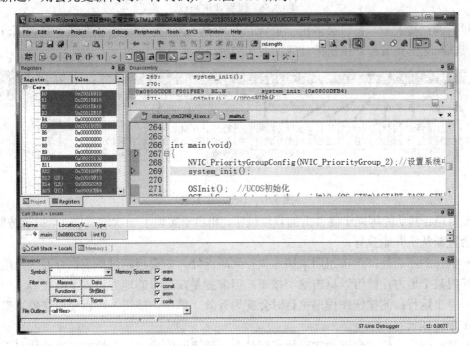

图 3.55　进入调试模式

因为在对 ST-Link 设置时选中了"Run to main()"选项，所以程序直接就运行到了 main 函数的入口处。在 system_init()处设置一个断点，单击执行到断点处按钮 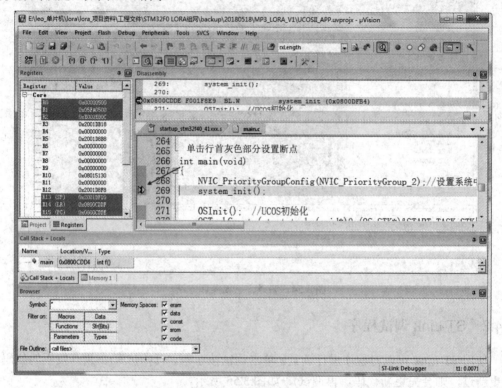，程序将会快速执行到该处，如图 3.56 所示。

图 3.56　设置调试断点

进入调试模式后，窗口会多出一条新的工具条，这就是 Debug 工具条，是调试时要使用的。Debug 工具条部分按钮的功能如图 3.57 所示。

图 3.57　Debug 工具条

· 复位：其功能等同于硬件上的复位按钮，相当于实现了一次硬复位。单机该按钮后，代码会重新从头开始执行。

· 执行到断点处：该按钮用来快速执行到断点处。如果想越过单步执行而快速地执行到程序的某个地方，就可以单击这个按钮，但前提是在查看的地方设置了断点。

· 停止运行：此按钮在程序执行时会变为有效。单击该按钮，可以使程序停下来，进入到单步调试状态。

· 执行进去：该按钮用来实现执行到某个函数里面的功能，在没有函数的情况下，它等同于"执行过去"按钮。

· 执行过去：在有函数的地方，通过该按钮可以单步执行过这个函数，而不进入这个函数单步执行。

· 执行出去：在进入函数单步调试时，若不需要执行函数的剩余部分，通过该按钮可一步执行完余下的部分，并跳出函数，回到函数被调用的位置。

· 执行到光标处：该按钮可以迅速地使程序运行到光标处。该按钮与"执行到断点处"按钮的功能相似，但是两者还是有区别的，断点可以有多个，但是光标所在处只有一个。

· 汇编窗口：通过该按钮，可以查看汇编代码，这对分析程序很有用。

· 堆栈局部变量窗口：通过该按钮，可显示 Call Stack+Locals 窗口，该窗口可以显示当前函数的局部变量及其值。

· 观察窗口：Keil 提供了两个观察窗口(下拉选择)，单击该按钮，会弹出一个显示变量的窗口，输入要观察的变量/表达式，即可查看其值。

· 内存查看窗口：Keil 提供了四个内存查看窗口(下拉选择)，单击该按钮，会弹出一个内存查看窗口，输入要查看的内存地址，可以观察到这一片内存的变化情况。

· 串口打印窗口：Keil 提供了四个串口打印窗口(下拉选择)，单击该按钮，会弹出一个类似串口调试助手界面的窗口，用来显示从串口打印出来的内容。

· 逻辑分析窗口：该图标下面有三个选项(下拉选择)，一般使用第一个，也就是逻辑分析窗口(Logic Analyzer)，单击该按钮即可调出逻辑分析窗口。通过 SETUP 按钮新建一些I/O 口，就可以观察这些 I/O 口的电平变化情况，而且这种变化会以多种形式显示出来，比较直观。

· 系统查看窗口：该按钮可以提供各种外设寄存器的查看窗口(通过下拉选择)，选择对应外设，即可调出该外设的相关寄存器表，并显示这些寄存器的值。

除可以利用 Debug 工具条调试程序外，还可以通过选择"Peripherals"→"System Viewer"→"USART"菜单选项来设置串口。这里以串口 1(USART1)为例来进行设置，如图 3.58 所示。

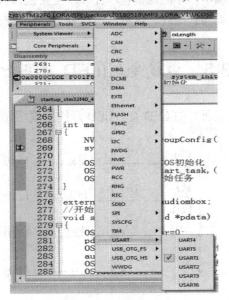

图 3.58　串口 1 的系统视图

单击图 3.58 中的"USART1"后，会在 IDE 右侧出现一个如图 3.59 所示的界面。

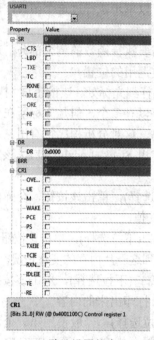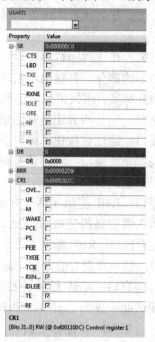

(a) 默认设置状态　　　　　　　(b) 执行完串口初始化函数后的串口信息

图 3.59　调试模式下串口 1 的寄存器状态

从图 3.59(a)中可以看到，所有与串口相关的寄存器全部表示出来了。单击"执行过去"按钮 🔘，执行完串口初始化函数，得到如图 3.59(b)所示的串口信息。对比两个图可以发现，执行 system_init()函数后，串口寄存器的值发生了变化。

通过图 3.59(b)，还可以查看串口 1 各个寄存器的设置状态，从而判断编写的代码是否正确，只有这里的设置正确了，才能保证程序在硬件上正确地执行。同样，这种方法也适用于其他外设。因此，在编写代码时，可以通过这种方法来排错。

3.5　实践案例(LED 跑马灯)

本案例是点亮开发板上所有的 LED 灯。LED 灯的原理图如图 3.60 所示。

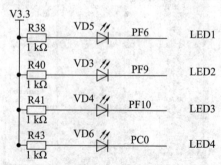

图 3.60　LED 灯原理图

实现功能：实现 LED 跑马灯的灯光效果。

硬件原理图：从电路图中可以知道，LED 灯的正极通过上拉电阻，接到了电源的正极。若要点亮 LED，则只需要 STM32 引脚输出低电平。

程序分析：将 PF6、PF9、PF10、PC0 配置为输出模式，并全部输出低电平，即可点亮 LED1、LED2、LED3、LED4。

具体的程序需要用到前面章节创建的工程模板，此时需要在工程模板添加关于 LED 灯初始化的文件，即新建一个 led.c 文件。编写代码如下：

```c
#include "led.h"

//初始化 PF6、PF9、PF10 和 PC0 为输出口，并使能这四个口的时钟
//LED I/O 初始化
void LED_Init(void)
{
    GPIO_InitTypeDef    GPIO_InitStructure;
    RCC_AHB1PeriphClockCmd(RCC_AHB1Periph_GPIOF, ENABLE);
    //使能 GPIOF 时钟
    RCC_AHB1PeriphClockCmd(RCC_AHB1Periph_GPIOC, ENABLE);
    //使能 GPIOF 时钟
    //GPIOF9、GPIOF10 初始化设置
    GPIO_InitStructure.GPIO_Pin = GPIO_Pin_0 | GPIO_Pin_6 | GPIO_Pin_9 | GPIO_Pin_10;
    //LED1、LED2、LED3、LED4 对应 IO 口
    GPIO_InitStructure.GPIO_Mode = GPIO_Mode_OUT;        //普通输出模式
    GPIO_InitStructure.GPIO_OType = GPIO_OType_PP;       //推挽输出
    GPIO_InitStructure.GPIO_Speed = GPIO_Speed_100MHz;   //100 MHz
    GPIO_InitStructure.GPIO_PuPd = GPIO_PuPd_UP;         //上拉
    GPIO_Init(GPIOF, &GPIO_InitStructure);              //初始化 GPIO
    GPIO_Init(GPIOC, &GPIO_InitStructure);              //初始化 GPIO
    GPIO_SetBits(GPIOF,GPIO_Pin_6 | GPIO_Pin_9 | GPIO_Pin_10);
    //GPIOF6、GPIOF9、GPIOF10 设置高，灯灭
    GPIO_SetBits(GPIOC,GPIO_Pin_0);                      //GPIOC0 设置高，灯灭
}
```

新建 led.h 文件，其中包含头文件、宏定义和函数声明，代码如下：

```c
#ifndef __LED_H
#define __LED_H
#include "sys.h"

//LED 端口定义
#define LED1 PFout(6)        // LED1
```

```
#define LED2 PFout(9)        // LED2
#define LED3 PFout(10)       // LED3
#define LED4 PCout(0)        // LED4
void LED_Init(void);         //初始化
#endif
```

将 main.c 文件的内容替换为要实现的功能，代码如下：

```
#include "led.h"

int main(void)
{
    LED_Init();
    LED1=1;
    LED2=1;
    LED3=0;
    LED4=0;
    while(1)
    {
    }
}
```

编译下载到开发板后，就可以看到 LED 灯全亮的效果了。

思 考 与 练 习

1. 简述 STM32 开发环境的组成。
2. 简述基于寄存器开发的一般流程。
3. 简述基于固件库开发的一般流程。
4. 简述基于操作系统开发的一般流程。
5. 简述创建工程的一般步骤。

第 4 章　STM32 最小系统

　　基于 STM32 的开发离不开硬件设备的支持，因此应了解 STM32 工作的基本电路。本章介绍 STM32 处理器构成的最小系统，即使用最少的电路组成能够使单片机工作的最小电路系统。对于 STM32 单片机来说，最小系统一般包括处理器、电源、时钟电路和复位电路。

4.1　电　源　模　块

4.1.1　供电方案

　　STM32 电源电路结构图如图 4.1 所示。

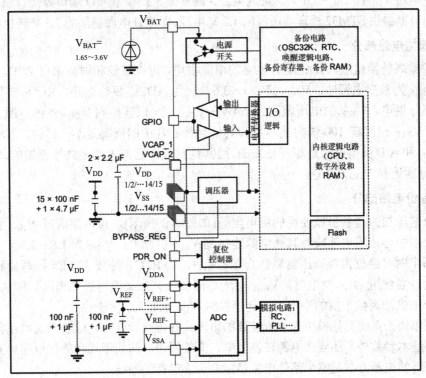

图 4.1　STM32 内部电源电路结构图

单片机内部需要三个供电区域，即 V_{DDA} 模拟电路供电区域、V_{DD} 数字电路供电区域和 V_{BAT} 后备供电区域，不同区域供电的用途不一样，供电方式也会有所不同。可以使用统一的供电方式，但当在不同的应用环境下要采取独立供电时，可参考图 4.2 所示的 STM32 供电方案。

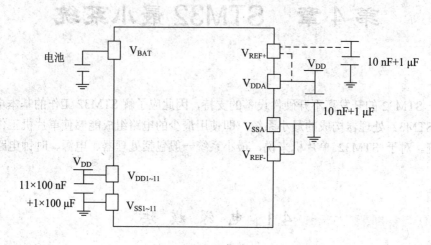

图 4.2　STM32 供电方案

1. 数字电路部分

数字电路 V_{DD} 接 2.0～3.6 V 的直流电源，通常接 3.3 V，供 I/O 端口等接口使用。内置的电压调节器提供 STM32 处理器所需的 1.2 V 电源，即把外电源提供的 3.3 V 转换成 1.2 V。

2. 模拟电路部分

为了提高转换精度，ADC 配有独立的电源供电，可以过滤和屏蔽来自 PCB 上的噪声干扰。V_{SSA} 为独立电源地，V_{DDA} 接 2.0～3.6 V，为 ADC、复位电路、RC 振荡器和 PLL 的模拟部分供电。V_{REF+} 的电压范围为 2.4 V～V_{DDA}，可以连接到 V_{DDA} 外部电源。需要注意的是，V_{REF+} 引脚在 100 脚封装芯片和其他封装芯片中的情况是不一样的，100 脚的芯片中 V_{REF+} 和 A/D 供电电压是相互独立的，而其他封装中它们内部是直接连接的，即 V_{VDDA} 和 V_{SSA} 分别连接 V_{DD} 和 V_{SS}。

3. 备份电路部分

备份电压指的是备份域使用的供电电源(如图 4.3 所示)，该电源通过 V_{BAT} 引脚接入供电，应用中可使用电池或者其他电源连接到 V_{BAT} 引脚上。V_{BAT} 为 1.8～3.6 V，当主电源 V_{DD} 断电时，经过内部调压器转换为 1.2 V 后，为 RTC、外部 32 kHz 振荡器和后备资源区供电。当使用 V_{DD} 供电时，V_{BAT} 上无电流损失。如果没有外部电池，则引脚 V_{BAT} 必须和一个过滤高频干扰的小电容一起连接到 V_{DD} 电源上。

电源模块为系统其他模块提供所需要的电源。在电路设计中，除要考虑电压范围和电流容量等基本参数外，还要在电源转换效率、降低噪声、防止干扰和简化电路等方面进行优化。可靠的电源方案是整个硬件电路稳定及可靠运行的基础。

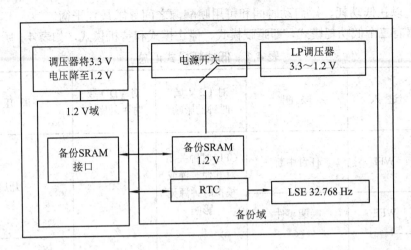

图 4.3　备份域供电结构

4.1.2　电源管理器

电源管理器硬件包括两个部分，即电源的上电复位(POR)和掉电复位(PDR)部分，以及可编程电压监测器(PVD)部分。电源的上电复位和掉电复位详见 4.3 节。

PWR(Power Controller，电源控制) /状态寄存器 (PWR_CSR)中提供了 PVDO 标志，用于指示 V_{DD} 是大于还是小于 PVD 阈值。PVDO(可以产生上升边沿或下降边沿)事件内部连接到 EXTI 线 16，当 V_{DD} 降至 PVD 阈值以下或者当 V_{DD} 升至 PVD 阈值以上时，可以产生 PVD 输出中断。可以利用 PVD 阈值在中断服务程序中执行紧急关闭系统的任务，如图 4.4 所示。

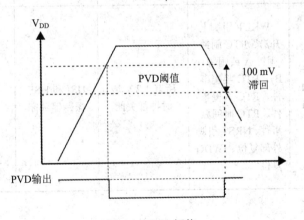

图 4.4　PVD 阈值

4.1.3　低功耗模式

默认情况下，系统复位或上电复位后，微控制器进入运行模式。在运行模式下，处理器通过 HCLK(CPU 时钟)提供时钟，并执行程序代码。系统提供了多个低功耗模式，可在处理器不需要运行时(例如等待外部事件时)节省功耗。由用户根据应用选择具体的低功耗模式，以在低功耗、短启动时间和可用唤醒源之间寻求最佳平衡。

处理器有三个低功耗模式，即睡眠模式、停止模式和待机模式，如表 4.1 所示。

表 4.1　低功耗模式汇总

模式名称	进入	唤醒	对 1.2 V 域时钟的影响	对 VDD 域时钟的影响	调压器
睡眠(立即休眠或退出时休眠)	WFI	任意中断	CPU 时钟关闭对其他时钟或模拟时钟源无影响	无	开启
	WFE	唤醒事件			
停止	PDDS 和 LPDS 位+SLEEPDEEP 位+WFI 或 WFE	任意 EXTI 线(在 EXTI 寄存器中配置,包括内部线和外部线)	所有 1.2 V 域时钟都关闭	HSI 和 HSE 振荡器关闭	开启或处于低功耗模式(取决于用于 STM32F405xx/07xx 和 STM32F415xx/17xx 的电源控制寄存器(PWR_CR)和用于 STM32F42xxx 和 STM32F43xxx 的电源控制寄存器(PWR_CR))
待机	PDDS 位+SLEEPDEEP 位+WFI 或 WFE	WKUP 引脚上升沿、RTC 闹钟(闹钟 A 或闹钟 B)、RTC 唤醒事件、RTC 入侵事件、RTC 时间戳事件、NRST 引脚外部复位、IWDG 复位	所有 1.2 V 域时钟都关闭	HSI 和 HSE 振荡器关闭	关闭

4.2　时钟电路

STM32F407ZGT6 时钟系统如图 4.5 所示。每个时钟源在不使用时都可以单独打开或关闭，以达到优化系统功耗的目的。

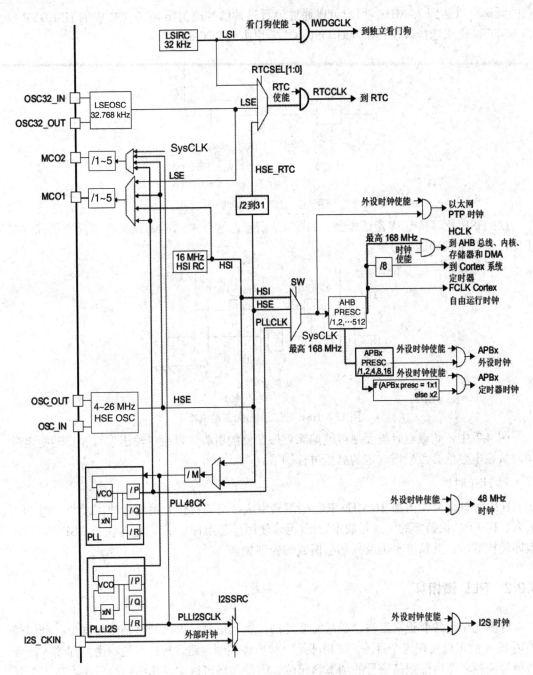

图 4.5　STM32F407ZGT6 时钟系统

4.2.1　HES 时钟和 HSI 时钟

1. HSE 时钟

HSE 有以下两个时钟源：

(1) HSE 外部时钟。如图 4.6 所示，在这种模式下，必须提供一个外部时钟源(外部源)，它的频率可以达到 25 MHz。用户可以通过设置时钟信号控制器 RCC_CR 中的 HSEBYP 位和 HSEON 位来选择该模式，此时 OSC_OUT 引脚为高阻状态。

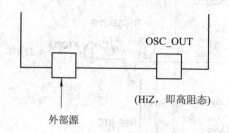

图 4.6　HSE 外部时钟

(2) HSE 外部晶振/陶瓷谐振器。如图 4.7 所示，这个 4～16 MHz 的外部晶振的优点在于能产生非常精确的主时钟。

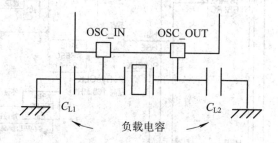

图 4.7　HSE 外部晶振/陶瓷谐振器

图 4.7 中，负载电容需要尽可能地靠近振荡器的引脚，以减少输出失真和启动稳定时间。负载电容值必须根据选定的晶振进行调节。

2. HSI 时钟

HSI 时钟信号由内部 16 MHz RC 振荡器生成，可直接作为系统时钟，或者作为 PLL 输入。HSI RC 振荡器的优点是成本较低(无须使用外部组件)，启动速度快于 HSE 晶振的，但即使校准后，其精度也不及外部晶振或陶瓷谐振器。

4.2.2　PLL 锁相环

许多电子设备要正常工作，通常需要外部的输入信号与内部的振荡信号同步，利用锁相环 PLL 就可以实现这个目的。锁相环是一种反馈控制电路，其特点是利用外部输入的参考信号控制环路内部振荡信号的频率和相位。因锁相环可以实现输出信号频率对输入信号频率的自动追踪，所以锁相环通常用于闭环跟踪电路。锁相环在工作过程中，当输出信号的频率与输入信号的频率相等时，输出电压与输入电压保持固定的相位差值，即输出电压与输入电压的相位被锁住，这就是锁相环名称的由来。

内部 PLL 可以用于高频 HSI 的 RC 输出时钟或 HSE 晶体输出时钟。PLL 的设置必须在激活前完成，一旦 PLL 被激活，这些参数就不能被改动。如果 PLL 中断在时钟中断器中被允许，当 PLL 准备就绪时，可以产生中断申请。如果需要在应用中使用 USB

接口，则 PLL 必须设置为 48 MHz，用于提供 48 MHz 的 USB CLK 时钟。

4.2.3　LSE 时钟和 LSI 时钟

LSE(Low Speed External Clock Signal)是外部低速时钟信号，频率一般为 32.768 kHz。LSE 可以由 LSE 外部时钟和 LSE 外部振荡器两个时钟源产生，如图 4.8、图 4.9 所示。

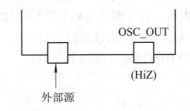

图 4.8　LSE 外部时钟

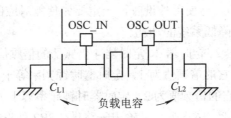

图 4.9　LSE 外部振荡器

电路设计需要注意的事项和 HSE 外部时钟设计时的注意事项一致。LSE 可以在停机模式或待机模式下保持运行，为独立看门狗和自动唤醒单元时钟提供时钟。LSI 时钟频率大约为 40 kHz(在 30～60 kHz 之间)。LSI 可以通过控制/状态寄存器(RCC_CSR)中的 LSION 为来启动或关闭。

LSI(Low Speed Internal Clock Signal)是一个低功耗时钟源，它可以在停机模式或待机模式下保持运行，为独立的看门狗和自动唤醒单元提供时钟。LSI 时钟频率大约 40 kHz(在 30～60 kHz 之间)。LSI 可以通过控制/状态寄存器(RCC_CSR)中的 LSION 位来启动或关闭。

4.2.4　系统时钟 SysCLK

从图 4.5 所示的 STM32F407ZGT6 时钟系统图中可以看出，主 PLL 时钟的时钟源要先经过一个分频系数为 M 的分频器，然后经过倍频系数为 N 的倍频器后，还需要经过一个分频系数为 P(第一个输出 PLLP)或者 Q(第二个输出 PLLQ)的分频器分频，才能生成最终的主 PLL 时钟。概括来说就是选用 HSE 为 PLL 的时钟源，同时 SysCLK 的时钟源为 PLL，得到的系统时钟经过分频，产生外设所使用的时钟。

　　系统时钟 SysCLK 的最大频率为 168 MHz，它是 STM32 中绝大部分部件工作的时钟源。系统时钟可以选择为 PLL 输出、HSI 或 HSE，HSI 和 HSE 可以通过分频加至 PLL，并由 PLL 进行倍频后，直接充当 PLLCLK，经 7 分频后为 USB 串行接口提供一个 48 MHz 的振荡频率，即需要 USB 时，PLL 必须使能，并且时钟频率配置为 48 MHz。另外，STM32 还可以选择一个时钟信号输出到 MCO 引脚上，可以选择为 PLL 输出的 2 分频、HSI、HSE 或系统时钟。

　　系统时钟 SysCLK 通过 AHB 分频器分频后送给如下 8 个模块使用。

　　(1) 输送给 AHB 总线、内核、存储器和 DMA 使用的 HCLK 时钟。

　　(2) 通过 8 分频后送给 Cortex-M4 的系统定时器使用。

　　(3) 直接输送给 Cortex-M4 的自由运行时钟 FCLK。

　　(4) 输送给 APB1 分频器。

　　(5) 输送给 APB2 分频器。

　　(6) 输送给以太网 PTP。

　　在以上时钟输出中，有些是带使能控制的，如 AHB 总线时钟、内核时钟，以及各种 APB1 外设、APB2 外设等。当使用外设时，一定要先使能对应的时钟。不使用外设时，应将它的时钟关闭，从而降低系统的功耗。

　　需要注意的是，定时器 2、定时器 3、定时器 4 倍频器的倍频值与 APB1 的分频值有关。当 APB1 的分频为 1 时，它的倍频值为 1，定时器时钟频率等于 APB1 的频率；当 APB1 预分频系数为其他值时，它的倍频值为 2，定时器时钟频率等于 APB1 频率的 2 倍。APB2 分频器可以选择 1、2、4、8、16 分频，其输出一路供 APB2 外设使用，另一路送给定时器 TM1 倍频器使用。该倍频器可以选择 1 倍频或 2 倍频，时钟输出供定时器 1 使用。另外，APB2 分频器还有一路输出供 ADC 分频器使用，分频后送给 ADC 模块使用。ADC 分频器可以选择 2、4、6、8 分频。

　　STM32 的时钟之所以这么复杂，其一是因为 STM32 模块多，不同的模块需要工作在不同的时钟频率。这样增加了灵活性，每个外设时钟需求不同，这样不管主频是多少，每个外设都能设置合适的时钟；另一个原因是时钟分开有助于实现低功耗管理。

　　在 STM32F407ZGT6 中有多种时钟信号，正确地配置时钟是系统开发的第一步。在 STM32F407ZGT6 中时钟源一般有两种：一种是 HSE，即高速外部时钟信号，由晶振或陶瓷的谐振产生；另一种为内部的 HSI，由内部 16 MHz 的 RC 振荡器生成。为了时钟的准确性，采用 8 MHz 的晶体 HSE 时钟。8 MHz 的频率相对较小，在高速、高精度的运动扫描中需要以高频率的脉冲信号为基础，通常把外部时钟整数倍频后再作为标准的时钟来使用。在 STM32F407ZGT6 系统中，一般将 HSE 时钟 8 分频再 336 倍频生成 336 MHz 的 PLL 时钟，再将 PLL 时钟 2 分频得到 168 MHz 的系统时钟；设置系统时钟后，再配置 APB1 和 APB2 总线桥，总线桥时钟直接决定了各个外设和功能模块的时钟；最后根据系统的实际需求，把所需要的外设的时钟使能，这样外设才能够正常工作。

　　在 STM32 固件库中给出了初始化函数 SystemInit()，但在调用前还需要进行一些宏定义的设置，具体的设置在 system_stm32f4xx.c 文件中。该文件定义了系统的频率为 168 MHz 及相关寄存器位的值，代码如下：

```
#if defined (STM32F40_41xxx)
    uint32_t SystemCoreClock = 168000000;
#endif /* STM32F40_41xxx

//PLL_VCO = (HSE_VALUE or HSI_VALUE / PLL_M) * PLL_N
#define PLL_M          8
#else //STM32F411xE
#if defined (USE_HSE_BYPASS)
#define PLL_M          8
#else // STM32F411xE
#define PLL_M          16
#endif// USE_HSE_BYPASS
#endif// STM32F40_41xxx || STM32F427_437xx || STM32F429_439xx || STM32F401xx
// USB OTG FS, SDIO and RNG Clock =    PLL_VCO / PLLQ
#define PLL_Q          7

#if defined (STM32F40_41xxx)
#define PLL_N          336
//SYSCLK = PLL_VCO / PLL_P
#define PLL_P          2
#endif //STM32F40_41xxx
```

　　ST 官方推荐的外接晶振是 8 MHz，代码中"#define PLL_M 8"表示 PLL_M 的宏值是 8。但操作时，要根据实际硬件连接的 HSE 值来计算，例如我们使用的开发板硬件 HSE 是 25 MHz，PLL_M 的宏值也应该是 25。这个操作定义在函数 SystemClock()中。设置时钟时，用户程序先调用 SystemInit()函数，然后在 SystemInit()函数中对一些寄存器进行初始化，再调用 SystemClock()函数。SystemClock()函数可根据 PLL_M、PLL_Q、PLL_N、PLL_P 的值，配置系统 PLL 时钟频率。

4.2.5　RCC 寄存器

　　时钟配置与 RCC(Reset and Clock Control，复位和时钟控制)寄存器密切相关，该寄存器能管理处理器的内部和外部时钟。RCC 寄存器地址影像和复位值如表 4.2 所示。

表 4.2　RCC 寄存器地址映射和复位值

偏移地址	寄存器名称	31	30	29	28	27	26	25	24	23	22	21	20	19	18	17	16	15	14	13	12	11	10	9	8	7	6	5	4	3	2	1	0
0x00	RCC_CR	保留	保留	保留	保留	PLL I2SRDY	PLL I2SON	PLLRDY	PLLON	保留	保留	保留	保留	CSSON	HSEBYP	HSERDY	HSEON	HSICAL7	HSICAL6	HSICAL5	HSICAL4	HSICAL3	HSICAL2	HSICAL 1	HSICAL 0	HSITRIM 4	HSITRIM 3	HSITRIM 2	HSITRIM 1	HSITRIM 0	保留	HSIRDY	HSION
0x04	RCC_PLLCFGR	保留	保留	保留	保留	PLLQ3	PLLQ2	PLLQ1	PLLQ0	保留	PLLSRC	保留	保留	保留	保留	PLLP1	PLLP0	保留	PLLN8	PLLN7	PLLN6	PLLN5	PLLN4	PLLN3	PLLN2	PLLN1	PLLN0	PLLM5	PLLM4	PLLM3	PLLM2	PLLM1	PLLM0
0x08	RCC_CFGR	MCO21	MCO20	MCO2PRE1	MCO2PRE1	MCO2PRE0	MCO1PRE2	MCO1PRE1	MCO1PRE0	I2SSRC	MCO11	MCO10	RTCPRE4	RTCPRE3	RTCPRE2	RTCPRE 1	RTCPRE0	PPRE22	PPRE21	PPRE20	PPRE12	PPRE11	PPRE10	保留	保留	HPRE3	HPRE2	HPRE1	HPRE0	SWS1	SWS0	SW1	SW0
0x0C	RCC_CIR	保留	保留	保留	保留	保留	保留	保留	保留	CSSC	保留	PLLI2SRDYC	PLLRDYC	HSERDYC	HSIRDYC	LSERDYC	LSIRDYC	保留	保留	PLLI2SRDYIE	PLLRDYIE	HSERDYIE	HSIRDYIE	LSERDYIE	LSIRDYIE	CSSF	保留	PLLI2SRDYF	PLLRDYF	HSERDYF	HSIRDYF	LSERDYF	LSIRDYF
0x10	RCC_AHB1RSTR	保留	保留	OTGHSRST	保留	保留	保留	ETHMACRST	保留	保留	DMA2RST	DMA1RST	保留	保留	保留	保留	保留	保留	保留	保留	CRCRST	保留	保留	保留	GPIOIRST	GPIOHRST	GPIOGRST	GPIOFRST	GPIOERST	GPIODRST	GPIOCRST	GPIOBRST	GPIOARST
0x14	RCC_AHB2RSTR	保留	保留	保留	保留	保留	保留	保留	保留	保留	保留	保留	保留	保留	保留	保留	保留	保留	保留	保留	保留	保留	保留	保留	保留	OTGFSRST	RNGRST	HASHRST	CRYPRST	保留	保留	保留	DCMIRST
0x18	RCC_AHB3RSTR	保留	保留	保留	保留	保留	保留	保留	保留	保留	保留	保留	保留	保留	保留	保留	保留	保留	保留	保留	保留	保留	保留	保留	保留	保留	保留	保留	保留	保留	保留	保留	FSMCRST
0x1C	保留	保留	保留	保留	保留	保留	保留	保留	保留	保留	保留	保留	保留	保留	保留	保留	保留	保留	保留	保留	保留	保留	保留	保留	保留	保留	保留	保留	保留	保留	保留	保留	保留
0x20	RCC_APB1RSTR	保留	保留	DACRST	PWRRST	保留	CAN2RST	CAN1RST	保留	I2C3RST	I2C2RST	I2C1RST	UART5RST	UART4RST	UART3RST	UART2RST	保留	SPI3RST	SPI2RST	保留	保留	WWDGRST	保留	保留	TIM14RST	TIM13RST	TIM12RST	TIM7RST	TIM6RST	TIM5RST	TIM4RST	TIM3RST	TIM2RST
0x24	RCC_APB2RSTR	保留	保留	保留	保留	保留	保留	保留	保留	保留	保留	保留	保留	保留	TIM11RST	TIM10RST	TIM9RST	保留	SYSCFGRST	保留	SPI1RST	SDIORST	保留	保留	ADCRST	保留	保留	USART6RST	USART1RST	保留	保留	TIM8RST	TIM1RST
0x28	保留	保留	保留	保留	保留	保留	保留	保留	保留	保留	保留	保留	保留	保留	保留	保留	保留	保留	保留	保留	保留	保留	保留	保留	保留	保留	保留	保留	保留	保留	保留	保留	保留
0x2C	保留	保留	保留	保留	保留	保留	保留	保留	保留	保留	保留	保留	保留	保留	保留	保留	保留	保留	保留	保留	保留	保留	保留	保留	保留	保留	保留	保留	保留	保留	保留	保留	保留
0x30	RCC_AHB1ENR	保留	OTGHSULPIEN	OTGHSEN	ETHMACPTPEN	ETHMACRXEN	ETHMACTXEN	ETHMACEN	保留	保留	DMA2EN	DMA1EN	CCMDATARAMEN	保留	BKPSRAMEN	保留	保留	保留	保留	保留	CRCEN	保留	保留	保留	GPIOIEN	GPIOHEN	GPIOGEN	GPIOFEN	GPIOEEN	GPIODEN	GPIOCEN	GPIOBEN	GPIOAEN
0x34	RCC_AHB2ENR	保留	保留	保留	保留	保留	保留	保留	保留	保留	保留	保留	保留	保留	保留	保留	保留	保留	保留	保留	保留	保留	保留	保留	保留	OTGFSEN	RNGEN	HASHEN	CRYPEN	保留	保留	保留	DC MIEN
0x38	RCC_AHB3ENR	保留	保留	保留	保留	保留	保留	保留	保留	保留	保留	保留	保留	保留	保留	保留	保留	保留	保留	保留	保留	保留	保留	保留	保留	保留	保留	保留	保留	保留	保留	保留	FSMCEN
0x3C	保留	保留	保留	保留	保留	保留	保留	保留	保留	保留	保留	保留	保留	保留	保留	保留	保留	保留	保留	保留	保留	保留	保留	保留	保留	保留	保留	保留	保留	保留	保留	保留	保留

　　RCC 寄存器组的结构体 RCC_TypeDef 在库文件 STM32f4xx.h 中的代码如下：

```c
typedef struct
{
    __IO uint32_t CR;                    //<偏移地址: 0x00
    __IO uint32_t PLLCFGR;               //<偏移地址: 0x04
    __IO uint32_t CFGR;                  //<偏移地址: 0x08
    __IO uint32_t CIR;                   //<偏移地址: 0x0C
    __IO uint32_t AHB1RSTR;              //<偏移地址: 0x10
    __IO uint32_t AHB2RSTR;              //<偏移地址: 0x14
    __IO uint32_t AHB3RSTR;              //<偏移地址: 0x18
    uint32_t      RESERVED0;             //<保留, 0x1C
    __IO uint32_t APB1RSTR;             //<偏移地址: 0x20
    __IO uint32_t APB2RSTR;             //<偏移地址: 0x24
    uint32_t      RESERVED1[2];          //<保留, 0x28～0x2C
    __IO uint32_t AHB1ENR;              //<偏移地址: 0x30
    __IO uint32_t AHB2ENR;              //<偏移地址: 0x34
    __IO uint32_t AHB3ENR;              //<偏移地址: 0x38
    uint32_t      RESERVED2;             //<保留, 0x3C
    __IO uint32_t APB1ENR;              //<偏移地址: 0x40
    __IO uint32_t APB2ENR;              //<偏移地址: 0x44
    uint32_t      RESERVED3[2];          //<保留, 0x48～0x4C
    __IO uint32_t AHB1LPENR;            //<偏移地址: 0x50
    __IO uint32_t AHB2LPENR;            //<偏移地址: 0x54
    __IO uint32_t AHB3LPENR;            //<偏移地址: 0x58
    uint32_t      RESERVED4;             //<保留, 0x5C
    __IO uint32_t APB1LPENR;            //<偏移地址: 0x60
    __IO uint32_t APB2LPENR;            //<偏移地址: 0x64
    uint32_t      RESERVED5[2];          //<保留, 0x68～0x6C
    __IO uint32_t BDCR;                  //<偏移地址: 0x70
    __IO uint32_t CSR;                   //<偏移地址: 0x74
    uint32_t      RESERVED6[2];          //<保留, 0x78～0x7C
    __IO uint32_t SSCGR;                 //<偏移地址: 0x80
    __IO uint32_t PLLI2SCFGR;            //<偏移地址: 0x84
    __IO uint32_t PLLSAICFGR;            //<偏移地址: 0x88
    __IO uint32_t DCKCFGR;               //<偏移地址: 0x8C
} RCC_TypeDef;
//外设和 SRAM 在位带绑定区的基地址
#define RCC                              ((RCC_TypeDef *) RCC_BASE)
......
```

```
#define RCC_BASE                (AHB1PERIPH_BASE + 0x3800)
...
#define AHB1PERIPH_BASE         (PERIPH_BASE + 0x00020000)
#define PERIPH_BASE             ((uint32_t)0x40000000)
```

对于上述代码中的所有 RCC，编译器的预处理器程序都会将它替换成((RCC_TypeDef *)RCC_BASE)，0x40023800 是 RCC 寄存器的存储映射首地址。首地址加上表 4.2 中各个寄存器的偏移地址就是寄存器在存储器中的位置。例如：

RCC_CIR=RCC 首地址+CIR 地址偏移=0x40023800+0x0C=0x4002380C

4.3 复 位 电 路

STM32F407 支持三种类型的复位，分别为系统复位、电源复位和备份域复位。

1. 系统复位

系统复位将重置除时钟控制寄存器 CSR 中的复位标志和备份域中的寄存器外，其他全部寄存器的值为复位值(默认值)。

只要发生以下事件之一，就会产生系统复位：

(1) NRST 引脚低电平(外部复位)复位，如图 4.10 所示，也就是我们经常使用的按键复位方式。

(2) 窗口看门狗计数结束(WWDG 复位)。

(3) 独立看门狗计数结束(IWDG 复位)。

(4) 软件复位(SW 复位)。要对器件进行软件复位，必须将 Cortex-M4 的应用中断和复位控制寄存器中的 SYSRESETREQ 位置 1。

(5) 低功耗管理复位。将选项字节(Option Bytes)中的 nRST_STDBY 位和 nRST_STOP 位清零，则进入待机模式/停止模式时，设备不会进入待机/停止状态，而是产生复位。

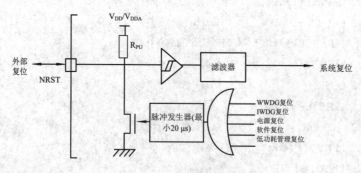

图 4.10　复位电路简图

2. 电源复位

电源复位能将除备份域内的寄存器外的其他全部寄存器设置为复位值。只要发生以下事件之一，就会产生电源复位：

(1) 上电/掉电复位(POR/PDR 复位)或欠压(BOR)复位。

(2) 在退出待机模式时。

3. 备份域复位

备份域复位会将所有 RTC 寄存器和 RCC_BDCR 寄存器复位为各自的复位值。BKPSRAM 不受此复位影响。BKPSRAM 唯一的复位方式是通过 Flash 接口将 Flash 保护等级从 1 切换到 0。

只要发生以下事件之一，就会产生备份域复位：

(1) 软件复位，通过将 RCC 备份域控制寄存器(RCC_BDCR)中的 BDRST 位置 1 触发。

(2) 在电源 V_{DD} 和 V_{BAT} 都已掉电后，其中任何一个又再上电。

4.4　程序下载电路

程序下载软件必须基于硬件电路才能使用。如图 4.11 所示的硬件电路既支持 JTAG 接口，又支持 SW 接口。

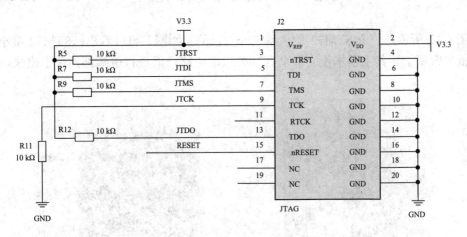

图 4.11　JTAG/SWD 模式

STM32F407 内核集成的串行/JTAG 调试端口(SWJ-DP)是 STM32 标准 CoreSight 调试端口，具有 JTAG-DP(5 引脚)接口和 SW-DP(2 引脚)接口。

(1) JTAG 调试端口(JTAG-DP)提供用于连接到 AHP-AP 端口的 5 引脚标准 JTAG 接口。

(2) 串行线调试端口(SW-DP) 提供用于连接到 AHP-AP 端口的 2 引脚(时钟 + 数据)接口。

在 SWJ-DP 中，SW-DP 的 2 个 JTAG 引脚与 JTAG-DP 的 5 个 JTAG 引脚中的部分引脚复用。默认调试接口是 JTAG 接口。若要将调试工具切换到 SW-DP，则必须在 TMS/TCK(分别映射到 SWDIO 和 SWCLK)上提供专用的 JTAG 序列，用于禁止 JTAG-DP 并使能 SW-DP，这样便可使用 SWCLK 和 SWDIO 引脚来激活 SW-DP。STM32 调试端口功能如表 4.3 所示。

表 4.3　STM32 调试端口功能

SWJ-DP 引脚名称	JTAG 调试端口		SW 调试端口		引脚分配
	类型	说　明	类型	调试分配	
JTMS/SWDIO	I	JTAG 测试模式选择	I/O	串行线数据输入/输出	PA13
JTCK/SWCLK	I	JTAG 测试时钟	I	串行线时钟	PA14
JTDI	I	JTAG 测试数据输入	—	—	PA15
JTDO/TRACESWO	O	JTAG 测试数据输出	—	TRACESWO(如果使能异步跟踪)	PB3
NJTRST	I	JTAG 测试 nReset	—	—	PB4

4.5　STM32 的最小系统

图 4.12 所示是一个 STM32 最小系统开发板的实物图。可以看出，STM32 最小系统开发板非常简洁，其上基本没有驱动其他外设的电路，而是将引脚都预留了出来，方便使用。

图 4.12　STM32 最小系统实物

STM32 最小系统原理图主要包含电源电路、复位电路和时钟电路，如图 4.13 所示。

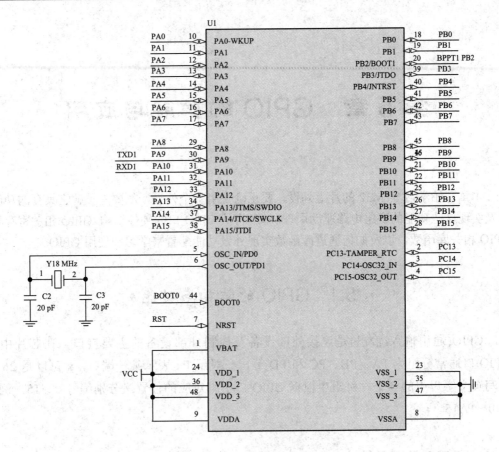

图 4.13　STM32 最小系统

实际上,上述三部分是互相联系的。计算机系统最基本的操作是执行指令,即在每个指令周期从存储器中取出指令来执行,所以需要电源提供能量。时钟电路协调处理器和存储器的信号交换,复位电路初始化内部数据存储器和寄存器,三者协同合作、共同作用使单片机能正常运作。

思 考 与 练 习

1. STM32 供电由_____、_____和_____组成。
2. STM32F407 系统时钟 SysCLK 来源于_____、_____和_____。
3. STM32 最小系统的组成为_____、_____和_____。
4. STM32 常用的两种复位方式为_____、_____和_____。
5. STM32 常用的两种程序下载方式为_____、_____和_____。
6. 简述 STM32 的启动过程。

第 5 章　GPIO 的功能与应用

本章开始学习 STM32 的片上外设，要正确使用一个外设，就要先了解它具有的功能，以及实现这些功能的底层电路驱动原理。本章将从 GPIO 口的硬件结构、GPIO 相关寄存器、GPIO 相关库函数，以及如何通过库函数实现外设功能配置来学习和使用 GPIO。

5.1　GPIO 的结构与功能

GPIO(通用输入/输出)是连接外部设备及控制外部设备的主要接口。在芯片中，GPIO 口通常分组为 PA、PB、PC 和 PD 等，一般用 Px 表示某一端口，x 可以是 26 个大写英文字母中的一个。每组中根据 GPIO 口引脚对应的位置又分别编号 0～15，例如 PA0～PA15。

5.1.1　GPIO 的硬件结构

在正式分析 GPIO 的硬件结构之前，先简单地了解两个概念：上拉和下拉。在数字电路中，为了避免输入阻抗高，吸收散杂信号而损坏电路，在输入端电阻接电源正极为上拉，在输入端电阻接电源负极为下拉，不接为浮空。

GPIO 口的内部结构如图 5.1 所示(图中(1)表示 $V_{DD\text{-}FT}$ 是一种特定于 5 V 耐潜力的 I/O，不同于 V_{DD})。图中可以看到输出数据寄存器和输入数据寄存器、模拟输入、复用功能输入、复用功能输出以及输入驱动器和输出驱动器电路，这些硬件电路决定了 GPIO 口的功能，可以通过配置不同的寄存器来管理硬件电路，实现相应的功能。

GPIO 端口包含模式寄存器、输出类型寄存器、输出速度寄存器、上拉/下拉寄存器、输入数据寄存器和输出数据寄存器。

不同的寄存器组合可以实现多种模式：

(1) 输入浮空；

(2) 输入上拉；

(3) 输入下拉；

(4) 模拟功能；

(5) 具有上拉或下拉功能的开漏输出；

(6) 具有上拉或下拉功能的推挽输出；

(7) 具有上拉或下拉功能的复用功能推挽；

(8) 具有上拉或下拉功能的复用功能开漏。

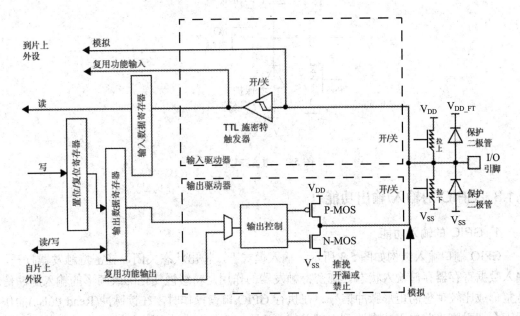

图 5.1 GPIO 的内部结构图

可以结合图 5.1 学习 STM32 的多种 I/O 模式的配置，先分析数据和信号的传输通路，再弄清楚在传输通道上各种控制器的硬件组成及控制原理，最后设置相关的寄存器，就可以全面地掌握该功能模块的操作原理。在实际应用中，根据不同的控制需要，选用对应的模式。

5.1.2 复用功能与钳位功能

1. 复用功能

复用功能是指除了通用的输入/输出功能外，还可以作为其他的功能使用，如定时器功能、串口通信等。STM32 的同一个引脚可以复用为多种功能，但同一个引脚同时只能复用一种功能，即 GPIO 端口引脚复用为某功能时，其他功能处于关闭状态。复用功能可以通过模式寄存器设置，可以根据需要通过编程控制不同的模式。

2. 钳位功能

双二极管钳位保护电路是指由两个二极管反向并联组成的，一次只能有一个二极管导通，而另一个处于截止状态，则该电路的正反向压降就会被钳制在二极管正向导通压降 0.5～0.7 以下，从而起到保护电路的目的。如图 5.2 所示，GPIO 内部具有双二极管，当外部输入电压大于 3.9 V 时，则二极管会将多余的电流引入 V_{DD}。同理，如果输入的信号电压比 GND 低，则由于二极管 V_{DD} 的作用，会把实际输入的信号电压钳制在约 -0.6 V。

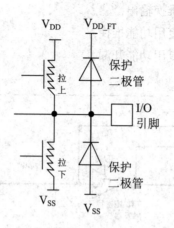

图 5.2　钳位二极管

5.1.3　GPIO 的输入/输出功能

1. GPIO 的输入功能

GPIO 端口输入结构如图 5.3 所示。输入模式下，输出状态关闭，施密特触发器打开，输入数据寄存器存储输入状态。施密特触发器的作用是将缓慢变化的或畸形的输入脉冲信号整形成比较理想的矩形脉冲信号。在执行 GPIO 口读操作时，在读脉冲(Read Pulse)的作用下会把引脚当前电平状态读到内部总线上(Internal Bus)。在不执行读操作时，外部引脚与内部总线之间是断开的。

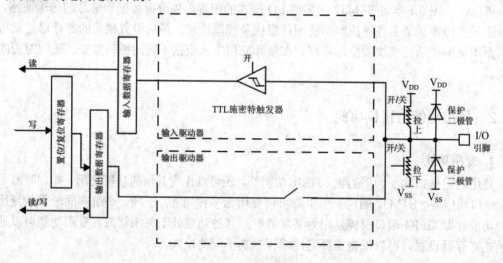

图 5.3　GPIO 端口输入结构

2. GPIO 的输出功能

输出功能分为通用推挽输出和复用推挽输出。输出模式下有两种不同的输出类型，即推挽输出类型和开漏输出类型。推挽输出类型指 GPIO 口既可以输出高电平，又可以输出低电平，而开漏输出类型下 GPIO 口只能输出低电平。

　　通用输出模式的控制电路图如图 5.4 所示，它位于输出驱动器模块电路部分，是 GPIO 的输出控制器，推挽输出类型下 P-MOS 管和 N-MOS 管根据输出控制信号可以导通 V_{DD} 或 V_{SS}。开漏输出类型下 P-MOS 管不受输出控制器信号的控制，P-MOS 管不能导通 V_{DD}，即无法输出高电平到引脚。值得注意的是，输出模式下，输入模式仍可以使用。

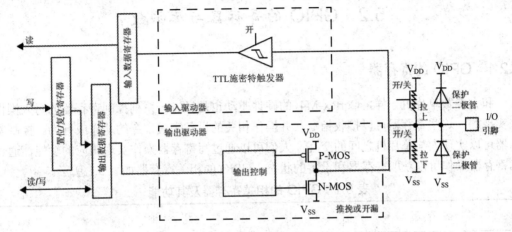

图 5.4　通用输出模式

　　复用输出模式下的输出结构如图 5.5 所示。复用输出时输出驱动器不再受输出数据寄存器的控制，而是通过复用功能输出来管理输出。推挽或开漏则与通用输出模式的一致。

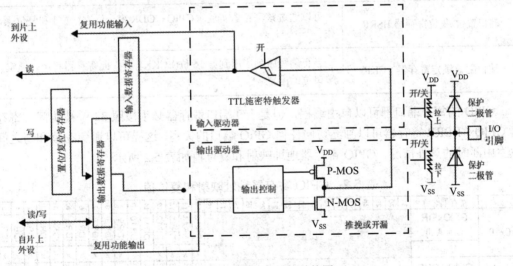

图 5.5　复用输出模式结构图

5.1.4　GPIO 的速度选择

　　对于 STM32F4 系列单片机来说，在 GPIO 端口的输出模式下，有四种输出速度可选，分别是 2 MHz、25 MHz、50 MHz 和 100 MHz。这里的速度是指 I/O 口驱动电路的响应速度，而不是输出信号的速度，输出信号的速度与程序有关。芯片的输出控制寄存器可以配置不同的输出速度，因此可以根据实际情况来配置输出速度。GPIO 口在输入/输出模式下，或复用为串口使用时，选择 2 MHz 的低速模式即可满足输出要求，还可以节省能源；作为 I2C 使用时，2 MHz 的低速模式不能满足使用要求，此时应设置为 25 MHz；当使用 SPI 通信时，要设置为 50 MHz 的高速模式。在初学过程中，都可以设置为高速模式。

5.2　GPIO 的寄存器与库函数

5.2.1　GPIO 的寄存器

和大多数单片机一样，Cortex-M4 的硬件驱动也是经过一系列控制寄存器的写入操作来实现的。这些寄存器可以接收指令，并操作相关的设备完成指令的动作或行为。控制寄存器可以实现人与单片机之间的交互，人们可以通过写寄存器操作实现相应的功能，通过读寄存器操作可以获取寄存器和设备的状态。GPIO 的相关寄存器如表 5.1 所示。

表 5.1　GPIO 的相关寄存器及其功能

寄　存　器	功　　能
端口输入数据寄存器 IDR	当端口被分配为输入端口时，可以从 GPIOx_IDR 相应位读数据
端口输出数据寄存器 ODR	当端口被分配为输出端口时，可以从 GPIOx_ODR 相应位读或写数据
端口置位/复位寄存器 BSRR	可以通过该寄存器实现对 GPIOx_ODR 每一位进行置 1 和复位操作
端口配置锁定寄存器 LCKR	当正确写序列应用到第 16 位(LCKK) 时，此寄存器将用于锁定端口位的配置

GPIO 的每个端口都可以自由编程，但是 I/O 端口寄存器必须按照 32 位被访问。寄存器 GPIOx_BSRR 寄存器可以独立访问任何 GPIO 端口的读写，这样可以避免在读和写之间发生中断时的意外情况。GPIO 寄存器地址映射和复位值如表 5.2 所示。

表 5.2　GPIO 寄存器地址映射和复位值

偏移地址	寄存器名称	31	30	29	28	27	26	25	24	23	22	21	20	19	18	17	16	15	14	13	12	11	10	9	8	7	6	5	4	3	2	1	0
0x10	GPIOxIDR (x = A..I)	保留																IDR15	IDR14	IDR13	IDR12	IDR11	IDR10	IDR9	IDR8	IDR7	IDR6	IDR5	IDR4	IDR3	IDR2	IDR1	IDR0
	复位值																	x	x	x	x	x	x	x	x	x	x	x	x	x	x	x	x
0x14	GPIOx.ODR (x = A..I)	保留																ODR15	ODR14	ODR13	ODR12	ODR11	ODR10	ODR9	ODR8	ODR7	ODR6	ODR5	ODR4	ODR3	ODR2	ODR1	ODR0
	复位值																	0	0	0	0	0	0	0	0	0	0	0	0	0	0	0	0
0x18	GPIOx.BSRR (x = A..I)	BR15	BR14	BR13	BR12	BR11	BR10	BR9	BR8	BR7	BR6	BR5	BR4	BR3	BR2	BR1	BR0	BS15	BS14	BS13	BS12	BS11	BS10	BS9	BS8	BS7	BS6	BS5	BS4	BS3	BS2	BS1	BS0
	复位值	0	0	0	0	0	0	0	0	0	0	0	0	0	0	0	0	0	0	0	0	0	0	0	0	0	0	0	0	0	0	0	0
0x1C	GPIOx.LCKR (x = A..I)	保留															CLKK	CLK15	CLK14	CLK13	CLK12	CLK11	CLK10	CLK9	CLK8	CLK7	CLK6	CLK5	CLK4	CLK3	CLK2	CLK1	CLK0
	复位值																0	0	0	0	0	0	0	0	0	0	0	0	0	0	0	0	0

GPIO 寄存器组结构体 GPIO_TyprDef 定义在库文件 STM32f4xx.h 中，代码如下：

```
#define PERIPH_BASE              ((uint32_t)0x40000000)
#define AHB1PERIPH_BASE          (PERIPH_BASE + 0x00020000)
//AHB1PERIPH_BASE       (0x40000000 + 0x00020000)=40020000
typedef struct
{
    __IO uint32_t MODER;        //GPIO 端口模式寄存器，偏移地址：0x00
    __IO uint32_t OTYPER;       //GPIO 端口输出类型寄存器，偏移地址：0x04
    __IO uint32_t OSPEEDR;      //GPIO 端口输出速度寄存器，偏移地址：0x08
    __IO uint32_t PUPDR;        //GPIO 上下拉寄存器，偏移地址：0x0C
    __IO uint32_t IDR;          //GPIO 输入数据寄存器，偏移地址：0x10
    __IO uint32_t ODR;          //GPIO 输出数据寄存器，偏移地址：0x14
    __IO uint16_t BSRRL;        //GPIO 置位/复位低寄存器，偏移地址：0x18
    __IO uint16_t BSRRH;        //GPIO 置位/复位高寄存器，偏移地址：0x1A
    __IO uint32_t LCKR;         //GPIO 配置锁定寄存器，偏移地址：0x1C
    __IO uint32_t AFR[2];       //GPIO 复用功能寄存器，偏移地址：0x20～0x24
} GPIO_TypeDef;
...
// AHB1 外设
#define GPIOA_BASE               (AHB1PERIPH_BASE + 0x0000)
#define GPIOB_BASE               (AHB1PERIPH_BASE + 0x0400)
#define GPIOC_BASE               (AHB1PERIPH_BASE + 0x0800)
#define GPIOD_BASE               (AHB1PERIPH_BASE + 0x0C00)
#define GPIOE_BASE               (AHB1PERIPH_BASE + 0x1000)
#define GPIOF_BASE               (AHB1PERIPH_BASE + 0x1400)
#define GPIOG_BASE               (AHB1PERIPH_BASE + 0x1800)
#define GPIOH_BASE               (AHB1PERIPH_BASE + 0x1C00)
#define GPIOI_BASE               (AHB1PERIPH_BASE + 0x2000)
#define GPIOJ_BASE               (AHB1PERIPH_BASE + 0x2400)
#define GPIOK_BASE               (AHB1PERIPH_BASE + 0x2800)
```

从上面的宏定义可以看出，GPIOx(x=A、B、C、D…)寄存器的首地址加上表 5.2 中的偏移地址就是寄存器在存储器中的位置。例如：

GPIOB_ODR=GPIOB 的基地址+ODR 的偏移地址=40020400+0x0014=40020414

这部分内容和存储映射章节的内容是对应的，GPIO 口在存储器中有固定的映射地址，这个地址和在 STM32f4xx.h 文件中的宏定义是一致的，即 GPIO 口的寄存器都是存储器上一段固定的内存空间。可以操作 STM32 的寄存器，来开发 STM32 单片机。

5.2.2　GPIO 的库函数

库函数开发方式前面已经介绍过，这里介绍和 GIPO 相关的库函数。

1. GPIO_Init()函数

GPIO_Init()函数如表 5.3 所示。

表 5.3　GPIO_Init()函数

函　　数	GPIO_Init()
函数原型	Void GPIO_Init(GPIO_TypeDef*GPIOx, GPIO_InitTypeDef* GPIO_InitStruct);
功能描述	根据 GPIO_InitStruct 中指定的参数初始化外设 GPIOx 寄存器
输入参数 1	GIPOx：x 可以是 A、B、C、D、E、F、G、H，以此来选择 GPIO 口
输入参数 2	GPIO_InitStruct：指向结构体 GPIO_TypeDef 的指针，包含外设的配置信息
输出参数	无
返回值	无

2. GPIO_SetBits()函数

GPIO_SetBits()函数如表 5.4 所示。

表 5.4　GPIO_SetBits()函数

函　　数	GPIO_SetBits()
函数原型	void GPIO_SetBits(GPIO_TypeDef* GPIOx, uint16_t GPIO_Pin);
功能描述	清除指定的数据端口位
输入参数 1	GIPOx：x 可以是 A、B、C、D、E、F、G、H，以此来选择 GPIO 口
输入参数 2	GPIO_Pin：待设置的端口位
输出参数	无
返回值	无

3. GPIO_ResetBits()函数

GPIO_ResetBits()函数如表 5.5 所示。

表 5.5　GPIO_ResetBit()函数

函　　数	GPIO_ResetBits()
函数原型	void GPIO_ResetBits(GPIO_TypeDef* GPIOx, uint16_t GPIO_Pin);
功能描述	设置指定的数据端口位
输入参数 1	GIPOx：x 可以是 A、B、C、D、E、F、G、H，以此来选择 GPIO 口
输入参数 2	GPIO_Pin：待清除设置的端口位
输出参数	无
返回值	无

GPIO_SetBits ()和 GPIO_ResetBits ()函数代码在 STM32f4xx_gpio.c 文件中,具体如下:

```
void GPIO_SetBits(GPIO_TypeDef* GPIOx, uint16_t GPIO_Pin)
{
    //检查参数
    assert_param(IS_GPIO_ALL_PERIPH(GPIOx));
    assert_param(IS_GPIO_PIN(GPIO_Pin));
    GPIOx->BSRRL = GPIO_Pin;
}

void GPIO_ResetBits(GPIO_TypeDef* GPIOx, uint16_t GPIO_Pin)
{
    //检查参数
    assert_param(IS_GPIO_ALL_PERIPH(GPIOx));
    assert_param(IS_GPIO_PIN(GPIO_Pin));
    GPIOx->BSRRH = GPIO_Pin;
}
```

上述函数中,assert_param()为断言机制函数,经常对某个条件进行检查,若为 1,说明满足条件,继续执行;若为 0,则不满足条件,错误信息会被打印出来。assert_param(IS_GPIO_ALL_PERIPH(GPIOx))这个宏定义的作用是检查参数 PERIPH,判断其是否为 GPIOx(x=A、B、C、D、E、F、G、H)基址中的一个,若为真,则其值为真,否则为假。

4. GPIO_WriteBit()函数

GPIO_WriteBit()函数如表 5.6 所示。

表 5.6　GPIO_WriteBit()函数

函　　数	GPIO_WriteBit()
函数原型	void GPIO_WriteBit(GPIO_TypeDef* GPIOx, uint16_t GPIO_Pin, BitAction BitVal);
功能描述	设置或清除指定数据端口 ODR 寄存器的值
输入参数 1	GIPOx:x 可以是 A、B、C、D、E、F、G、H,以此来选择 GPIO 口
输入参数 2	GPIO_Pin:设置或清除指定的数据端口位
输入参数 3	BitVal:该参数指定了待写入的值,Bit_RESET 为清除数据端口位,Bit_SET 为设置数据端口位
输出参数	无
返回值	无

GPIO_WriteBit()函数的源代码如下：

```
void GPIO_WriteBit(GPIO_TypeDef* GPIOx, uint16_t GPIO_Pin, BitAction BitVal)
{
    //检查参数
    assert_param(IS_GPIO_ALL_PERIPH(GPIOx));
    assert_param(IS_GET_GPIO_PIN(GPIO_Pin));
    assert_param(IS_GPIO_BIT_ACTION(BitVal));

    if (BitVal != Bit_RESET)
    {
        GPIOx->BSRRL = GPIO_Pin;
    }
    else
    {
        GPIOx->BSRRH = GPIO_Pin ;
    }
}
```

5. GPIO_Write()函数

GPIO_Write()函数如表 5.7 所示。

表 5.7　GPIO_Write()函数

函　数	GPIO_Write()
函数原型	voidGPIO_Write(GPIO_TypeDef*GPIOx,uint16_t PortVal)
功能描述	向指定 I/O 口写入数据
输入参数 1	GIPOx：x 可以是 A、B、C、D、E、F、G、H，以此来选择 GPIO 口
输入参数 2	PortVal：代写入端口数据寄存器的值
输出参数	无
返回值	无

GPIO_Write()函数源代码如下：

```
void GPIO_Write(GPIO_TypeDef* GPIOx, uint16_t PortVal)
{
    //检查参数
    assert_param(IS_GPIO_ALL_PERIPH(GPIOx));
    GPIOx->ODR = PortVal;
}
```

5.2.3 寄存器与库函数的关系

从 GPIO 库函数中可以发现，库函数的本质是对外设寄存器进行封装，使其成为脱离硬件的函数，将对外设的操作演变成对库函数的操作，更加方便、快捷。现以 LED_Init() 函数为例，介绍库函数与寄存器的关系。

1. LED_Init()函数分析

LED_Init()函数代码如下：

```
void LED_Init(void)
{
    GPIO_InitTypeDef    GPIO_InitStructure;
    //使能 GPIOF 时钟
    RCC_AHB1PeriphClockCmd(RCC_AHB1Periph_GPIOF, ENABLE);
    //GPIOF9, GPIO F10 初始化设置
    GPIO_InitStructure.GPIO_Pin = GPIO_Pin_9 | GPIO_Pin_10;
    //LED0 和 LED1 对应 I/O 口
    GPIO_InitStructure.GPIO_Mode = GPIO_Mode_OUT;        //普通输出模式
    GPIO_InitStructure.GPIO_OType = GPIO_OType_PP;       //推挽输出
    GPIO_InitStructure.GPIO_Speed = GPIO_Low_Speed;      //2 MHz
    GPIO_InitStructure.GPIO_PuPd = GPIO_PuPd_UP;         //上拉
    GPIO_Init(GPIOF, &GPIO_InitStructure);               //初始化 GPIO
    GPIO_SetBits(GPIOF,GPIO_Pin_9 | GPIO_Pin_10);
    //GPIOF9, GPIO F10 设置高，灯灭
}
```

LED_Init()函数是在 STM32 开发过程中，经常用到的配置 GPIO 口的程序代码。在使用单片机的 GPIO 之前，要对 GPIO 的模式、输出速度、输出类型以及上下拉等功能进行设置。接下来我们分析该函数中的代码结构和功能。

(1) RCC_AHB1PeriphClockCmd(RCC_AHB1Periph_GPIOF, ENABLE)语句的功能是使能 GPIOF 时钟的操作，即使用片上外设时必须要开启对应的时钟。

(2) GPIO_InitTypeDefGPIO_InitStruct 语句定义了 GPIO_InitTypeDef 类型的数据变量，变量名为 GPIO_InitStruct。GPIO_InitTypeDef 的原型在文件 stm32f4xx_ gpio.h 中，具体代码如下：

```
typedef struct
{
    uint32_t GPIO_Pin;
    //指定要配置的 GPIO 引脚。这个参数来自 GPIO_pins_define 宏定义
    GPIOMode_TypeDef GPIO_Mode;
    //指定所选引脚的 GPIO 端口模式。这个参数来自 GPIOMode_TypeDef 宏定义
    GPIOSpeed_TypeDef GPIO_Speed;
```

```
//指定所选引脚的输出速度 GPIOSpeed_TypeDef 宏定义
GPIOOType_TypeDef GPIO_OType;
//指定所选引脚的输出类型。这个参数来自 GPIOOType_TypeDef 宏定义
GPIOPuPd_TypeDef GPIO_PuPd;
//指定所选引脚是否有上拉电阻。这个参数来自 GPIOPuPd_TypeDef 宏定义
}GPIO_InitTypeDef;
```

从上面的代码可以看出，GPIO_InitTypeDef 是一个结构体类型同义字，该结构体包含 5 个元素，分别为 u32 类型的 GPIO_Pin、GPIOMode_TypeDef 类型的 GPIO_Mode、GPIOSpeed_TypeDef 类型的 GPIO_Speed、GPIOOType_TypeDef 类型的 GPIO_OType 及 GPIOPuPd_TypeDef 类型的 GPIO_PuPd。其中，参数 GPIO_pin 用以选择待设置的 GPIO 引脚，可以使用"|"操作符一次选用多个引脚。GPIO_Pin 的值可以是表 5.8 中的任意组合。上面代码中的注解部分描述了每一个元素的功能以及每一个元素可以赋值的范围。

表 5.8　GPIO_Pin 的值

GPIO_Pin	描　　述
GPIO_Pin_None	无引脚被选中
GPIO_Pin_0	选中引脚 0
GPIO_Pin_1	选中引脚 1
GPIO_Pin_2	选中引脚 2
GPIO_Pin_3	选中引脚 3
GPIO_Pin_4	选中引脚 4
GPIO_Pin_5	选中引脚 5
GPIO_Pin_6	选中引脚 6
GPIO_Pin_7	选中引脚 7
GPIO_Pin_8	选中引脚 8
GPIO_Pin_9	选中引脚 9
GPIO_Pin_10	选中引脚 10
GPIO_Pin_11	选中引脚 11
GPIO_Pin_12	选中引脚 12
GPIO_Pin_13	选中引脚 13
GPIO_Pin_14	选中引脚 14
GPIO_Pin_15	选中引脚 15

GPIOMode_TypeDef 模式结构体的定义在 stm32f4xx_gpio.h 文件中，具体代码如下：

```
typedef enum
{
    GPIO_Mode_IN        = 0x00,         // GPIO 输入模式
```

```
    GPIO_Mode_OUT        = 0x01,        // GPIO 输出模式
    GPIO_Mode_AF         = 0x02,        // GPIO 复用功能模式
    GPIO_Mode_AN         = 0x03,        // GPIO 模拟模式
}GPIOMode_TypeDef;
```

GPIOMode_TypeDef 也是一个枚举类型同义字。GPIO_Mode 用来设置选中引脚工作模式的参数，对应的模式如表 5.9 所示。

表 5.9　GPIO_Mode 对照表

GPIO_Mode	描　述
GPIO_Mode_IN	输入模式
GPIO_Mode_OUT	输出模式
GPIO_Mode_AF	复用模式
GPIO_Mode_AN	模拟模式

GPIOSpeed_TypeDef 响应速度设置的定义在 stm32f4xx_gpio.h 文件中，具体代码如下：

```
typedef enum
{
    GPIO_Low_Speed       = 0x00,        //低速
    GPIO_Medium_Speed    = 0x01,        //中速
    GPIO_Fast_Speed      = 0x02,        //快速
    GPIO_High_Speed      = 0x03         //高速
}GPIOSpeed_TypeDef;
```

GPIOSpeed_TypeDef 也是一个枚举类型同义字。GPIO_Speed 用来设置选中引脚的响应速度的参数，对应的模式如表 5.10 所示。

表 5.10　GPIO_Speed 对照表

GPIO_Speed	描　述
GPIO_Speed_2MHz	低速响应模式
GPIO_Speed_25MHz	中速响应模式
GPIO_Speed_50MHz	快速响应模式
GPIO_Speed_100MHz	高速响应模式

GPIOOType_TypeDef 输出类型结构体的定义在 stm32f4xx_gpio.h 文件中，具体代码如下：

```
typedef enum
{
    GPIO_OType_PP      = 0x00,
    GPIO_OType_OD      = 0x01
}GPIOOType_TypeDef;
```

GPIOOType _TypeDef 也是一个枚举类型同义字。GPIO_OType 用来设置选中引脚的输出类型的参数，对应的模式如表 5.11 所示。

表 5.11　GPIO_OType 对照表

GPIO_OType	描　述
GPIO_OType_PP	推挽输出模式
GPIO_OType_OD	开漏输出模式

GPIOPuPd_TypeDef 上下拉电阻结构体的定义在 stm32f4xx_gpio.h 文件中，具体代码如下：

```
typedef enum
{
    GPIO_PuPd_NOPULL   = 0x00,
    GPIO_PuPd_UP       = 0x01,
    GPIO_PuPd_DOWN     = 0x02
}GPIOPuPd_TypeDef;
```

GPIOPuPd_TypeDef 也是一个枚举类型同义字。GPIO_PuPd 用来设置选中引脚的上下拉电阻的参数，对应的模式如表 5.12 所示。

表 5.12　GPIO_PuPd 对照表

GPIO_PuPd	描　述
GPIO_PuPd_NOPULL	不接上下拉电阻
GPIO_PuPd_UP	接上拉电阻
GPIO_PuPd_DOWN	接下拉电阻

使用寄存器模式进行开发时，需要设置的 GPIO 模式寄存器、输出速度寄存器、输出类型寄存器以及上下拉电阻寄存器与库函数中的定义是一致的。库函数开发的本质还是通过寄存器完成的，只是不需要直接操作寄存器，而是通过调用封装好的库函数来实现。

在实际编程时，GPIO 口的初始化通常包含以下代码：

```
GPIO_InitTypeDef   GPIO_InitStructure;
//GPIOF9, GPIO F10 初始化设置
GPIO_InitStructure.GPIO_Pin = GPIO_Pin_9 | GPIO_Pin_10;
//LED0 和 LED1 对应 I/O 口
GPIO_InitStructure.GPIO_Mode = GPIO_Mode_OUT;          //普通输出模式
GPIO_InitStructure.GPIO_OType = GPIO_OType_PP;         //推挽输出
GPIO_InitStructure.GPIO_Speed = GPIO_Speed_100MHz;     //100 MHz
GPIO_InitStructure.GPIO_PuPd = GPIO_PuPd_UP;           //上拉
GPIO_Init(GPIOF, &GPIO_InitStructure);                 //初始化 GPIO
```

上面的代码首先定义结构体变量 GPIO_InitStructure，再对它进行赋值。通过 GPIO_InitStructure.GPIO_Pin = GPIO_Pin_9 | GPIO_Pin_10 赋值语句，将要设置的引脚传递

给寄存器。GPIO_Pin_9/10 是一个宏定义，原型为：

```
#define GPIO_Pin_9              ((uint16_t)0x0200)
#define GPIO_Pin_10             ((uint16_t)0x0400)
```

其实质是将 0x0400 和 0x0200 相与，并赋值给结构体变量 GPIO_InitStructure 中的
GPIO_Pin。GPIO 口初始化代码中其他语句如下：

(1) GPIO_InitStructure.GPIO_Mode = GPIO_Mode_OUT：将 GPIO_Mode_OUT 赋值给
结构体 GPIO_InitStructure 中的 GPIO_Mode。

(2) GPIO_InitStructure.GPIO_Speed = GPIO_Speed_100MHz：将 GPIO_Speed_100 MHz
赋值给结构体 GPIO_InitStructure 中的 GPIO_Speed。

(3) GPIO_InitStructure.GPIO_OType = GPIO_OType_PP：将 GPIO_OType_PP 赋值给结
构体 GPIO_InitStructure 中的 GPIO_OType。

(4) GPIO_InitStructure.GPIO_PuPd = GPIO_PuPd_UP：将 GPIO_PuPd_UP 赋值给结构
体 GPIO_InitStructure 中的 GPIO_PuPd。

(5) GPIO_Init(GPIOF, &GPIO_InitStructure)是函数调用，即调用 GPIO_Init()函数，并
提供两个参数，分别为 GPIOF 和&GPIO_InitStructure。其中，&GPIO_InitStructure 表示结
构体变量 GPIO_InitStructure 的地址，而 GPIOF 可以在 stm32f4xx.h 文件中查看其定义。
GPIOF 的定义如下：

```
#define GPIOF              ((GPIO_TypeDef *) GPIOF_BASE)
```

这表示代码中出现的 GPIOF 都会在编译预处理时被((GPIO_TypeDef *)
GPIOF_BASE)替换。通过 Keil 我们可以快速地定位到 GPIO_TypeDef 和 GPIOF_BASE
的定义，可以发现(GPIO_TypeDef*)是强制类型转换为结构体指针。而 GPIO_BASE 经过
定位并整理后代码如下：

```
#define GPIOF_BASE              (AHB1PERIPH_BASE + 0x1400)
…
#define AHB1PERIPH_BASE         (PERIPH_BASE + 0x00020000)
…
#define PERIPH_BASE             ((uint32_t)0x40000000)
```

整理后：

GPIOF_BASE=0x40000000+0x00020000+0x1400

可以发现，整理后的地址和 GPIO 口寄存器地址定义是一致的，它就是 STM32 微控制
器 GPIOF 的设备地址。

2. GPIO_init()内部分析

GPIO_init()函数的主要功能是通过参数 GPIO_InitStruct，按照其赋值对端口参数
GPIOx 的引脚进行功能设置。该函数的详细代码如下：

```
void GPIO_Init(GPIO_TypeDef* GPIOx, GPIO_InitTypeDef* GPIO_InitStruct)
{
    uint32_t pinpos = 0x00, pos = 0x00 , currentpin = 0x00;
```

```
//初始化各个变量
//pinpos：存放当前操作的引脚号
//pos：存放当前操作的引脚位
//currentpin：存放配置的引脚位
assert_param(IS_GPIO_ALL_PERIPH(GPIOx));
assert_param(IS_GPIO_PIN(GPIO_InitStruct->GPIO_Pin));
assert_param(IS_GPIO_MODE(GPIO_InitStruct->GPIO_Mode));
assert_param(IS_GPIO_PUPD(GPIO_InitStruct->GPIO_PuPd));
//检查参数是否正确
// GPIO 模式配置
for (pinpos = 0x00; pinpos < 0x10; pinpos++)
{
    //获取将要配置的引脚号
    pos = ((uint32_t)0x01) << pinpos;
    //读取引脚信息里面的当前引脚
    currentpin = (GPIO_InitStruct->GPIO_Pin) & pos;
    if (currentpin == pos)      //如果当前引脚在配置信息里存在
    {
        //先清除对应引脚的配置字
        GPIOx->MODER   &= ~(GPIO_MODER_MODER0 << (pinpos * 2));
        //写入新的配置字
        GPIOx->MODER |= (((uint32_t)GPIO_InitStruct->GPIO_Mode) <<(pinpos * 2));
        //如果想要设置为任意一种输出模式
        if ((GPIO_InitStruct->GPIO_Mode == GPIO_Mode_OUT) ||
          (GPIO_InitStruct->GPIO_Mode == GPIO_Mode_AF))
        {//检查响应速度
            assert_param(IS_GPIO_SPEED(GPIO_InitStruct->GPIO_Speed));
            //输出速度配置
            GPIOx->OSPEEDR &= ~(GPIO_OSPEEDER_OSPEEDR0 << (pinpos *2));
            GPIOx->OSPEEDR |= ((uint32_t)(GPIO_InitStruct->GPIO_Speed) << (pinpos *2));
            //检查模式参数是否正确
            assert_param(IS_GPIO_OTYPE(GPIO_InitStruct->GPIO_OType));
            GPIOx->OTYPER   &= ~((GPIO_OTYPER_OT_0) <<((uint16_t)pinpos)) ;
            GPIOx->OTYPER |= (uint16_t)(((uint16_t)GPIO_InitStruct->GPIO_OType)
                    << ((uint16_t)pinpos));
        }
        //上下拉寄存器配置
        GPIOx->PUPDR &= ~(GPIO_PUPDR_PUPDR0 << ((uint16_t)pinpos * 2));
        GPIOx->PUPDR |= (((uint32_t)GPIO_InitStruct->GPIO_PuPd) << (pinpos * 2));
```

```
      }
    }
  }
```

这段代码的程序流程为：首先检查由结构体变量 GPIO_InitStruct 所传入的参数是否正确，然后对 GPIO 口对应的寄存器进行"修改""写入"操作，完成对 GPIO 设备的设置工作。对程序开发者来说，STM32 固件库使用非常方便，只需输入对应的参数，就可以在完全不关心底层寄存器的前提下完成相关寄存器的配置，这种方法具有良好的通用性和安全性。由于库函数的存在，开发者和寄存器之间被隔离开了，开发者只需要掌握库函数的使用就可以快速入门。可以说，库函数使得单片机的开发变得更加快速、高效。

5.3　实践案例

下面通过案例来学习 GPIO 的配置操作。

实现功能：实现 PF6、PF9、PF10、PC0 所接 4 个 LED 灯，顺次亮灭。

硬件原理图：流水灯硬件连接如图 5.6 所示。LED 灯正极接电源，负极接 GPIO 口。GPIO 口输出低电平，LED 灯亮；反之输出高电平，LED 灯灭。

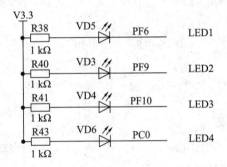

图 5.6　LED 灯原理图

程序分析：先对 GPIO 口进行初始化，再编写功能实现代码。具体步骤如下：

(1) 开启 GPIO 口对应的时钟。具体代码如下：

```
RCC_AHB1PeriphClockCmd(RCC_AHB1Periph_GPIOF, ENABLE);
//使能 GPIOF 时钟
```

(2) 配置 GPIO 口，包括 GPIO 口模式、输出类型、输出速度和上下拉寄存器。具体代码如下：

```
GPIO_InitStructure.GPIO_Pin = GPIO_Pin_9 | GPIO_Pin_10;
//LED0 和 LED1 对应 I/O 口
GPIO_InitStructure.GPIO_Mode = GPIO_Mode_OUT;      //普通输出模式
GPIO_InitStructure.GPIO_OType = GPIO_OType_PP;     //推挽输出
GPIO_InitStructure.GPIO_Speed = GPIO_Low_Speed;    //2 MHz
GPIO_InitStructure.GPIO_PuPd = GPIO_PuPd_UP;       //上拉
```

(3) 调用 GPIO_Init()函数，对配置信息进行应用。具体代码如下：

```
GPIO_Init(GPIOF, &GPIO_InitStructure);    //初始化 GPIO
```

(4) 关闭所有的 LED 灯，初始化完成。具体代码如下：

```
GPIO_SetBits(GPIOF,GPIO_Pin_6 | GPIO_Pin_9 | GPIO_Pin_10);
//GPIOF9, GPIO F10 设置高，灯灭
GPIO_SetBits(GPIOC,GPIO_Pin_0);
```

(5) 在 main 函数中实现流水灯的效果。具体代码如下：

```
int main(void)
{
    delay_init(168);              //初始化延时函数
    LED_Init();                   //初始化 LED 端口
    //下面通过直接操作库函数的方式实现 I/O 控制
    while(1)
    {
        GPIO_ResetBits(GPIOF,GPIO_Pin_6);        //PF6 引脚输出低电平
        delay_ms(500);                           //延时 500 ms
        GPIO_ResetBits(GPIOF,GPIO_Pin_9);        //PF9 引脚输出低电平
        delay_ms(500);                           //延时 500 ms
        GPIO_ResetBits(GPIOF,GPIO_Pin_10);       //PF10 引脚输出低电平
        delay_ms(500);                           //延时 500 ms
        GPIO_ResetBits(GPIOC,GPIO_Pin_0);//PC0 引脚输出低电平
        delay_ms(500);                           //延时 500 ms
        GPIO_SetBits(GPIOF,GPIO_Pin_6);
        GPIO_SetBits(GPIOF,GPIO_Pin_9);
        GPIO_SetBits(GPIOF,GPIO_Pin_10);
        GPIO_SetBits(GPIOC,GPIO_Pin_0);
        delay_ms(500);                           //延时 500 ms
    }
}
```

编码完成后，就可以下载到实验开发板中进行验证。关于 GPIO 其他模式的举例，将在后续章节中讲解。

思 考 与 练 习

1. GPIO 端口可以配置为多种模式，有输入模式、输出模式、_____和_____。

2. 当 STM32 的 I/O 端口配置为输入时，_____被激活。根据输入配置(上拉，下拉或浮动)的不同，该引脚的_____被连接。

3. 出现在 I/O 引脚上的数据在每个 APB2 时钟被采样到输入数据寄存器,对数据寄存器_____可得到 I/O 状态。

4. STM32 具有单独的位设置或位清除能力,这是通过_____和寄存器来实现的。

5. ST 公司还提供了完善的 GPIO 接口库函数,其位于_____,对应的头文件为_____。

6. 简述 GPIO 口的配置过程。

7. 简述寄存器与库函数的关系。

第 6 章　STM32 中断与编程

中断是处理器的一个重要功能，其实现了程序在运行过程中，当遇到紧急情况需要运行另一段代码时，可以先打断正在执行的代码，来执行紧急情况的代码，待执行完紧急情况的代码后，再继续执行被打断的代码。如果没有中断功能，则处理器的运行效率将大打折扣。

6.1　STM32 中断通道与中断过程

6.1.1　STM32 中断通道

中断通道(IRQ Chanel)是处理中断的信号通道，每个中断通道对应唯一的中断向量和唯一的中断服务程序，但该中断通道可具有多个可以引起中断的中断源，这些中断源都可以通过对应的"中断通道"向内核发起中断。

STM32 的嵌套向量中断控制器(NVIC)和处理器紧密耦合，可以实现低延迟的中断处理和晚到中断的高效处理。STM32F407ZGT6 除了具有内部的 13 个中断通道外，还包括 82 个可屏蔽中断通道。我们所讲解的"中断"是指不同"中断通道"的中断源。STM32F407ZGT6 的中断向量表如表 6.1 所示。

表 6.1　STM32F407ZGT6 的中断向量表

位置	优先级	优先级类型	名　称	说　明	地　址
—	—	—	—	保留	0x00000000
	-3	固定	Reset	复位	0x00000004
	-2	固定	NMI	不可屏蔽中断。RCC 时钟安全系统(Clock Security System, CSS)连接到 NMI 向量	0x00000008
	-1	固定	HardFault	所有类型的错误	0x0000000C
	0	可设置	MemManage	存储器管理	0x00000010
	1	可设置	BusFault	预取指失败，存储器访问失败	0x00000014

位置	优先级	优先级类型	名　称	说　明	地　址
	2	可设置	UsageFault	未定义的指令或非法状态	0x00000018
	—	—		保留	0x0000001C～ 0x0000002B
	3	可设置	SVCall	通过 SWI 指令调用的系统服务	0x0000002C
	4	可设置	Debug Monitor	调试监控	0x00000030
	—	—	—	保留	0x00000034
	5	可设置	PendSV	可挂起的系统服务	0x00000038
	6	可设置	SysTick	系统滴答定时器	0x0000003C
0	7	可设置	WWDG	窗口看门狗中断	0x00000040
1	8	可设置	PVD	连接到 EXTI 线的可编程电压检测(PVD)中断	0x00000044
2	9	可设置	TAMP_STAMP	连接到 EXTI 线的入侵和时间戳中断	0x00000048
3	10	可设置	RTC_WKUP	连接到 EXTI 线的 RTC 唤醒中断	0x0000004C
4	11	可设置	FLASH	Flash 全局中断	0x00000050
5	12	可设置	RCC	RCC 全局中断	0x00000054
6	13	可设置	EXT10	EXTI 线 0 中断	0x00000058
7	14	可设置	EXTI1	EXTI 线 1 中断	0x0000005C
8	15	可设置	EXTI2	EXTI 线 2 中断	0x00000060
9	16	可设置	EXTI3	EXTI 线 3 中断	0x00000064
10	17	可设置	EXTI4	EXTI 线 4 中断	0x00000068
11	18	可设置	DMA1_Stream0	DMA1 流 0 全局中断	0x0000006C
12	19	可设置	DMA1_Stream1	DMA1 流 1 全局中断	0x00000070
13	20	可设置	DMA1_Stream2	DMA1 流 2 全局中断	0x00000074
14	21	可设置	DMA1_Stream3	DMA1 流 3 全局中断	0x00000078
15	22	可设置	DMA1_Stream4	DMA1 流 4 全局中断	0x0000008C
16	23	可设置	DMA1_Stream5	DMA1 流 5 全局中断	0x00000080
17	24	可设置	DMA1_Stream6	DMA1 流 6 全局中断	0x00000084
18	25	可设置	ADC	ADC1、ADC2 和 ADC3 全局中断	0x00000088

在固件库 stm32f4xx.h 文件中，通过宏定义，将中断号和宏名联系在一起。使用时，可以直接引用宏名，代码如下：

```
//Cortex-M4 处理器异常编号
NonMaskableInt_IRQn        = -14,
//不可屏蔽中断。RCC 时钟安全系统(CSS)连接到 NMI 向量
MemoryManagement_IRQn      = -12,      //Cortex-M4 存储器管理中断
BusFault_IRQn              = -11,      //Cortex-M4 预取指失败，存储器访问失败中断
UsageFault_IRQn            = -10,      //Cortex-M4 未定义的指令或非法状态中断
SVCall_IRQn                = -5,       //Cortex-M4 通过 SWI 指令调用的系统服务中断
DebugMonitor_IRQn          = -4,       //Cortex-M4 调试监控器中断
PendSV_IRQn                = -2,       //Cortex-M4 可挂起的系统服务
SysTick_IRQn               = -1,       //Cortex-M4 系统定时器中断
//STM32 特殊中断编号
WWDG_IRQn                  = 0,        //窗口看门狗中断
PVD_IRQn                   = 1,        //连接到 EXTI 线的可编程电压检测(PVD)中断
TAMP_STAMP_IRQn            = 2,        //连接到 EXTI 线的入侵和时间戳中断
RTC_WKUP_IRQn              = 3,        //连接到 EXTI 线的 RTC 唤醒中断
FLASH_IRQn                 = 4,        //Flash 全局中断
RCC_IRQn                   = 5,        //RCC 全局中断
EXTI0_IRQn                 = 6,        //EXTI 线 0 中断
EXTI1_IRQn                 = 7,        //EXTI 线 1 中断
EXTI2_IRQn                 = 8,        //EXTI 线 2 中断
EXTI3_IRQn                 = 9,        //EXTI 线 3 中断
EXTI4_IRQn                 = 10,       //EXTI 线 4 中断
DMA1_Stream0_IRQn          = 11,       //DMA1 流 0 全局中断
DMA1_Stream1_IRQn          = 12,       //DMA1 流 1 全局中断
DMA1_Stream2_IRQn          = 13,       //DMA1 流 2 全局中断
DMA1_Stream3_IRQn          = 14,       //DMA1 流 3 全局中断
DMA1_Stream4_IRQn          = 15,       //DMA1 流 4 全局中断
DMA1_Stream5_IRQn          = 16,       //DMA1 流 5 全局中断
DMA1_Stream6_IRQn          = 17,       //DMA1 流 6 全局中断
ADC_IRQn                   = 18,       //ADC1、ADC2 和 ADC3 全局中断
#if defined (STM32F40_41xxx)
CAN1_TX_IRQn               = 19,       //CAN1 TX 中断
CAN1_RX0_IRQn              = 20,       //CAN1 RX0 中断
CAN1_RX1_IRQn              = 21,       //CAN1 RX1 中断
CAN1_SCE_IRQn              = 22,       //CAN1 SCE 中断
EXTI9_5_IRQn               = 23,       //EXTI 线[9:5]中断
```

TIM1_BRK_TIM9_IRQn	= 24,	//TIM1 刹车中断和 TIM9 全局中断
TIM1_UP_TIM10_IRQn	= 25,	//TIM1 更新中断和 TIM10 全局中断
TIM1_TRG_COM_TIM11_IRQn	= 26,	//TIM1 触发和换相中断与 TIM11 全局中断
TIM1_CC_IRQn	= 27,	//TIM1 捕获比较中断
TIM2_IRQn	= 28,	//TIM2 全局中断
TIM3_IRQn	= 29,	//TIM3 全局中断
TIM4_IRQn	= 30,	//TIM4 全局中断
I2C1_EV_IRQn	= 31,	//I2C1 事件中断
I2C1_ER_IRQn	= 32,	//I2C1 错误中断
I2C2_EV_IRQn	= 33,	//I2C2 事件中断
I2C2_ER_IRQn	= 34,	//I2C2 错误中断
SPI1_IRQn	= 35,	//SPI1 全局中断
SPI2_IRQn	= 36,	//SPI2 全局中断
USART1_IRQn	= 37,	//USART1 全局中断
USART2_IRQn	= 38,	//USART2 全局中断
USART3_IRQn	= 39,	//USART3 全局中断
EXTI15_10_IRQn	= 40,	//EXTI 线[15:10]中断
RTC_Alarm_IRQn	= 41,	//连接到 EXTI 线的 RTC 闹钟(A 和 B)中断
OTG_FS_WKUP_IRQn	= 42,	//连接到 EXTI 线的 USB On-The-Go FS 唤醒中断
TIM8_BRK_TIM12_IRQn	= 43,	//TIM8 刹车中断和 TIM12 全局中断
TIM8_UP_TIM13_IRQn	= 44,	//TIM8 更新中断和 TIM13 全局中断
TIM8_TRG_COM_TIM14_IRQn	= 45,	//TIM8 触发和换相中断与 TIM14 全局中断
TIM8_CC_IRQn	= 46,	//TIM8 捕捉比较中断
DMA1_Stream7_IRQn	= 47,	//DMA1 流 7 全局中断
FSMC_IRQn	= 48,	//FSMC 全局中断
SDIO_IRQn	= 49,	//SDIO 全局中断
TIM5_IRQn	= 50,	//TIM5 全局中断
SPI3_IRQn	= 51,	//SPI3 全局中断
UART4_IRQn	= 52,	//UART4 全局中断
UART5_IRQn	= 53,	//UART5 全局中断
TIM6_DAC_IRQn	= 54,	//TIM6 全局中断
		//DAC1 和 DAC2 下溢错误中断
TIM7_IRQn	= 55,	//TIM7 全局中断
DMA2_Stream0_IRQn	= 56,	//DMA2 流 0 全局中断
DMA2_Stream1_IRQn	= 57,	//DMA2 流 1 全局中断
DMA2_Stream2_IRQn	= 58,	//DMA2 流 2 全局中断
DMA2_Stream3_IRQn	= 59,	//DMA2 流 3 全局中断
DMA2_Stream4_IRQn	= 60,	//DMA2 流 4 全局中断
ETH_IRQn	= 61,	//以太网全局中断

ETH_WKUP_IRQn	= 62,	//连接到 EXTI 线的以太网唤醒中断
CAN2_TX_IRQn	= 63,	//CAN2 TX 中断
CAN2_RX0_IRQn	= 64,	//CAN2 RX0 中断
CAN2_RX1_IRQn	= 65,	//CAN2 RX1 中断
CAN2_SCE_IRQn	= 66,	//CAN2 SCE 中断
OTG_FS_IRQn	= 67,	//USB OTG FS 全局中断
DMA2_Stream5_IRQn	= 68,	//DMA2 流 5 全局中断
DMA2_Stream6_IRQn	= 69,	//DMA2 流 6 全局中断
DMA2_Stream7_IRQn	= 70,	//DMA2 流 7 全局中断
USART6_IRQn	= 71,	//USART6 全局中断
I2C3_EV_IRQn	= 72,	//I2C3 事件中断
I2C3_ER_IRQn	= 73,	//I2C3 错误中断
OTG_HS_EP1_OUT_IRQn	= 74,	//USB On The Go HS 端点 1 输出全局中断
OTG_HS_EP1_IN_IRQn	= 75,	//USB On The Go HS 端点 1 输入全局中断
OTG_HS_WKUP_IRQn	= 76,	//连接到 EXTI 线的 USB On The Go HS 唤醒中断
OTG_HS_IRQn	= 77,	//USB On The Go HS 全局中断
DCMI_IRQn	= 78,	//DCMI 全局中断
CRYP_IRQn	= 79,	//CRYP 加密全局中断
HASH_RNG_IRQn	= 80,	//哈希数(Hash)和随机数发生器全局中断
FPU_IRQn	= 81	//FPU 全局中断
#endif		//STM32F40_41xxx

6.1.2　STM32 的中断过程

　　STM32 的整个中断结构按照模块化的思想进行划分，可以简单地划分为三部分，如图 6.1 所示。第一部分为中断通道，即片内外设或者外部设备的中断通道对应的中断源，可发起中断；第二部分为中断处理，即 Cortex-M4 内核首先判断中断是否使能，再根据中断向量表查找中断服务函数入口地址，即指针函数；第三部分为中断响应，即执行中断服务程序，中断结束后返回主程序。

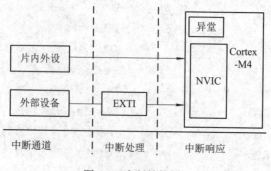

图 6.1　中断结构图

以 EXTI2 所接中断源为例,其中断软件处理流程如下:

(1) EXTI2 中断到达前,假如内核在某一处执行程序的地址为 0x00009C18。

(2) 当 EXTI2 的中断到达时,内核暂停当前程序执行,并保存现场,随后跳转到中断通道 EXTI2 的内存地址处,在这里它将获取到中断处理函数的地址。

(3) 根据获取的中断处理函数的地址,跳转到中断处理函数 EXTI2_IRQHandler()处执行。

(4) EXTI2_IRQHandler()执行结束,内核返回到刚才被打断的地址 0x00009C18 处继续执行。

6.2　NVIC 结构及配置

6.2.1　NVIC 结构

中断和异常是分开处理的,其硬件电路也是分开的。NVIC 结构图如图 6.2 所示。本章着重讲解中断的处理,关于异常不再赘述。

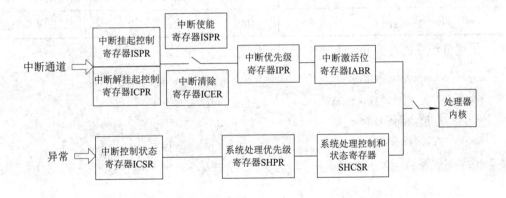

图 6.2　NVIC 结构图

由图 6.2 可知中断处理过程为:中断通道发起中断请求,中断挂起控制寄存器被置 1,标记中断并等待(如果要忽略此次中断请求,可以通过中断解挂起控制寄存器置 1 来清除标记等待中的中断);然后,中断使能寄存器开启中断;之后,根据中断优先级决定中断执行顺序;最后,处理器内核执行中断。中断激活位寄存器可以理解为中断标志寄存器,对中断执行过程中的状态进行标记。

6.2.2　STM32 中断优先级

STM32 中断优先级决定了中断的执行顺序,STM32 中断有 256 个中断优先级。

STM32 的中断优先级分为两层,即抢占优先级和副优先级。通过设置执行中断的优先顺序,可以实现中断嵌套。STM32 嵌套规则如下所述:

(1) 高抢占优先级可以打断低抢占优先级,从而构成中断嵌套。相同的抢占优先级之间不能被打断，所以不能构成中断嵌套。

(2) 副优先级不能构成中断嵌套，只有在多个中断的抢占优先级相同时，副优先级高的中断先被执行到。

(3) 当多个中断发生，且抢占优先级和副优先级都相同时，中断的执行顺序由中断向量表中的排序决定。

STM32 为每个中断提供了一个八位中断优先级寄存器($2^8=256$ 个优先级)。该寄存器只使用该字节的高四位，这四位被定义成五组，即 STM32 优先级分组。从高位开始，前 n(n 的值为 0~4)位表示抢占优先级，后 m(m 的值为 4~0)位表示副优先级，如表 6.2 所示。

表 6.2　中断优先级分组

NVIC 优先级分组	抢占 优先级	副优先级	描　　述
NVIC_PriorityGroup_0	0 位	4 位	抢占优先级 0 个位，副优先级 4 个位
NVIC_PriorityGroup_1	1 位	3 位	抢占优先级 1 个位，副优先级 3 个位
NVIC_PriorityGroup_2	2 位	2 位	抢占优先级 2 个位，副优先级 2 个位
NVIC_PriorityGroup_3	3 位	1 位	抢占优先级 3 个位，副优先级 1 个位
NVIC_PriorityGroup_4	4 位	0 位	抢占优先级 4 个位，副优先级 0 个位

上述分组在固件库 misc.h 中的宏定义如下：

```
#define NVIC_PriorityGroup_0                ((uint32_t)0x700)
#define NVIC_PriorityGroup_1                ((uint32_t)0x600)
#define NVIC_PriorityGroup_2                ((uint32_t)0x500)
#define NVIC_PriorityGroup_3                ((uint32_t)0x400)
#define NVIC_PriorityGroup_4                ((uint32_t)0x300)
```

6.2.3　中断向量表

当中断被触发且被响应后，硬件就会自动跳到固定地址的中断向量表中，且硬件能通过硬件读取向量表，找到中断服务函数的入口地址，然后去执行中断服务函数。

中断向量地址为相对地址，当存放在 RAM 中时其地址为 0x20000000；当存放在 Flash 中时其起始地址为 0x80000000。其在 misc.h 文件中代码定义如下：

```
#define NVIC_VectTab_RAM                ((uint32_t)0x20000000)
#define NVIC_VectTab_FLASH              ((uint32_t)0x08000000)
#define IS_NVIC_VECTTAB(VECTTAB)
  (((VECTTAB) == NVIC_VectTab_RAM) || ((VECTTAB) ==NVIC_VectTab_FLASH))

void NVIC_SetVectorTable(uint32_t NVIC_VectTab, uint32_t Offset)
{
```

```
//检查参数
assert_param(IS_NVIC_VECTTAB(NVIC_VectTab));
assert_param(IS_NVIC_OFFSET(Offset));
SCB->VTOR = NVIC_VectTab | (Offset & (uint32_t)0x1FFFFF80);
}
```

6.2.4　NVIC 寄存器和 NVIC 库函数

NVIC 寄存器名称如表 6.3 所示。

表 6.3　NVIC 寄存器名称

缩写	全　称	翻　译
ISER	Interrupt Set-Enable Registers	中断使能寄存器
ICER	Interrupt Clear-Enable Registers	中断使能清除寄存器
ISPR	Interrupt Set-Pending Registers	中断挂起寄存器
ICPR	Interrupt Clear-Pending Registers	中断挂起清除寄存器
IABR	Interrupt Active Bit Registers	中断激活位寄存器
IPR	Interrupt Priority Registers	中断分组寄存器
STIR	Software Trigger Interrupt Register	软件触发中断寄存器

关于中断的编程，无论是寄存器开发模式还是库函数开发模式，中断的设置提供的都是 API 函数。以下代码中定义了各个寄存器对应的中断函数：

```
void NVIC_Init(NVIC_InitTypeDef* NVIC_InitStruct)
{
    uint8_t tmppriority = 0x00, tmppre = 0x00, tmpsub = 0x0F;
    if (NVIC_InitStruct->NVIC_IRQChannelCmd != DISABLE)
    {
        //计算对应中断的优先级
        tmppriority = (0x700 - ((SCB->AIRCR) & (uint32_t)0x700))>> 0x08;
        tmppre = (0x4 - tmppriority);
        tmpsub = tmpsub >> tmppriority;
        tmppriority = NVIC_InitStruct->NVIC_IRQChannelPreemptionPriority <<tmppre;
        tmppriority |= (uint8_t)(NVIC_InitStruct->NVIC_IRQChannelSubPriority
                                                        & tmpsub);
        tmppriority = tmppriority << 0x04;
        NVIC->IP[NVIC_InitStruct->NVIC_IRQChannel] = tmppriority;
        //使能选择中断通道
```

```
      NVIC->ISER[NVIC_InitStruct->NVIC_IRQChannel >> 0x05] =

      (uint32_t)0x01 << (NVIC_InitStruct->NVIC_IRQChannel &(uint8_t)0x1F);

    }

    else

    {

        //使能选择中断通道

        NVIC->ICER[NVIC_InitStruct->NVIC_IRQChannel >> 0x05] =

        (uint32_t)0x01 << (NVIC_InitStruct->NVIC_IRQChannel & (uint8_t)0x1F);

    }

}
```

中断初始化函数 NVIC_Init()中基本包含了表 6.3 中的寄存器，且这些寄存器都是通过结构体 NVIC_InitStruct 来进行设置的，包含了中断通道、抢占优先级、副优先级和通道配置，代码如下所示。调用初始化函数，就是配置中断寄存器。

```
typedef    struct

{

    uint8_t NVIC_IRQChannel;

    uint8_t NVIC_IRQChannelPreemptionPriority;

    uint8_t NVIC_IRQChannelSubPriority;

    FunctionalState NVIC_IRQChannelCmd;

} NVIC_InitTypeDef;
```

优先级分组函数 NVIC_PriorityGroupConfig()可以设置中断优先级，其定义如下：

```
void NVIC_PriorityGroupConfig(uint32_t NVIC_PriorityGroup)

{

    assert_param(IS_NVIC_PRIORITY_GROUP(NVIC_PriorityGroup));

    根据优先级分组值，设置优先级分组寄存器的 8~10 位( PRIGROUP[2:0] )

    SCB->AIRCR = AIRCR_VECTKEY_MASK | NVIC_PriorityGroup;

}
```

6.3 EXTI 结构及配置

6.3.1 EXTI 结构

外部中断/事件控制器包含多达 23 个用于产生事件/中断请求的边沿检测器。每根输入线都可单独进行配置，以选择类型(中断或事件)和相应的触发事件(上升沿触发、下降沿触发或边沿触发)。每根输入线还可单独屏蔽。挂起寄存器用于保持中断请求的状态线。外部中断/事件控制器框图如图 6.3 所示。

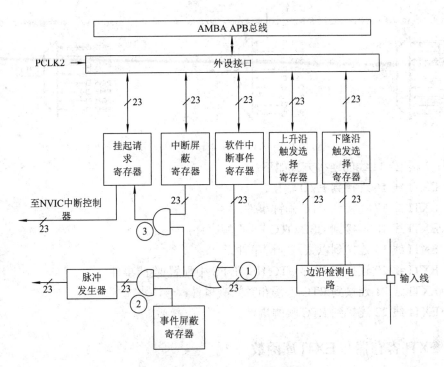

图 6.3　外部中断/事件控制器框图

从图 6.3 中可以看出，有三个逻辑选择器分别标有数字 1、2、3，这三个逻辑选择器就是外部中断可以实现的三个不同的功能。从输入线开始分析，外部信号经过输入线，传输到芯片内部，经过边沿检测电路，来确定是上升沿触发还是下降沿触发。到达①处"或"逻辑选择开关，当功能为外部触发时，软件中断事件会被关闭不允许内部触发方式。当选择为内部触发方式时，外部触发开关关闭，不允许外部触发。经过①的逻辑选择器后，到达②处"与"逻辑选择器。如果为事件，则判断事件是否被屏蔽，如果没有屏蔽，则触发对应的事件。如果事件触发器屏蔽，则不能触发事件；外部信号则到达序号③处"与"逻辑，然后判断中断寄存器是否打开。如果打开，则先挂起中断，等待 NVIC 控制器决定要执行的中断。

6.3.2　EXTI 中断与事件

从图 6.3 中可以看出，从外部输入信号来看，中断和事件是没有区别的，只是在芯片的内部才表现出不同。中断信号会向 CPU 产生中断请求，事件信号则向其他模块发送脉冲触发信号，其他功能模块如何响应这个触发信号则由对应的模块来决定。事件是表示检测到输入信号触发了某一事件发生，中断是指某个输入信号发生后产生中断请求。输入信号可以触发中断，也可以不触发中断。中断有可能被更高优先级的中断屏蔽，事件则不会。

6.3.3　EXTI 中断通道与中断源

每个 GPIO 口都可以作为输入线，STM32F04ZGT6 有多达 140 个 GPIO，可以通过图 6.4 所示的方式连接到 16 个外部中断/事件线。

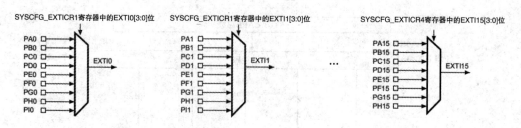

图 6.4　外部中断/事件 GPIO 映射

另外 7 根 EXTI 线的连接方式如下：

(1) EXTI 线 16 连接到 PVD 输出；

(2) EXTI 线 17 连接到 RTC 闹钟事件；

(3) EXTI 线 18 连接到 USB OTG FS 唤醒事件；

(4) EXTI 线 19 连接到以太网唤醒事件；

(5) EXTI 线 20 连接到 USB OTG HS(在 FS 中配置)唤醒事件；

(6) EXTI 线 21 连接到 RTC 入侵和时间戳事件；

(7) EXTI 线 22 连接到 RTC 唤醒事件。

6.3.4　EXTI 寄存器与 EXTI 库函数

EXTI 寄存器不可以寻址，与 EXTI 相关的寄存器如表 6.4 所示。EXTI 寄存器映射和复位值如表 6.5 所示。

表 6.4　EXTI 相关的寄存器

寄存器	功　能
中断屏蔽寄存器(EXTI_IMR)	用于设置是否屏蔽中断请求线上的中断请求
事件屏蔽寄存器(EXTI_EMR)	用于设置是否屏蔽事件请求线上的中断请求
上升沿触发选择寄存器(EXTI_RTSR)	用于设置是否用上升沿来触发中断和事件
下降沿触发选择寄存器(EXTI_FTSR)	用于设置是否用下降沿来触发中断和事件
软件中断事件寄存器(EXTI_SWIER)	用于软件触发中断和事件
挂起寄存器(EXTI_PR)	用于保存中断和事件请求线上是否有请求

表 6.5　EXTI 寄存器映射和复位值

偏移地址	寄存器名称	31	30	29	28	27	26	25	24	23	22	21	20	19	18	17	16	15	14	13	12	11	10	9	8	7	6	5	4	3	2	1	0
0x00	EXTI_IMR				保留						MR[22:0]																						
	复位值									0	0	0	0	0	0	0	0	0	0	0	0	0	0	0	0	0	0	0	0	0	0	0	0
0x04	EXTI_EMR				保留						MR[22:0]																						
	复位值									0	0	0	0	0	0	0	0	0	0	0	0	0	0	0	0	0	0	0	0	0	0	0	0
0x08	EXTI_RTSR				保留						TR[22:0]																						
	复位值									0	0	0	0	0	0	0	0	0	0	0	0	0	0	0	0	0	0	0	0	0	0	0	0
0x0C	EXTI_FTSR				保留						TR[22:0]																						
	复位值									0	0	0	0	0	0	0	0	0	0	0	0	0	0	0	0	0	0	0	0	0	0	0	0
0x10	EXTI_SWIER				保留						SWIER[22:0]																						
	复位值									0	0	0	0	0	0	0	0	0	0	0	0	0	0	0	0	0	0	0	0	0	0	0	0
0x14	EXTI_PR				保留						PR[22:0]																						
	复位值									0	0	0	0	0	0	0	0	0	0	0	0	0	0	0	0	0	0	0	0	0	0	0	0

EXTI 寄存器组结构体 EXTI_TypeDef 定义在库文件 stm32f4xx.h 中，其代码如下：

```
typedef struct
{
    __IO uint32_t IMR;              /*!< EXTI 中断标记寄存器，偏移地址: 0x00 */
    __IO uint32_t EMR;              /*!< EXTI 中断标记寄存器，偏移地址: 0x04 */
    __IO uint32_t RTSR;
    /*!< EXTI 上升沿触发选择寄存器，偏移地址: 0x08 */
    __IO uint32_t FTSR;
    /*!< EXTI 下降沿触发选择寄存器，偏移地址: 0x0C */
    __IO uint32_t SWIER;
    /*!< EXTI 软件中断寄存器，偏移地址: 0x10 */
    __IO uint32_t PR;               /*!< EXTI 挂起寄存器，偏移地址: 0x14 */
} EXTI_TypeDef;
```

EXTI 中断事件选择结构体 EXTIMode_TypeDef 定义在 stm32f4xx_exti.h 文件中，其代码如下：

```
typedef enum
{
    EXTI_Mode_Interrupt = 0x00,
    EXTI_Mode_Event = 0x04
}EXTIMode_TypeDef;
```

EXTI 外部触发方式结构体 EXTI_Trigger 定义在 TypeDef stm32f4xx_exti.h 文件中，其代码如下：

```
typedef enum
{
    EXTI_Trigger_Rising = 0x08,
    EXTI_Trigger_Falling = 0x0C,
    EXTI_Trigger_Rising_Falling = 0x10
}EXTITrigger_TypeDef;
```

EXTI 初始化结构体 EXTI_InitTypeDef 定义在 TypeDef stm32f4xx_exti.h 文件中，其代码如下：

```
typedef struct
{
    uint32_t EXTI_Line;

    //指定要启用或禁用的 EXTI 线，这个参数可以是联合体 EXTI_Lines 中的任意值
    EXTIMode_TypeDef EXTI_Mode;
    //指定 EXTI 行的模式，这个参数可以是联合体 EXTIMode_TypeDef 中的任意值
    EXTITrigger_TypeDef EXTI_Trigger;
    //指定 EXTI 线的触发方式。这个参数可以是联合体 EXTITrigger_TypeDef 中的任意值
```

```
FunctionalState EXTI_LineCmd;
    //指定 EXTI 线的状态。这个参数可以任意设置为 ENABLE 或 DISABLE
}EXTI_InitTypeDef;
```

EXTI_InitTypeDef 结构体同义字类型中定义了中断线、中断模式、触发方式、中断线指令等元素，并且在注释中给出了各个元素代表的功能以及可以赋值的范围。

6.4　实践案例

EXTI 程序开发的一般步骤如下：

(1) 配置 GPIO 口的工作模式。

(2) 配置 GPIO 口的时钟，以及 GPIO 口和 EXTI 的映射关系。

(3) 配置 EXTI 触发模式。

(4) 配置相应的 NVIC。

(5) 编写中断服务函数。

其中，NVIC 的配置步骤如下：

(1) 设置优先级分组。

(2) 设置中断通道及中断模式。

(3) 设置抢占优先级、子(副)优先级。

(4) 使能中断通道。

实现功能：按下各个按键后，触发中断，可以控制对应的 LED 灯。

原理图分析：KEY2、KEY3、KEY4 引脚所接为高电平，当按键按下时，引脚接到低电平，此时会有下降沿产生，外部中断的触发方式为下降沿触发。KEY1 引脚接低电平，当按键按下时，KEY1 引脚接通高电平，此时产生一个上升沿，外部中断的触发方式为高电平触发。按键的原理图如图 6.5 所示。

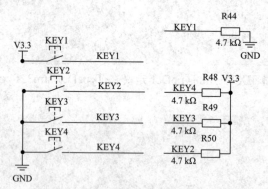

图 6.5　按键的原理图

程序分析：GPIO 口的配置分为两个部分，一部分为 LED 灯的控制配置，第 3 章的实践案例已经对其配置过，这里可以直接拿来使用；另一部分为按键外部中断的配置，代码如下：

```
GPIO_InitTypeDef　GPIO_InitStructure;
```

```
//使能 GPIOA,GPIOE 时钟
RCC_AHB1PeriphClockCmd(RCC_AHB1Periph_GPIOA|
RCC_AHB1Periph_GPIOE,ENABLE);
 //KEY0,KEY1,KEY2 对应引脚
GPIO_InitStructure.GPIO_Pin = GPIO_Pin_2|GPIO_Pin_3|GPIO_Pin_4;
 GPIO_InitStructure.GPIO_Mode = GPIO_Mode_IN;          //普通输入模式
 GPIO_InitStructure.GPIO_Speed = GPIO_Speed_100MHz;    //100 MHz
 GPIO_InitStructure.GPIO_PuPd = GPIO_PuPd_UP;          //上拉
 GPIO_Init(GPIOE, &GPIO_InitStructure);                //初始化 GPIOE2，3，4

 GPIO_InitStructure.GPIO_Pin = GPIO_Pin_0;             //WK_UP 对应引脚 PA0
 GPIO_InitStructure.GPIO_PuPd = GPIO_PuPd_DOWN ;       //下拉
 GPIO_Init(GPIOA, &GPIO_InitStructure);                //初始化 GPIOA0
```

EXTI 配置步骤如下：

(1) EXTI 配置引脚映射，将引脚作为外部触发的中断引脚。代码如下：

```
SYSCFG_EXTILineConfig(EXTI_PortSourceGPIOE, EXTI_PinSource2);
//PE2 连接到中断线 2
SYSCFG_EXTILineConfig(EXTI_PortSourceGPIOE, EXTI_PinSource3);
//PE3 连接到中断线 3
SYSCFG_EXTILineConfig(EXTI_PortSourceGPIOE, EXTI_PinSource4);
//PE4 连接到中断线 4
SYSCFG_EXTILineConfig(EXTI_PortSourceGPIOA, EXTI_PinSource0);
//PA0 连接到中断线 0
```

(2) 使用 EXTI_ClearITPendingBit()函数清除中断标志，防止同一中断重复进入中断函数。代码如下：

```
EXTI_ClearITPendingBit(EXTI_Line0);
EXTI_ClearITPendingBit(EXTI_Line2);
EXTI_ClearITPendingBit(EXTI_Line3);
EXTI_ClearITPendingBit(EXTI_Line4);
```

(3) 设置外部中断结构体成员，即初始化外部中断。代码如下：

```
EXTI_InitStructure.EXTI_Line = EXTI_Line2 | EXTI_Line3 | EXTI_Line4;
EXTI_InitStructure.EXTI_Mode = EXTI_Mode_Interrupt;    //中断事件
EXTI_InitStructure.EXTI_Trigger = EXTI_Trigger_Falling; //下降沿触发
EXTI_InitStructure.EXTI_LineCmd = ENABLE;              //中断线使能
EXTI_Init(&EXTI_InitStructure);                        //配置
```

(4) NVIC 配置中断优先级，并使能中断。代码如下：

```
NVIC_PriorityGroupConfig(NVIC_PriorityGroup_2);
//设置系统中断优先级分组 2
```

```
NVIC_InitStructure.NVIC_IRQChannel = EXTI0_IRQn;              //外部中断 0
NVIC_InitStructure.NVIC_IRQChannelPreemptionPriority = 0x00;

//抢占优先级 0
NVIC_InitStructure.NVIC_IRQChannelSubPriority = 0x02;         //子优先级 2
NVIC_InitStructure.NVIC_IRQChannelCmd = ENABLE;              //使能外部中断通道
NVIC_Init(&NVIC_InitStructure);          //配置
NVIC_InitStructure.NVIC_IRQChannel = EXTI2_IRQn;             //外部中断 2
NVIC_InitStructure.NVIC_IRQChannelPreemptionPriority = 0x03;
//抢占优先级 3
NVIC_InitStructure.NVIC_IRQChannelSubPriority = 0x02;         //子优先级 2
NVIC_InitStructure.NVIC_IRQChannelCmd = ENABLE;              //使能外部中断通道
NVIC_Init(&NVIC_InitStructure);          //配置
NVIC_InitStructure.NVIC_IRQChannel = EXTI3_IRQn;             //外部中断 3
NVIC_InitStructure.NVIC_IRQChannelPreemptionPriority = 0x02; //抢占优先级 2
NVIC_InitStructure.NVIC_IRQChannelSubPriority = 0x02;         //子优先级 2
NVIC_InitStructure.NVIC_IRQChannelCmd = ENABLE;              //使能外部中断通道
NVIC_Init(&NVIC_InitStructure);          //配置
NVIC_InitStructure.NVIC_IRQChannel = EXTI4_IRQn;             //外部中断 4
NVIC_InitStructure.NVIC_IRQChannelPreemptionPriority = 0x01; //抢占优先级 1
NVIC_InitStructure.NVIC_IRQChannelSubPriority = 0x02;         //子优先级 2
NVIC_InitStructure.NVIC_IRQChannelCmd = ENABLE;              //使能外部中断通道
NVIC_Init(&NVIC_InitStructure);          //配置
```

(5) 编写中断服务函数。代码如下：

```
void EXTI0_IRQHandler(void)
{
    delay_ms(10);           //消抖
    if(WK_UP==1)
    {
        LED2 = !LED2;
    }
    EXTI_ClearITPendingBit(EXTI_Line0);          //清除 LINE0 上的中断标志位
}

void EXTI2_IRQHandler(void)
{
    delay_ms(10);           //消抖
    if(KEY2==0)
```

```
    {
        LED0 = !LED0;
    }
    EXTI_ClearITPendingBit(EXTI_Line2);        //清除 LINE2 上的中断标志位
}


void EXTI3_IRQHandler(void)
{
    delay_ms(10);              //消抖
    if(KEY1==0)
    {
        LED1 = !LED1;
    }
    EXTI_ClearITPendingBit(EXTI_Line3);        //清除 LINE3 上的中断标志位
}


void EXTI4_IRQHandler(void)
{
    delay_ms(10);              //消抖
    if(KEY0==0)
    {
        LED0 = !LED0;
        LED1 = !LED1;
    }
    EXTI_ClearITPendingBit(EXTI_Line4);        //清除 LINE4 上的中断标志位
}
```

定义中断服务函数时应注意两点：一是中断服务函数是一个无返回值类型、无参数的函数，函数名是由中断向量表定义的；二是中断触发后，要在中断服务函数中清除中断标志，否则会一直触发中断。

思 考 与 练 习

1. Cortex-M4 内核支持 256 个中断，其中包含了＿＿＿个内核中断和＿＿＿个外部中断。

2. STM32 的外部中断/事件控制器(EXTI)由 23 个产生事件/中断请求组成。每个输入线可以独立地配置和＿＿＿＿＿＿。

3. 简述 NVIC 的主要特性。

4. STM32 的优先级分为两层，即＿＿＿＿＿和＿＿＿＿＿。

5. 简述外部中断实现的一般过程。

第 7 章　STM32 定时器与编程

大容量的 STM32F407 增强型系列产品包含两个高级控制定时器(TIM1 和 TIM8)、10 个通用定时器(TIM2~TIM5、TIM9~TIM14)、两个基本定时器(TIM6、TIM7)、一个实时时钟(RTC)、两个看门狗定时器、一个系统滴答定时器(SysTick 时钟)。本章将详细地介绍通用定时器(TIM)、实时时钟(RTC)和系统时钟(SysTick 时钟)。

7.1　STM32 通用定时器 TIMx

7.1.1　时钟源和时基单元

通用定时器中，每个定时器都有一个 16 位或者 32 位自动重装载计数器、16 位的可编程预分频器。还有 4 个独立通道，主要用于测量输入信号的脉冲长度、产生输出波形(输出比较、PWM 波、单脉冲输出等)，以及支持针对定位增量(正交)编码器和霍耳传感器电路、支持使用外部信号控制定时器和定时器互连的同步电路。STM32 有 10 个通用定时器 TIMx(TIM2~TIM5、TIM9~TIM14)，其硬件结构可以分为三部分：时钟源、时基单元、捕获/比较通道。

1. 时钟源的选择

如图 7.1 所示，定时器的时钟源有四种提供途径：

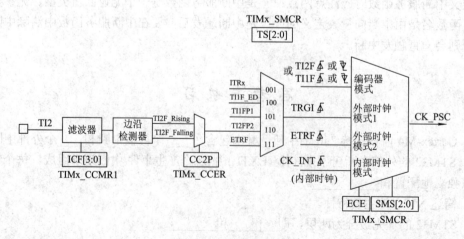

图 7.1　定时器时钟源

(1) 内部时钟(CK_INT) 。

(2) 外部时钟模式 1：外部输入引脚(TRGI)。

(3) 外部时钟模式 2：外部触发输入引脚(ETRF)，仅适用于 TIM2、TIM3 和 TIM4。

(4) 内部触发输入(ITRx)：使用一个定时器作为另一个定时器的预分频器，例如可以将定时器配置为定时器 2 的预分频器。

2. 时基单元

STM32 通用定时器的时基单元包括计数器(TIMx_CNT)、预分频器(TIMx_PSC)和自动重装载寄存器(TIMx_ARR)等，如图 7.2 所示。图中，U 表示更新(Update)，UI 表示更新中断(Update Interrupt)。

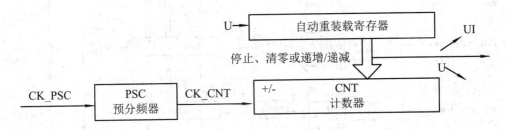

图 7.2　定时器时基单元

从时钟源送来的时钟信号，首先经过预分频器的分频(降低频率)，输出计数时钟(CK_CNT)，送入计数器。预分频器对时钟频率进行分频，分频系数是 1～65 536 的任意值。由于预分频器控制寄存器具有缓冲功能，因此可实现实时更改，而新的预分频值将在下一更新事件发生时被采用。

计数器可以在时钟控制单元的控制下，进行递增计数、递减计数或中央对齐计数；可以通过时钟控制单元直接被清零，或者在计数值达到自动重装载寄存器的数值后被清零；还可以直接被停止，或者在计数值达到自动重装载寄存器的数值后被停止，或者停一段时间计数后在控制单元的控制下恢复计数。

自动重装载寄存器(TIMx_ARR)的内容在计数器递减计数到 0 时，会重新加载到计数器，然后开始计数并生成计数器下溢事件。

定时器的定时功能是依赖计数器完成的，当定时器的时钟频率为 168 MHz，且没有经过预分频处理时，一个数的计时时长为 1/168 s。定时器在进行计数时可以设置预分频寄存器，来改变计数的频率。定时的时长由 TIM_TimeBaseInitTypeDef 结构体中的 TIM_Period(计数频率)和 TIM_Prescaler(预分频系数)设定。已知 TIMx 定时器的时钟频率为 TIMx_CLK，定时时长的计算公式为

$$T = (TIM\_Period+1) \times (TIM\_prescaler+1)/TIMx\_CLK$$

当定时器外设时钟是 84 MHz 时，定时器初始化部分的代码如下：

```
TIM_TimeBaseInitStructure.TIM_Period = 9999;        //计数值 9999
TIM_TimeBaseInitStructure.TIM_Prescaler=8400-1;     //定时器分频 8400
```

定时时间为：

$$T = (TIM\_Period+1) \times (TIM\_Prescaler+1)/TIMx\_CLK= (4666+1) \times (35999+1)/168MHz=1\ s$$

7.1.2　捕获/比较通道

每个捕获/比较通道均围绕捕获/比较寄存器、捕获输入阶段(输入滤波)和一个输出阶段(输出控制)构建而成，如图 7.3 所示。

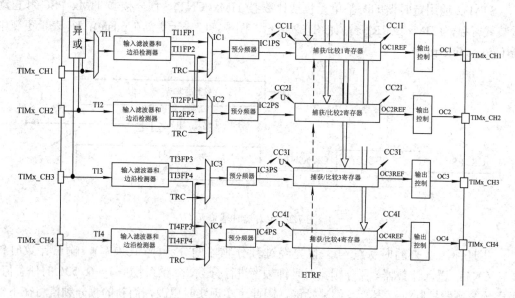

图 7.3　捕获/比较通道

对于一个捕获/比较通道，在输入阶段对相应的输入 TIx 进行采样，生成一个滤波后的信号 TIxF。然后，带有极性选择功能的边沿检测器生成一个信号(TIxFPx)，该信号可作为从模式控制器的触发输入，也可作为捕获命令。该信号先进行预分频(ICxPS)，然后再进入捕获寄存器，如图 7.4 所示。

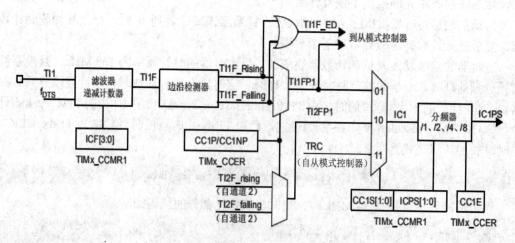

图 7.4　捕获/比较通道

　　捕获/比较模块由一个预装载寄存器和一个影子寄存器(Bamked Register)组成，可通过读写操作访问预装载寄存器。在捕获模式下，捕获实际发生在影子寄存器中，将影子寄存器的内容复制到预装载寄存器中。在比较模式下，预装载寄存器的内容将复制到影子寄存器中，然后将影子寄存器中的内容与计数器进行比较，如图 7.5 所示。

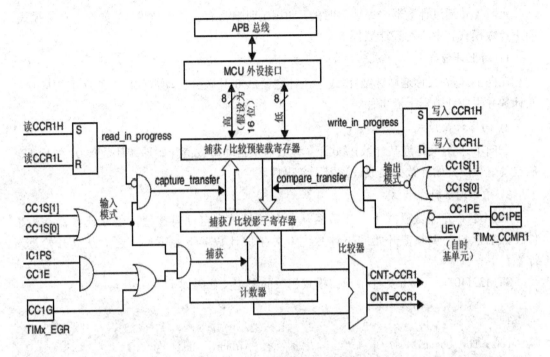

图 7.5　捕获/比较通道 1 主电路

　　输出阶段生成一个中间波形作为基准——OCxRef(高电平有效)，链的末端决定最终输出信号的极性，如图 7.6 所示。

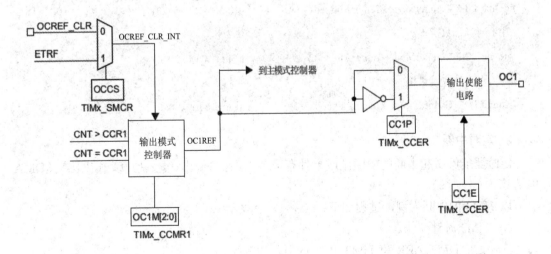

图 7.6　捕获/比较通道的输出阶段

7.1.3　计数模式和定时中断

1. 计数模式

定时器是通过计数器来完成计时的，通用定时器具有多种计数模式，如向上计数模式、向下计数模式和中心对齐计数模式。

1) 向上计数模式

在向上计数(又称递增计数)模式下，计数器从 0 计数到自动重载值，然后重新从 0 开始计数并生成计数器上溢事件。

2) 向下计数模式

在向下计数(又称递减计数)模式下，计数器从自动重载值开始递减计数到 0，然后重新从自动重载值开始计数并生成计数器下溢事件。

3) 中心对齐计数模式

在中心对齐计数模式下，计数器从 0 开始计数到自动重载值，生成计数器上溢事件；然后从自动重载值开始向下计数到 0 并生成计数器下溢事件；之后从 0 开始重新计数。

STM32f407xx_tim.h 文件中计数模式相关的宏定义代码如下：

```
//向上计数模式
#define TIM_CounterMode_Up                  ((uint16_t)0x0000)
//向下计数模式
#define TIM_CounterMode_Down                ((uint16_t)0x0010)
//中心对齐计数模式 1
#define TIM_CounterMode_CenterAligned1      ((uint16_t)0x0020)
//中心对齐计数模式 2
#define TIM_CounterMode_CenterAligned2      ((uint16_t)0x0040)
//中心对齐计数模式 3
#define TIM_CounterMode_CenterAligned3      ((uint16_t)0x0060)
```

2. 定时中断

定时器能够引起中断的中断源或事件有很多，如计数溢出、输入捕获、输出比较、DMA 申请等。

以 TIM3 的中断为例，过程如下：

(1) TIM3 时钟使能。

(2) 设置 TIM3_ARR 和 TIM3_PSC 的值。

(3) 设置 TIM3_DIER，允许更新中断。

(4) 允许 TIM3 工作。

(5) 设置 TIM3 中断分组。

(6) 编写中断服务函数。

7.1.4　TIMx 寄存器和库函数

1. TIMx 寄存器

通用定时器 TIMx 相关寄存器及其功能如表 7.1 所示。通用定时器 TIMx 相关寄存器和复位值如表 7.2 所示。

表 7.1　TIMx 相关寄存器及其功能

寄 存 器	功 能
控制寄存器 1(TIMx_CR1)	用于控制独立通用定时器
控制寄存器 2(TIMx_CR2)	用于控制独立通用定时器
从模式控制寄存器(TIMx_SMCR)	用于从模式控制
DMA/中断使能开关(TIMx_DIER)	用于控制定时器的 DMA 及中断请求
状态寄存器(TIMx_SR)	保存定时器状态
事件产生寄存器(TIMx_EGR))	生成定时器事件
捕获/比较模式寄存器 1(TIMx_CCMR1)	用于捕获/比较模式
捕获/比较模式寄存器 2(TIMx_CCMR2)	用于捕获/比较模式
捕获/比较使能寄存器(TIMx_CCER)	用于允许捕获/比较
计数器(TIMx_CNT)	用于保存计数器的计数值
预分频器(TIMx_PSC)	用于设置预分频器的值
自动重装载寄存器(TIMx_ARR)	保存自动重装载的计数值
捕获/比较寄存器 1(TIMx_CCR1)	保存捕获/比较通道 1 的计数值
捕获/比较寄存器 2(TIMx_CCR2)	保存捕获/比较通道 2 的计数值
捕获/比较寄存器 3(TIMx_CCR3)	保存捕获/比较通道 3 的计数值
捕获/比较寄存器 4(TIMx_CCR4)	保存捕获/比较通道 4 的计数值
断路和死区寄存器(TIMx_BDTR)	断路状态时，此位由硬件异步清零
DMA 控制寄存器(TIMx_DCR)	用于控制 DMA 操作

表 7.2　TIMx 相关寄存器和复位值

偏移地址	寄存器名称	31-16	15	14	13	12	11	10	9	8	7	6	5	4	3	2	1	0
0x00	TIMx_CR1	保留							CKD[1:0]		ARPE	CMS[1:0]		DIR	OPM	URS	UDIS	CEN
	复位值								0	0	0	0	0	0	0	0	0	0
0x04	TIMx_CR2	保留								TI1S	MMS[2:0]			CCDS	保留			
	复位值									0	0	0	0	0				
0x08	TIMx_SMCR	保留	ETP	ECE	ETPS[1:0]		ETF[3:0]				MSM	TS[2:0]			保留	SMS[2:0]		
	复位值		0	0	0	0	0	0	0	0	0	0	0	0		0	0	0
0x0C	TIMx_DIER	保留		TDE	CCMDE	CC4DE	CC3DE	CC2DE	CC1DE	UDE	保留	TIE	保留	CC4IE	CC3IE	CC2IE	CC1IE	UIE
	复位值			0	0	0	0	0	0	0		0		0	0	0	0	0
0x10	TIMx_SR	保留			CC4OF	CC3OF	CC2OF	CC1OF	保留		TIF	保留	CC4IF	CC3IF	CC2IF	CC1IF	UIF	
	复位值				0	0	0	0			0		0	0	0	0	0	
0x14	TIMx_EGR	保留								TG	保留	CC4G	CC3G	CC2G	CC1G	UG		
	复位值									0		0	0	0	0	0		
0x18	TIMx_CCMR1 输出捕获模式	保留	OC2CE	OC2M[2:0]			OC2PE	OC2FE	CC2S[1:0]		OC1CE	OC1M[2:0]			OC1PE	OC1FE	CC1S[1:0]	
	复位值		0	0	0	0	0	0	0	0	0	0	0	0	0	0	0	0
	TIMx_CCMR1 输出比较模式	保留	IC2F[3:0]				IC2PSC[1:0]		CC2S[1:0]		IC1F[3:0]				IC1PSC[1:0]		CC1S[1:0]	
0x1C	TIMx_CCMR2 输出捕获模式	保留	O24CE	OC4M[2:0]			OC4PE	OC4FE	CC4S[1:0]		OC3CE	OC3M[2:0]			OC3PE	OC3FE	CC3S[1:0]	
	复位值		0	0	0	0	0	0	0	0	0	0	0	0	0	0	0	0
	TIMx_CCMR2 输出比较模式	保留	IC4F[3:0]				IC4PSC[1:0]		CC4S[1:0]		IC3F[3:0]				IC3PSC[1:0]		CC3S[1:0]	
	复位值		0	0	0	0	0	0	0	0	0	0	0	0	0	0	0	0
0x20	TIMx_CCER	保留	CC4NP	保留	CC4P	CC4E	CC3NP	保留	CC3P	CC3E	CC2NP	保留	CC2P	CC2E	CC1NP	保留	CC1P	CC1E
	复位值		0		0	0	0		0	0	0		0	0	0		0	0
0x24	TIMx_CNT	CNT[31:16]（只有TIM2和TIM5，其他定时器保留）	CNT[15:0]															
	复位值	0 0 0 0 0 0 0 0 0 0 0 0 0 0 0 0	0	0	0	0	0	0	0	0	0	0	0	0	0	0	0	0
0x28	TIMx_PSC	保留	PSC[15:0]															
	复位值		0	0	0	0	0	0	0	0	0	0	0	0	0	0	0	0
0x2C	TIMx_ARR	ARR[31:16]（（只有TIM2和TIM5有，其他定时器保留））	ARR[15:0]															
	复位值	0 0 0 0 0 0 0 0 0 0 0 0 0 0 0 0	0	0	0	0	0	0	0	0	0	0	0	0	0	0	0	0
0x30	保留																	
0x34	TIMx_CCR1	CCR1[31:16]（（只有TIM2和TIM5有，其他定时器保留））	CCR1[15:0]															
	复位值	0 0 0 0 0 0 0 0 0 0 0 0 0 0 0 0	0	0	0	0	0	0	0	0	0	0	0	0	0	0	0	0
0x38	TIMx_CCR2	CCR2[31:16]（（只有TIM2和TIM5有，其他定时器保留））	CCR2[15:0]															
	复位值	0 0 0 0 0 0 0 0 0 0 0 0 0 0 0 0	0	0	0	0	0	0	0	0	0	0	0	0	0	0	0	0
0x3C	TIMx_CCR3	CCR3[31:16]（（只有TIM2和TIM5有，其他定时器保留））	CCR3[15:0]															
	复位值	0 0 0 0 0 0 0 0 0 0 0 0 0 0 0 0	0	0	0	0	0	0	0	0	0	0	0	0	0	0	0	0
0x40	TIMx_CCR4	CCR4[31:16]（（只有TIM2和TIM5有，其他定时器保留））	CCR4[15:0]															
	复位值	0 0 0 0 0 0 0 0 0 0 0 0 0 0 0 0	0	0	0	0	0	0	0	0	0	0	0	0	0	0	0	0
0x44	保留																	
0x48	TIMx_DCR	保留			DBL[4:0]					保留	DBA[4:0]							
	复位值				0	0	0	0	0		0	0	0	0	0			
0x4C	TIMx_DMAR	保留	DMAB[15:0]															
	复位值		0	0	0	0	0	0	0	0	0	0	0	0	0	0	0	0

定时器寄存器组结构体定义 TIM3 在 stm32f4xx.h 文件中，代码如下：

```
typedef struct
{
    __IO uint16_t CR1;              //TIM control 寄存器 1，偏移地址: 0x00
    uint16_t        RESERVED0;      //保留，0x02
    __IO uint16_t CR2;              //TIM control 寄存器 2，偏移地址: 0x04
    uint16_t        RESERVED1;      //保留，0x06
    __IO uint16_t SMCR;             //TIM 从模式控制寄存器，偏移地址: 0x08
    uint16_t        RESERVED2;      //保留，0x0A
    __IO uint16_t DIER;             //TIM DMA/中断使能寄存器，偏移地址: 0x0C
    uint16_t        RESERVED3;      //保留，0x0E
    __IO uint16_t SR;               //TIM 状态寄存器，偏移地址: 0x10
    uint16_t        RESERVED4;      //保留，0x12
    __IO uint16_t EGR;              //TIM 事件生成寄存器，偏移地址: 0x14
    uint16_t        RESERVED5;      //保留，0x16
    __IO uint16_t CCMR1;            //TIM 捕获/比较寄存器 1，偏移地址: 0x18 uint16_t
    RESERVED6;   //Reserved, 0x1A
    __IO uint16_t CCMR2;            //TIM 捕获/比较寄存器 2，偏移地址: 0x1C
    uint16_t        RESERVED7;      //保留，0x1E
    __IO uint16_t CCER;             //TIM 捕获/比较使能寄存器，偏移地址: 0x20
    uint16_t        RESERVED8;      //保留，0x22
    __IO uint32_t CNT;              //TIM 计数寄存器，偏移地址: 0x24
    __IO uint16_t PSC;              //TIM 预分频，偏移地址: 0x28
    uint16_t        RESERVED9;      //保留，0x2A
    __IO uint32_t ARR;              //TIM 自动重装载寄存器，偏移地址: 0x2C
    __IO uint16_t RCR;              //TIM 重复计数寄存器，偏移地址: 0x30
    uint16_t        RESERVED10;     //保留,0x32
    __IO uint32_t CCR1;             //TIM 捕获/比较寄存器 1，偏移地址: 0x34
    __IO uint32_t CCR2;             //TIM 捕获/比较寄存器 2，偏移地址: 0x38
    __IO uint32_t CCR3;             //TIM 捕获/比较寄存器 3，偏移地址: 0x3C
    __IO uint32_t CCR4;             //TIM 捕获/比较寄存器 4，偏移地址: 0x40
    __IO uint16_t BDTR;             //TIM 跳出故障时间寄存器，偏移地址: 0x44
    uint16_t        RESERVED11;     //保留，0x46
    __IO uint16_t DCR;              //TIM DMA 控制寄存器，偏移地址: 0x48
    uint16_t        RESERVED12;     //保留，0x4A
    __IO uint16_t DMAR;             // TIM DMA 全传输地址，偏移地址: 0x4C
    uint16_t        RESERVED13;     //保留，0x4E
    __IO uint16_t OR;               //TIM 选项寄存器，偏移地址: 0x50
    uint16_t        RESERVED14;     //保留,0x52
```

```
} TIM_TypeDef;

    //别名区域中的外围设备基地址
    #define PERIPH_BASE              ((uint32_t)0x40000000)
    ...
    #define APB1PERIPH_BASE          PERIPH_BASE
    #define TIM3_BASE                (APB1PERIPH_BASE + 0x0400)
    ...
#define TIM3                         ((TIM_TypeDef *) TIM3_BASE)
```

可见，TIM3 寄存器首地址为 0x40000400，与其在内存映射中的地址一致。

2. TIMx 定时器相关库函数

在库函数开发模式下，通过库函数来修改寄存器。定时器相关的寄存器在库函数中被定义为 TIM_TimeBaseInitTypeDef 结构体中的成员变量。代码如下：

```
typedef struct
{
    uint16_t TIM_Prescaler;           //预分频寄存器
    uint16_t TIM_CounterMode;         //定时器计数模式
    uint32_t TIM_Period;              //定时器计数周期(自动重装载值)
    uint16_t TIM_ClockDivision;       //定时器分频因子
    uint8_t TIM_RepetitionCounter;
} TIM_TimeBaseInitTypeDef;
```

TIM_TimeBaseInit()函数通过传递的结构体参数来修改对应寄存器的值，实现对寄存器进行初始化。该函数的定义如下：

```
void TIM_TimeBaseInit(TIM_TypeDef* TIMx, TIM_TimeBaseInitTypeDef*
TIM_TimeBaseInitStruct)
{
    uint16_t tmpcr1 = 0;
    //检查参数
    assert_param(IS_TIM_ALL_PERIPH(TIMx));
    assert_param(IS_TIM_COUNTER_MODE(TIM_TimeBaseInitStruct->TIM_CounterMode));
    assert_param(IS_TIM_CKD_DIV(TIM_TimeBaseInitStruct->TIM_ClockDivision));
    tmpcr1 = TIMx->CR1;
    if((TIMx == TIM1) || (TIMx == TIM8)|| (TIMx == TIM2) || (TIMx ==   TIM3)||(TIMx ==
    TIM4) || (TIMx == TIM5))
    {
        //选择计数模式
        tmpcr1 &= (uint16_t)(~(TIM_CR1_DIR | TIM_CR1_CMS));
        tmpcr1 |= (uint32_t)TIM_TimeBaseInitStruct->TIM_CounterMode;
```

```
    }
    if((TIMx != TIM6) && (TIMx != TIM7))
    {
        //设置时钟分频
        tmpcr1 &= (uint16_t)(~TIM_CR1_CKD);
        tmpcr1 |= (uint32_t)TIM_TimeBaseInitStruct->TIM_ClockDivision;
    }
    TIMx->CR1 = tmpcr1;           //设置重装载值
    TIMx->ARR = TIM_TimeBaseInitStruct->TIM_Period ;      //设置预分频值
    TIMx->PSC = TIM_TimeBaseInitStruct->TIM_Prescaler;
    if ((TIMx == TIM1) || (TIMx == TIM8))
    {
        //设置重复计数值
        TIMx->RCR = TIM_TimeBaseInitStruct->TIM_RepetitionCounter;
    }
    //生成一个更新事件以重新加载预分频值，以及重复计数器(仅适用于 TIM1 和 TIM8)
        的即时值
    TIMx->EGR = TIM_PSCReloadMode_Immediate;
}
```

此外，TIM_Cmd()函数用来使能定时器开始计数。TIM_Cmd()函数代码如下：

```
void TIM_Cmd(TIM_TypeDef* TIMx, FunctionalState NewState)
{
    //检查参数
    assert_param(IS_TIM_ALL_PERIPH(TIMx));
    assert_param(IS_FUNCTIONAL_STATE(NewState));
    if (NewState != DISABLE)
    {
        //使能 TIM 计数器
        TIMx->CR1 |= TIM_CR1_CEN;
    }
    else
    {
        //使能 TIM 计数器
        TIMx->CR1 &= (uint16_t)~TIM_CR1_CEN;
    }
}
```

通过对 TIMx 相关函数的操作就可以实现对定时器的设置，结合前面学过的 NVIC 函数还可以实现定时器中断。

7.2　STM32 实时时钟 RTC

实时时钟(RTC)是一个独立的 BCD 定时器/计数器。RTC 提供一个日历时钟、两个可编程闹钟中断，以及一个具有中断功能的周期性可编程唤醒标志。RTC 日历时钟的两个 32 位寄存器包含二进码十进数格式(BCD)的秒、分钟、小时(12 或 24 小时制)、星期、日期、月份和年份。此外，RTC 还可提供二进制格式的亚秒值，可以自动将月份的天数补偿为 28、29(闰年)、30 和 31 天，并且还可以进行夏令时补偿。

此外，还可以使用数字校准功能对晶振精度的偏差进行补偿。上电复位后，所有 RTC 寄存器都会受到保护，以防止非正常写访问。无论器件状态如何，只要电源电压保持在工作范围内，RTC 便不会停止工作。

7.2.1　RTC 的功能和结构

1. RTC 的内部结构

RTC 由两个主要部分组成，如图 7.7 所示(其中，阴影部分表示 RTC_SSR、RTC_TR、RTC_DR 寄存器和其影子寄存器)。第一个是 APB1 接口，用于和 APB1 总线相连；另一部分是 RTC 的核心，由一组可编程计数器组成。

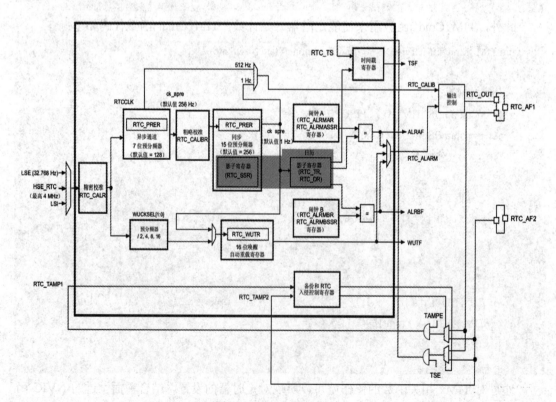

图 7.7　RTC 内部结构图

2. RTC 的主要功能

RTC 是一个独立的定时器，通过对相应寄存器的设置可以实现时钟日历的功能。RTC 核心和实时时钟配置寄存器(RCC_BDCR)处于备份区域,因此在复位或从待机模式唤醒时, RTC 的设置和时间会被保存下来。

7.2.2 RTC 的控制寄存器和备份寄存器

1. RTC 控制寄存器

RTC 控制寄存器如表 7.3 所示。

表 7.3 RTC 控制寄存器

寄 存 器	功 能
RTC 时间寄存器(RTC_TR)	RTC_TR 是日历时间影子寄存器。只能在初始化模式下对该寄存器执行写操作
RTC 日期寄存器(RTC_DR)	RTC_DR 是日历日期影子寄存器。只能在初始化模式下对该寄存器执行写操作
RTC 控制寄存器(RTC_CR)	用于控制 RTC
RTC 初始化和状态寄存器(RTC_ISR)	用于初始化 RTC 和 RTC 的状态
RTC 预分频器寄存器(RTC_PRER)	对 RTC 时钟进行分频
RTC 唤醒定时器寄存器(RTC_WUTR)	用于唤醒 RTC 时钟

RTC 控制寄存器映像和复位值如表 7.4 所示。

表 7.4 寄存器映像和复位值

偏移地址	寄存器名称	31-23	22	21-20	19-16	15	14-12	11-8	7	6-4	3-0
0x00	**RTC_TR**	保留	PM	HT[1:0]	HU[3:0]	保留	MNT[2:0]	MNU[3:0]	保留	ST[2:0]	SU[3:0]
	复位值		0	0 0	0 0 0 0		0 0 0	0 0 0 0		0 0 0	0 0 0 0

偏移地址	寄存器名称	31-24	23-20	19-16	15-13	12	11-8	7-6	5-4	3-0
0x04	**RTC_DR**	保留	YT[3:0]	YU[3:0]	WDU[2:0]	MT	MU[3:0]	保留	DT[1:0]	DU[3:0]
	复位值				0 0 1	0	0 0 0 1		0 0	0 0 0 1

偏移地址	寄存器名称	31-24	23	22-21	20	19	18	17	16	15	14	13	12	11	10	9	8	7	6	5	4	3	2-0
0x08	**RTC_CR**	保留	COE	OSEL[1:0]	POL	COSEL	BKP	SUB1H	ADD1H	TSIE	WUTIE	ALRBIE	ALRAIE	TSE	WUTE	ALRBE	ALRAE	DCE	FMT	BYPSHAD	REFCKON	TSEDGE	WCKSEL[2:0]
	复位值		0	0 0	0	0	0	0	0	0	0	0	0	0	0	0	0	0	0	0	0	0	0 0 0

偏移地址	寄存器名称	31-17	16	15	14	13	12	11	10	9	8	7	6	5	4	3	2	1	0
0x0C	**RTCJSR**	保留	TAMP2F	TAMP1F	TSOVF	TSF	WUTF	ALRBF	ALRAF	INIT	INITF	RSF	INITS	SHPF	WUTWF	ALRBWF	ALRAWF
	复位值		0	0	0	0	0	0	0	0	0	0	0	0	0	1	0	1

偏移地址	寄存器名称	31-23	22-16	15	14-0
0x10	**RTC_PRER**	保留	PREDIV_A[6:0]	保留	PREDIV_S[14:0]
	复位值		1 1 1 1 1 1 1		0 0 0 0 0 0 0 1 1 1 1 1 1 1 1

偏移地址	寄存器名称	31-16	15-0
0x14	**RTC_WUTR**	保留	WUT[15:0]
	复位值		1 1 1 1 1 1 1 1 1 1 1 1 1 1 1 1

RTC 寄存器结构体 RTC_TypeDef 定义在库文件 stm32f40x.h 中，代码如下:

```
typedef struct
{
    __IO uint32_t TR;              //RTC 时间寄存器，偏移地址：0x00
    __IO uint32_t DR;              //RTC 日期寄存器，偏移地址：0x04
    __IO uint32_t CR;              //RTC 控制寄存器，偏移地址：0x08
    __IO uint32_t ISR;             //RTC 初始化和状态寄存器，偏移地址：0x0C
    __IO uint32_t PRER;            //RTC 预分频寄存器，偏移地址：0x10
    __IO uint32_t WUTR;            //RTC 唤醒时间寄存器，偏移地址：0x14
} RTC_TypeDef;
    //别名区域中的外围设备基地址
    #define PERIPH_BASE              ((uint32_t)0x40000000)
    #define APB1PERIPH_BASE          PERIPH_BASE
    #define RTC_BASE                 (APB1PERIPH_BASE + 0x2800)
    #define RTC                      ((RTC_TypeDef *) RTC_BASE)
```

2. RTC 备份寄存器

可向 RTC 备份寄存器中写入/读取数据。当 V_{DD} 关闭时，该寄存器由 V_{BAT} 供电，因而系统复位时，这些寄存器不会复位，并且当器件在低功耗模式下工作时，寄存器的内容仍然有效。发生入侵检测事件时，该寄存器会被复位，并且只要 TAMPxF=1，该寄存器就一直保持复位。

RTC 备份寄存器结构体 RTC_TypeDef 定义在 STM32f40x.h 文件中，代码如下：

```
    __IO uint32_t BKP0R;           // RTC 备份寄存器 1，偏移地址：0x50
    __IO uint32_t BKP1R;           // RTC 备份寄存器 1，偏移地址：0x54
    __IO uint32_t BKP2R;           // RTC 备份寄存器 2，偏移地址：0x58
    __IO uint32_t BKP3R;           // RTC 备份寄存器 3，偏移地址：0x5C
    __IO uint32_t BKP4R;           // RTC 备份寄存器 4，偏移地址：0x60
    __IO uint32_t BKP5R;           // RTC 备份寄存器 5，偏移地址：0x64
    __IO uint32_t BKP6R;           // RTC 备份寄存器 6，偏移地址：0x68
    __IO uint32_t BKP7R;           // RTC 备份寄存器 7，偏移地址：0x6C
    __IO uint32_t BKP8R;           // RTC 备份寄存器 8，偏移地址：0x70
    __IO uint32_t BKP9R;           // RTC 备份寄存器 9，偏移地址：0x74
    __IO uint32_t BKP10R;          // RTC 备份寄存器 10，偏移地址：0x78
    __IO uint32_t BKP11R;          // RTC 备份寄存器 11，偏移地址：0x7C
    __IO uint32_t BKP12R;          // RTC 备份寄存器 12，偏移地址：0x80
    __IO uint32_t BKP13R;          // RTC 备份寄存器 13，偏移地址：0x84
    __IO uint32_t BKP14R;          // RTC 备份寄存器 14，偏移地址：0x88
    __IO uint32_t BKP15R;          // RTC 备份寄存器 15，偏移地址：0x8C
    __IO uint32_t BKP16R;          // RTC 备份寄存器 16，偏移地址：0x90
    __IO uint32_t BKP17R;          // RTC 备份寄存器 17，偏移地址：0x94
```

```
    __IO uint32_t BKP18R;          // RTC 备份寄存器 18，偏移地址：0x98
    __IO uint32_t BKP19R;          // RTC 备份寄存器 19，偏移地址：0x9C
```

在使用库函数开发 RTC 时，可以通过修改 RTC_TypeDef 结构体中的变量，来实现 RTC 模块和时钟的配置。只要备份区域供电正常，系统复位或从待机模式唤醒后，RTC 的设置和时间就显示正常，RTC 将一直运行。在设置时间之前，先要取消备份区域(Backup, BKP) 的写保护。因为系统复位后，会自动禁止访问备份区域寄存器和 RTC，以防止对备份区域的意外写操作。

RTC 备份寄存器映射和复位值如表 7.5 所示。

表 7.5　RTC 备份区域寄存器映射和复位值

偏移地址	寄存器名称	31	30	29	28	27	26	25	24	23	22	21	20	19	18	17	16	15	14	13	12	11	10	9	8	7	6	5	4	3	2	1	0
0x40	RTC_TAFCR	保留													ALARMOUTTYPE	TSINSEL	TAMP1INSEL	TAMPPUDIS	TAMPPRCH[1:0]		TAMPFLT[1:0]		TAMPFREQ[2:0]			TAM PTS	保留		TAMP2TRG	TAMP2E	TAMP1E	TAMP1ETRG	TAMP1E
	复位值														0	0	0	0	0	0	0	0	0	0	0	0			0	0	0	0	0
0x44	RTC_ALRMASSR	保留				MASKSS[3:0]				保留									SS[14:0]														
	复位值					0	0	0	0										0	0	0	0	0	0	0	0	0	0	0	0	0	0	0
0x48	RTC_ALRMBSSR	保留				MASKSS[3:0]				保留									SS[14:0]														
	复位值					0	0	0	0										0	0	0	0	0	0	0	0	0	0	0	0	0	0	0
0x50 ~ 0x9C	RTC_BKP0R	BKP[31:0]																															
	复位值	0	0	0	0	0	0	0	0	0	0	0	0	0	0	0	0	0	0	0	0	0	0	0	0	0	0	0	0	0	0	0	0
	RTC_BKP19R	BKP[31:0]																															
	复位值	0	0	0	0	0	0	0	0	0	0	0	0	0	0	0	0	0	0	0	0	0	0	0	0	0	0	0	0	0	0	0	0

7.2.3　电源控制寄存器

电源控制寄存器地址影像和复位值如表 7.6 所示。

表 7.6　电源控制寄存器的地址映射和复位值

偏移地址	寄存器名称	31	30	29	28	27	26	25	24	23	22	21	20	19	18	17	16	15	14	13	12	11	10	9	8	7	6	5	4	3	2	1	0
0x000	PWR_CR	保留																	VOS	保留				FPDS	DBP	PLS[2:0]			PVDE	CSBF	CWUF	PDDS	LPDS
	复位值																		1					0	0	0	0	0	0	0	0	0	0
0x004	PWR_CSR	保留																	VOSRDY	保留				BRE	EWUP	保留				BRR	PVDO	SBF	WUF
	复位值																		0											0	0	0	0

PWR_CR 是电源控制寄存器，位[8]即 DBP 位用于设置对备份区域寄存器和 RTC 的访问。在复位后，RTC 和备份区域寄存器处于被保护状态，防止意外写入。

PWR 寄存器的结构体 PWR_TypeDef 定义在库文件 stm32f40x.h 中，代码如下：

```
typedef struct
{
    __IO uint32_t CR;          // PWR 电源控制寄存器，偏移地址：0x00
    __IO uint32_t CSR;         // PWR 电源控制状态寄存器，偏移地址：0x04
} PWR_TypeDef;
//别名区域中的外围设备基地址
#define PERIPH_BASE              ((uint32_t)0x40000000)
#define APB1PERIPH_BASE          PERIPH_BASE
#define PWR_BASE                 (APB1PERIPH_BASE + 0x7000)
#define PWR                      ((PWR_TypeDef *) PWR_BASE)
//PWR 寄存器的存储映射首地址是 0x40007000
```

7.2.4 RTC 寄存器

RTC 相关寄存器及其功能如表 7.7 所示。RTC 寄存器映射和复位值如表 7.8 所示。

表 7.7   RTC 相关的寄存器及其功能

寄 存 器	功 能
RTC 校准寄存器(RTC_CALIBR)	用于校准 RTC 时钟
RTC 闹钟 A 寄存器(RTC_ALRMAR)	用于设置 RTC 的闹钟 A
RTC 闹钟 B 寄存器(RTC_ALRMBR))	用于设置 RTC 的闹钟 B
RTC 写保护寄存器(RTC_WPR)	保护 RTC 时钟不被随意修改
RTC 亚秒寄存器(RTC_SSR)	用于设置亚秒的寄存器
RTC 平移控制寄存器(RTC_SHIFTR)	用于平移控制的寄存器
RTC 时间戳时间寄存器(RTC_TSTR)	记录某一时间发生事件的功能
RTC 时间戳日期寄存器(RTC_TSDR)	记录某一日期发生事件的功能
RTC 时间戳亚秒寄存器(RTC_TSSSR)	记录某一亚秒发生事件的功能
捕获/比较寄存器 3 (TIMx_CCR3)	保存捕获/比较通道 3 的计数值
捕获/比较寄存器 4 (TIMx_CCR4)	保存捕获/比较通道 4 的计数值
RTC 校准寄存器(RTC_CALR)	用于校准 RTC 时钟
DMA 控制寄存器(TIMx_DCR)	用于控制 DMA 操作
RTC 闹钟 A 亚秒寄存器(RTC_ALRMASSR)	RTC 闹钟 A 的亚秒寄存器
RTC 闹钟 B 亚秒寄存器(RTC_ALRMBSSR)	RTC 闹钟 B 的亚秒寄存器

表 7.8　RTC 寄存器映射和复位值

偏移地址	寄存器名称	31	30	29	28	27	26	25	24	23	22	21	20	19	18	17	16	15	14	13	12	11	10	9	8	7	6	5	4	3	2	1	0
0x18	RTC_CALIBR	保留																								DCS	保留		DC[4:0]				
	复位值																									0			0	0	0	0	0
0x1C	RTC_ALRMAR	MSK4	WDSEL	DT[1:0]		DU[3:0]				MSK3	PM	HT[1:0]		HU[3:0]				MSK2	MNT[2:0]			MNU[3:0]				MSK1	ST[2:0]			SU[3:0]			
	复位值	0	0	0	0	0	0	0	0	0	0	0	0	0	0	0	0	0	0	0	0	0	0	0	0	0	0	0	0	0	0	0	0
0x20	RTC_ALRMBR	MSK4	WDSEL	DT[1:0]		DU[3:0]				MSK3	PM	HT[1:0]		HU[3:0]				MSK2	MNT[2:0]			MNU[3:0]				MSK1	ST[2:0]			SU[3:0]			
	复位值	0	0	0	0	0	0	0	0	0	0	0	0	0	0	0	0	0	0	0	0	0	0	0	0	0	0	0	0	0	0	0	0
0x24	RTC_WPR	保留																								KEY[7:0]							
	复位值																									0	0	0	0	0	0	0	0
0x28	RTC_SSR	保留																SS[15:0]															
	复位值																	0	0	0	0	0	0	0	0	0	0	0	0	0	0	0	0
0x2C	RTC_SHIFTR	ADD1S	保留																SUBFS[14:0]														
	复位值	0																	0	0	0	0	0	0	0	0	0	0	0	0	0	0	0
0x30	RTC_TSTR	保留									PM	HT[1:0]		HU[3:0]				保留	MNT[2:0]			MNU[3:0]				保留	ST[2:0]			SU[3:0]			
	复位值										0	0	0	0	0	0	0		0	0	0	0	0	0	0		0	0	0	0	0	0	0
0x38	RTC_TSSSR	保留																SS[15:0]															
	复位值																	0	0	0	0	0	0	0	0	0	0	0	0	0	0	0	0
0x3C	RTC_CALR	保留															CALP	CALW8	CALW16	保留					CALM[8:0]								
	复位值																0	0	0						0	0	0	0	0	0	0	0	0

7.3　STM32 系统定时器

Cortex-M4 内核包含了一个系统定时器(SysTick)。SysTick 是一个 24 位的向下计数定时器，当计数到 0 时，将从 SysTick 重装载值寄存器(STK_LOAD)中自动重装载定时初值。只要不清除 SysTick 控制及状态寄存器中的使能位，SysTick 就会一直工作，如图 7.8 所示。

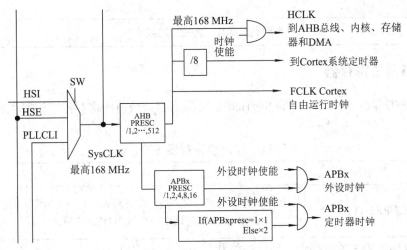

图 7.8　STM32 时钟树中 SysTick 的时钟源

SysTick 的主要优点在于精确定时的同时不占用系统资源。对于 STM32 系列单片机来说，执行一条指令只有数十纳秒，使用 for 循环延时，很难计算出精确的延时值，而利用 SysTick 可实现精确的定时。SysTick 的时钟频率是 21 MHz，是系统时钟 168 MHz 经过 8 分频后得到的。如果把计数值设置为 21 000，就能产生 1 ms 的时间基准，可以用来作为延时的时间基准。

7.3.1　控制与状态寄存器

STK_CTRL 是 SysTick 的控制与状态寄存器，用于控制 SysTick 功能设置和查看 SysTick 状态。其功能描述如表 7.9 所示。

表 7.9　控制与状态寄存器 STK_CTRL

寄存器位	描　述
COUNTFLAG	如果上次读取本寄存器值后，SysTick 已经数到 0，则该位置 1。如果读取该位，该位将自动清零
CLKSOURCE	进行时钟分频选择： 0 = HCLH/8； 1 = HCLH
TICKINT	1 表示 SysTick 倒数到 0 时，产生 SysTick 异常请求； 0 表示数到 0 时无动作
ENABLE	SysTick 定时器使能位

7.3.2　重装载寄存器

和普通的定时器一样，SysTick 定时器有一个重装载寄存器 STK_LOAD，用于设置 SysTick 计数器的比较值。该寄存器描述如表 7.10 所示。

表 7.10　重装载寄存器 STK_LOAD

寄存器位	描　述
RELOAD	当倒数到零时，将被重装载值

7.3.3　当前值寄存器

当前值寄存器 STK_VAL 是 SysTick 定时器保存计数值的寄存器。该寄存器描述如表 7.11 所示。

表 7.11　当前值寄存器 STK_VAL

寄存器位	描　述
CURRENT	读取时返回当前计数的值，向其写入值则使之清零，同时还会清除在 SysTick 控制寄存器中的 COUNTFLAG 标志

与 SysTick 相关的寄存器的地址映像和复位值如表 7.12 所示。

表 7.12　SysTick 相关寄存器的地址映像和复位值

偏移地址	寄存器名称	31–17	16	15–3	2	1	0
0x00	STK_CTRL	保留	COUNTFLAG	保留	CLKSOURCE	TICK INT	EN ABLE
	复位值		0		1	0	0

偏移地址	寄存器名称	31–24	23–0
0x04	STK_LOAD	保留	RELOAD[23:0]
	复位值		0000000000000000000000000000
0x08	STK_VAL	保留	CURRENT[23:0]
	复位值		0000000000000000000000000000
0x0C	STK_CALIB	保留	TENMS[23:0]
	复位值		0000000000000000000000000000

SysTick 寄存器的结构体 SysTick_Type 定义在 core_cm3.h 文件中，代码如下：

```
typedef struct
{
    __IO uint32_t CTRL;         //偏移：0x000 (R/W)  SysTick 控制与状态寄存器
    __IO uint32_t LOAD;         //偏移：0x004 (R/W)  SysTick 重装载寄存器
    __IO uint32_t VAL;          //偏移：0x008 (R/W)  SysTick 计数值寄存器
    __I  uint32_t CALIB;        //偏移：0x00C (R/W)  SysTick 校准寄存器
} SysTick_Type;
#define SCS_BASE            (0xE000E000UL)
#define SysTick_BASE        (SCS_BASE +   0x0010UL)
#define SysTick             ((SysTick_Type    *)      SysTick_BASE   )
```

SysTick 寄存器的存储映射首地址为 0xE000E010，代码中宏定义的值与结构体中变量对应的相关寄存器地址一致。

7.4　STM32 定时器应用案例

定时器可以实现多种功能，下面将在 5 个不同的应用案例中讲解定时器的不同实现方式。这 5 个案例分别是 TIMx 定时器、PWM(Pulse Width Modulation，脉冲宽度调制)输出、输入捕获、RTC 实时时钟和 SysTick 延时。

7.4.1　TIMx 应用案例

TIMx 应用案例分为 3 个，分别为 TIM2 定时器功能、PWM 输出和输入捕获。

1. TIM2 定时器的实现

实现功能：使用内部定时器 TIM2，以 1 s 的延时控制 LED 灯亮灭。

硬件原理图：硬件原理图与 GPIO 口控制 LED 灯的电路图一致。

程序分析：要通过 TIM 定时器控制 LED 灯，除了要配置定时器功能外，还需要配置 GPIO 口来控制 LED 灯。关于控制 LED 灯实现开启或关闭部分，读者可查阅本书第 5 章内容，这里不再赘述。下面将详细讲解如何使用定时器实现精准延时，具体步骤如下。

(1) 打开 TIM2 时钟。TIM2 是挂载在 APB1 上的，所以要使用 APB1 总线的时钟使能函数来打开 TIM2 的时钟。代码如下：

```
//打开 TIM2 时钟
RCC_APB1PeriphClockCmd(RCC_APB1Periph_TIM2,ENABLE);
```

(2) 初始化定时器参数，设置自动重装值、分频系数、计数方式等。使用以下函数来实现：

```
voidTIM_TimeBaseInit(TIM_TypeDef*TIMx,TIM_TimeBaseInitTypeDef*
TIM_TimeBaseInitStruct);
```

定义 TIM_TimeBaseInitTypeDef 结构体变量，并进行赋值，代码如下：

```
TIM_TimeBaseInitTypeDef TIM_TimeBaseStructure;
TIM_TimeBaseStructure.TIM_Period = 5000;
TIM_TimeBaseStructure.TIM_Prescaler =7199;
TIM_TimeBaseStructure.TIM_ClockDivision = TIM_CKD_DIV1;
TIM_TimeBaseStructure.TIM_CounterMode = TIM_CounterMode_Up;

TIM_TimeBaseInit(TIM2, &TIM_TimeBaseStructure);
```

(3) 设置 TIM2_DIER 允许更新中断。使用定时器中断配置函数 TIM_ITConfig()使能定时器中断，并设置定时器中断的触发方式。该函数如下：

```
void TIM_ITConfig(TIM_TypeDef* TIMx, uint16_t TIM_IT, FunctionalState NewState);
```

该函数的第一个参数是 TIM2，第二个参数为定时器的触发方式 TIM_IT_Update 或 TIM_IT_Trigger，第三个参数为中断使能或者失能。该函数调用形式如下：

```
TIM_ITConfig(TIM2,TIM_IT_Update,ENABLE );
```

(4) TIM2 中断优先级设置。使能定时器中断后，还要通过 NVIC 来设置中断相关的寄存器，读者可参考 NVIC 结构预配置部分，这里不再赘述。

(5) 使能 TIM2，允许 TIM2 工作。开启定时器，通过 TIM2_CR1 的 CEN 位来设置。在固件库中使能定时器是通过 TIM_Cmd 函数来实现的：

```
VoidTIM_Cmd(TIM_TypeDef* TIMx, FunctionalState NewState)
```

将函数赋值正确的参数，编写代码如下：

```
TIM_Cmd(TIM2, ENABLE);     //开启 TIMx 外设
```

(6) 编写中断服务函数。中断服务函数中除了要实现亮灯的功能外，还要调用清除中

断标志位函数。该函数类型如下：

```
void TIM_ClearITPendingBit(TIM_TypeDef* TIMx, uint16_t TIM_IT)
```

经过这 6 个步骤，就可以实现通过通用定时器更新中断，来控制 LED 灯亮灭。实现代码在 time.c 文件中，具体如下：

```
//通用定时器 2 中断初始化
//arr：自动重装载值
//psc：时钟预分频数
//定时器溢出时间计算方法：Tout=((arr+1)*(psc+1))/Ft us
//Ft 为定时器工作频率，单位：MHz
//这里使用的是定时器 2
void TIM2_Int_Init(u16 arr,u16 psc)
{
    TIM_TimeBaseInitTypeDef TIM_TimeBaseInitStructure;
    NVIC_InitTypeDef NVIC_InitStructure;
    //使能 TIM2 时钟
    RCC_APB1PeriphClockCmd(RCC_APB1Periph_TIM2,ENABLE);

    TIM_TimeBaseInitStructure.TIM_Period = arr;        //自动重装载值
    TIM_TimeBaseInitStructure.TIM_Prescaler=psc;       //定时器分频
    //向上计数模式
    TIM_TimeBaseInitStructure.TIM_CounterMode=TIM_CounterMode_Up;
    TIM_TimeBaseInitStructure.TIM_ClockDivision=TIM_CKD_DIV1;
    TIM_TimeBaseInit(TIM2,&TIM_TimeBaseInitStructure);          //初始化 TIM2
    TIM_ITConfig(TIM2,TIM_IT_Update,ENABLE);                    //允许定时器 2 更新中断
    TIM_Cmd(TIM2,ENABLE);                                       //使能定时器 2

    NVIC_InitStructure.NVIC_IRQChannel=TIM2_IRQn;               //定时器 2 中断
    NVIC_InitStructure.NVIC_IRQChannelPreemptionPriority=0x01;
    //抢占优先级 1
    NVIC_InitStructure.NVIC_IRQChannelSubPriority=0x03;         //子优先级 3
    NVIC_InitStructure.NVIC_IRQChannelCmd=ENABLE;
    NVIC_Init(&NVIC_InitStructure);
}

//定时器 2 中断服务函数
void TIM2_IRQHandler(void)
{
    if(TIM_GetITStatus(TIM2,TIM_IT_Update)==SET)               //溢出中断
```

```
    {
        LED1 = !LED1;              //DS1 翻转
    }
    TIM_ClearITPendingBit(TIM2,TIM_IT_Update);              //清除中断标志位
}
```

time.h 文件的内容为包含相应的头文件和函数声明：

```
#ifndef _TIMER_H
#define _TIMER_H
#include "sys.h"
void TIM2_Int_Init(u16 arr,u16 psc);
#endif
```

2. PWM 输出

PWM 是脉冲宽度调制技术，简称脉宽调制，是利用微处理器的数字输出来对模拟电路进行控制的一种非常有效的技术。

当定时器工作在向上计数 PWM 模式，且当 CNT<CCRx 时，输出 0；当 CNT≥CCRx 时，输出 1，就可以得到如图 7.9 所示的 PWM 示意图。当 CNT 值小于 CCRx 时，I/O 输出低电平(0)；当 CNT 值大于等于 CCRx 时，I/O 输出高电平(1)；当 CNT 达到 ARR 值时，CNT 重新归零，然后重新向上计数，依次循环。改变 CCRx 的值，就可以改变 PWM 输出的占空比；改变 ARR 的值，就可以改变 PWM 输出的频率，这就是 PWM 输出的原理。

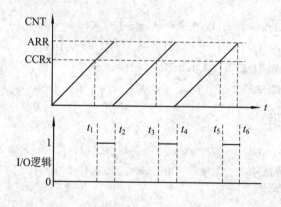

图 7.9　PWM 原理示意图

除了 TIM6 和 TIM7，STM32F407ZGT6 的其他定时器都可以用来产生 PWM 输出。其中，高级定时器 TIM1 和 TIM8 可以同时产生多达 7 路的 PWM 输出，而通用定时器能同时产生多达 4 路的 PWM 输出。这里以仅使用 TIM14 的 CH1 产生一路 PWM 输出为例。

实现功能：使用内部定时器 TIM14 输出 PWM 波，来控制 LED 灯的亮度由明到暗，再由暗到明。

硬件原理图：硬件原理图与 GPIO 口控制 LED 灯的电路图一致。

程序分析：通过改变 PWM 波输出的占空比来改变电压的大小，从而实现灯光亮度由亮到灭再由灭到亮。

具体步骤如下：

(1) 开启 TIM14 和 GPIO 时钟，配置 PF9 选择复用功能 AF9(TIM14)输出。代码如下：

```
//TIM14 时钟使能
RCC_APB1PeriphClockCmd(RCC_APB1Periph_TIM14,ENABLE);
GPIO_InitStructure.GPIO_Mode = GPIO_Mode_AF;        //复用功能
//GPIOF9 复用为定时器 14
GPIO_PinAFConfig(GPIOF,GPIO_PinSource9,GPIO_AF_TIM14);
```

(2) 初始化 TIM14，设置 TIM14 的 ARR 和 PSC 等参数。由于 PWM 输出也是通过定时器实现的，所以此处的设置和基本定时器的一致。代码如下：

```
TIM_TimeBaseStructure.TIM_Period = arr;              //设置自动重装载值
TIM_TimeBaseStructure.TIM_Prescaler =psc;            //设置预分频值
//设置时钟分割：TDTS = Tck_tim
TIM_TimeBaseStructure.TIM_ClockDivision = 0;
//向上计数模式
TIM_TimeBaseStructure.TIM_CounterMode = TIM_CounterMode_Up;
//根据指定的参数初始化 TIMx
TIM_TimeBaseInit(TIM3, &TIM_TimeBaseStructure);
```

(3) 设置 TIM14_CH1 的 PWM 模式，使能 TIM14 的 CH1 输出。

首先，设置 TIM14_CH1 为 PWM 模式(默认是冻结的)，通过配置 TIM14_CCMR1 的相关位来控制 TIM14_CH1 的模式。当 CCR1 的值变小时，LED1 会越暗；当 CCR1 值变大时，LED1 会越亮。在库函数中，PWM 通道设置是通过函数 TIM_OC1Init()~TIM_OC4Init()来设置的，不同的通道，其设置函数是不一样的。这里以定时器 14 的通道 1 为例，使用函数 TIM_OC1Init()对定时器 14 进行初始化。该函数原型如下：

```
void TIM_OC1Init(TIM_TypeDef* TIMx, TIM_OCInitTypeDef* TIM_OCInitStruct);
```

该函数的第一个参数 TIMx 为 TIM14，第二个参数 TIM_OCInitStruct 为 TIM_OCInitTypeDef 结构体变量，其定义如下：

```
typedef struct
{
    uint16_t TIM_OCMode;            //设置模式是 PWM 还是输出比较
    //用来设置比较输出使能，即使能 PWM 输出到端口
    uint16_t TIM_OutputState;
    uint16_t TIM_OutputNState;
    uint16_t TIM_Pulse;
    uint16_t TIM_OCPolarity;        //用来设置极性是高还是低
    uint16_t TIM_OCNPolarity;
    uint16_t TIM_OCIdleState;
    uint16_t TIM_OCNIdleState;
```

```
} TIM_OCInitTypeDef;
```

实现生成 PWM 波的功能代码如下：

```
TIM_OCInitTypeDef TIM_OCInitStructure;              //选择模式 PWM
TIM_OCInitStructure.TIM_OCMode = TIM_OCMode_PWM1;
TIM_OCInitStructure.TIM_OutputState = TIM_OutputState_Enable;      //使能输出
TIM_OCInitStructure.TIM_OCPolarity = TIM_OCPolarity_Low;          //输出极性低
TIM_OC1Init(TIM14, &TIM_OCInitStructure);
//根据指定参数初始化外设 TIM1 4OC1
```

（4）使能 TIM14，使用 TIM_Cmd()函数进行使能设置。代码如下：

```
TIM_Cmd(TIM14, ENABLE);            //使能 TIM14
```

（5）修改 TIM14_CCR1 来控制占空比。

经过上述设置后，TIM14 就可以输出 PWM 波了，但该 PWM 波的占空比和频率是固定的，需要通过修改 TIM14_CCR1 来控制 CH1 的输出占空比，继而控制 LED1 的亮度。

在库函数中，修改 TIM14_CCR1 占空比的函数是：

```
void TIM_SetCompare1(TIM_TypeDef* TIMx, uint16_t Compare2);
```

pwm.c 文件中定义了实现 PWM 相关的函数，具体代码如下：

```
//TIM14 PWM 部分初始化
//PWM 输出初始化
//arr：自动重装载值
//psc：时钟预分频数
void TIM14_PWM_Init(u32 arr,u32 psc)
{
    //此部分需手动修改 I/O 口设置
    GPIO_InitTypeDef GPIO_InitStructure;
    TIM_TimeBaseInitTypeDef   TIM_TimeBaseStructure;
    TIM_OCInitTypeDef    TIM_OCInitStructure;

    //TIM14 时钟使能
    RCC_APB1PeriphClockCmd(RCC_APB1Periph_TIM14,ENABLE);
    RCC_AHB1PeriphClockCmd(RCC_AHB1Periph_GPIOF, ENABLE);
    //使能 GPIOF9 时钟
    GPIO_PinAFConfig(GPIOF,GPIO_PinSource9,GPIO_AF_TIM14);
    //GPIOF9 复用为定时器 14
    GPIO_InitStructure.GPIO_Pin = GPIO_Pin_9;              //GPIOF9
    GPIO_InitStructure.GPIO_Mode = GPIO_Mode_AF;          //复用功能
    GPIO_InitStructure.GPIO_Speed = GPIO_Speed_100MHz;    //速度 100 MHz
    GPIO_InitStructure.GPIO_OType = GPIO_OType_PP;        //推挽复用输出
    GPIO_InitStructure.GPIO_PuPd = GPIO_PuPd_UP;          //上拉
```

```
    GPIO_Init(GPIOF,&GPIO_InitStructure);                          //初始化 GPIOF9
    TIM_TimeBaseStructure.TIM_Prescaler = psc;                     //定时器分频
    //向上计数模式
    TIM_TimeBaseStructure.TIM_CounterMode=TIM_CounterMode_Up;
    TIM_TimeBaseStructure.TIM_Period=arr;                          //自动重装载值
    TIM_TimeBaseStructure.TIM_ClockDivision=TIM_CKD_DIV1;
    TIM_TimeBaseInit(TIM14,&TIM_TimeBaseStructure);                //初始化定时器 14
    //初始化 TIM14 通道 1 PWM 模式
    TIM_OCInitStructure.TIM_OCMode = TIM_OCMode_PWM1;
    //选择定时器模式：TIM 脉冲宽度调制模式 2
    TIM_OCInitStructure.TIM_OutputState = TIM_OutputState_Enable;
    //比较输出使能
    TIM_OCInitStructure.TIM_OCPolarity = TIM_OCPolarity_Low;
    //输出极性:TIM 输出比较极性为低电平
    TIM_OC1Init(TIM14, &TIM_OCInitStructure);
    //根据 T 指定的参数初始化外设 TIM14 输出捕获 1 通道
    TIM_OC1PreloadConfig(TIM14, TIM_OCPreload_Enable);
    //使能 TIM14 在 CCR1 上的预装载寄存器
    TIM_ARRPreloadConfig(TIM14,ENABLE);                            //ARPE 使能
    TIM_Cmd(TIM14, ENABLE);                                        //使能 TIM14
}
```

3. 输入捕获

实现功能：使用定时器 5 的捕获功能捕获输入的 PWM 波。

硬件原理图：使用杜邦线连接 PF9 和 PA0。

程序分析：通过 TIM 的输入捕获功能，来检测 PWM 波的波形。关于 PWM 波输出部分，可查阅 PWM 输出部分，这里不再赘述。下面的代码是通过编程实现输入捕获功能，相关代码的实现都在 pwm.c 文件中。

```
TIM_ICInitTypeDef TIM5_ICInitStructure;
//定时器 5 通道 1 输入捕获配置
//arr：自动重装载值(TIM2,TIM5 是 32 位的)
//psc：时钟预分频数
void TIM5_CH1_Cap_Init(u32 arr,u16 psc)
{
    GPIO_InitTypeDef GPIO_InitStructure;
    TIM_TimeBaseInitTypeDef TIM_TimeBaseStructure;
    NVIC_InitTypeDef NVIC_InitStructure;
    //TIM5 时钟使能
    RCC_APB1PeriphClockCmd(RCC_APB1Periph_TIM5,ENABLE);
```

```
//使能 GPIOA0 时钟
RCC_AHB1PeriphClockCmd(RCC_AHB1Periph_GPIOA, ENABLE);
GPIO_InitStructure.GPIO_Pin = GPIO_Pin_0;                    //GPIOA0
GPIO_InitStructure.GPIO_Mode = GPIO_Mode_AF;                 //复用功能
GPIO_InitStructure.GPIO_Speed = GPIO_Speed_100MHz;          //速度 100 MHz
GPIO_InitStructure.GPIO_OType = GPIO_OType_PP;              //推挽复用输出
GPIO_InitStructure.GPIO_PuPd = GPIO_PuPd_DOWN;             //下拉
GPIO_Init(GPIOA,&GPIO_InitStructure);                       //初始化 GPIOA0
GPIO_PinAFConfig(GPIOA,GPIO_PinSource0,GPIO_AF_TIM5);
// GPIOA0 复用位定时器 5
TIM_TimeBaseStructure.TIM_Prescaler = psc;                  //定时器分频
TIM_TimeBaseStructure.TIM_CounterMode = TIM_CounterMode_Up;
//向上计数模式
TIM_TimeBaseStructure.TIM_Period=arr;                       //自动重装载值
TIM_TimeBaseStructure.TIM_ClockDivision=TIM_CKD_DIV1;
TIM_TimeBaseInit(TIM5,&TIM_TimeBaseStructure);
TIM5_ICInitStructure.TIM_Channel = TIM_Channel_1;
//选择输入端 IC1 映射到 TI1 上
TIM5_ICInitStructure.TIM_ICPolarity = TIM_ICPolarity_Rising;    //上升沿捕获
TIM5_ICInitStructure.TIM_ICSelection = TIM_ICSelection_DirectTI;
//映射到 TI1 上
TIM5_ICInitStructure.TIM_ICPrescaler = TIM_ICPSC_DIV1;
//配置输入分频，不分频
TIM5_ICInitStructure.TIM_ICFilter = 0x00;         //设置输入比较滤波器控制位 IC1F=0,
                                                   配置为不滤波
TIM_ICInit(TIM5, &TIM5_ICInitStructure);          //配置 TIM5 输入捕获参数
TIM_ITConfig(TIM5,TIM_IT_Update|TIM_IT_CC1,ENABLE);
//允许更新和捕获中断
TIM_Cmd(TIM5,ENABLE );            //使能定时器 5
NVIC_InitStructure.NVIC_IRQChannel = TIM5_IRQn;
NVIC_InitStructure.NVIC_IRQChannelPreemptionPriority = 2;   //抢占优先级 2
NVIC_InitStructure.NVIC_IRQChannelSubPriority =0;          //响应优先级 0
NVIC_InitStructure.NVIC_IRQChannelCmd = ENABLE;           //IRQ 通道使能
NVIC_Init(&NVIC_InitStructure);          //根据指定的参数初始化 NVIC 寄存器
}
//捕获状态
//[7]:0，没有成功捕获；1，成功捕获到一次
//[6]:0，还没捕获到低电平；1，已经捕获到低电平
//[5:0]：捕获低电平后溢出的次数(对于 32 位定时器来说，1 μs 计数器加 1，溢出时间：为 4294 s)
```

```c
u8 TIM5CH1_CAPTURE_STA=0;                  //输入捕获状态
u32 TIM5CH1_CAPTURE_VAL;                   //输入捕获值(TIM2/TIM5 是 32 位)
//定时器 5 中断服务程序
void TIM5_IRQHandler(void)
{
    if((TIM5CH1_CAPTURE_STA&0x80)==0)                        //还未成功捕获
    {
        if(TIM_GetITStatus(TIM5, TIM_IT_Update) != RESET)//溢出
        {
            if(TIM5CH1_CAPTURE_STA&0x40)                     //已经捕获到高电平了
            {
                if((TIM5CH1_CAPTURE_STA&0x3F)==0x3F)         //高电平太长了
                {
                    TIM5CH1_CAPTURE_STA |= 0x80;             //标记成功捕获一次
                    TIM5CH1_CAPTURE_VAL = 0xFFFFFFFF;
                }else
                    TIM5CH1_CAPTURE_STA++;
            }
        }
        if(TIM_GetITStatus(TIM5, TIM_IT_CC1) != RESET)       //捕获 1 发生捕获事件
        {
            if(TIM5CH1_CAPTURE_STA&0x40)        //捕获到一个下降沿
            {
                TIM5CH1_CAPTURE_STA |= 0x80;        //标记成功捕获到一次高电平脉宽
                TIM5CH1_CAPTURE_VAL = TIM_GetCapture1(TIM5);
                //获取当前的捕获值
                TIM_OC1PolarityConfig(TIM5,TIM_ICPolarity_Rising);
                //设置上升沿捕获
            }else        //还未开始，第一次捕获上升沿
            {
                TIM5CH1_CAPTURE_STA=0;              //清空
                TIM5CH1_CAPTURE_VAL=0;
                TIM5CH1_CAPTURE_STA|=0x40;          //标记捕获到了上升沿
                TIM_Cmd(TIM5,ENABLE );             //使能定时器 5
                TIM_SetCounter(TIM5,0);            //计数器清空
                TIM_OC1PolarityConfig(TIM5,TIM_ICPolarity_Falling);
                //设置下降沿捕获
                TIM_Cmd(TIM5,ENABLE );             //使能定时器 5
            }
        }
```

```
        }
    }
    TIM_ClearITPendingBit(TIM5, TIM_IT_CC1|TIM_IT_Update);  //清除中断标志位
}
```

上述代码实现了 TIM5 通道 1 的输入捕获设置，这里重点分析中断服务函数。TIM5_IRQHandler 是 TIM5 的中断服务函数，该函数用到了两个全局变量，用于辅助实现高电平捕获。其中 TIM5CH1_CAPTURE_STA 用来记录捕获状态，它的定义描述如表 7.13 所示。

表 7.13　TIM5CH1_CAPTURE_STA 状态值

TIM5CH1_CAPTURE_STA		
位	b7	b6	b5～b0
功　能	捕获完成标志	捕获到高电平标志	捕获高电平后定时器溢出的次数

首先，设置 TIM5_CH1 捕获上升沿，这在 TIM5_CH1_Cap_Init 函数中已经设置好了，然后等待上升沿中断的到来。当捕获到上升沿中断时，如果 TIM5CH1_CAPTURE_ STA 的第 6 位为 0，表示还没有捕获到新的上升沿，则先把 TIM5CH1_CAPTURE_STA、TIM5CH1_CAPTURE_VAL 和计数器值 TIM5->CNT 等清零，然后再设置 TIM5CH1_CAPTURE_STA 的第 6 位为 1，标记捕获到高电平，最后设置为下降沿捕获，等待下降沿的到来。在等待下降沿到来期间，如果定时器发生了溢出，则在 TIM5CH1_CAPTURE_STA 中对溢出次数进行计数，当最大溢出次数到来时，就强制标记捕获完成。当下降沿到来时，先设置 TIM5CH1_CAPTURE_STA 第 7 位为 1，标记成功捕获一次高电平，然后读取此时定时器值到 TIM5CH1_CAPTURE_VAL，最后设置为上升沿捕获，回到初始状态。这样就完成了一次高电平的捕获，只要 TIM5CH1_CAPTURE_STA 的第 7 位一直为 1，就不会进行第二次捕获。main 函数处理完捕获数据后，将 TIM5CH1_CAPTURE_STA 置零，从而开启第二次捕获。main 函数的具体内容如下：

```
extern u8 TIM5CH1_CAPTURE_STA;              //输入捕获状态
extern u32
TIM5CH1_CAPTURE_VAL;                        //输入捕获值
int main(void)
{
    long long temp = 0;
    NVIC_PriorityGroupConfig(NVIC_PriorityGroup_2);        //设置系统中断优先级分组2
    delay_init(168);        //初始化延时函数
    uart_init(115 200);        //初始化串口波特率为 115 200 b/s
    TIM14_PWM_Init(500-1,84-1);
    //84 MHz/84=1 MHz 的计数频率计数到 500，频率为 1 MHz/500=2 kHz
    TIM5_CH1_Cap_Init(0xFFFF,84-1);               //以 84 MHz/84=1 MHz 的频率计数
    while(1)
```

```
        {
            delay_ms(10);
            TIM_SetCompare1(TIM14,TIM_GetCapture1(TIM14)+1);
            if(TIM_GetCapture1(TIM14)==300)TIM_SetCompare1(TIM14,0);
            if(TIM5CH1_CAPTURE_STA&0x80)        //成功捕获到了一次高电平
            {
                Temp = TIM5CH1_CAPTURE_STA&0X3F;
                Temp *= 0XFFFFFFFF;                 //溢出时间总和
                Temp += TIM5CH1_CAPTURE_VAL;  //得到总的高电平时间
                printf("HIGH:%lld us\r\n",temp);      //打印总的高电平时间
                TIM5CH1_CAPTURE_STA=0;          //开启下一次捕获
            }
        }
    }
}
```

main 函数通过设置 TIM5_CH1_Cap_Init(0xFFFF，84−1)，将 TIM5_CH1 的捕获计数器设计为 1 μs(捕获时间精度为 1 μs)计数一次，并设置重装载值为最大，以达到不让定时器溢出的作用(溢出时间为 $2^{32}−1$ μs)。主函数通过 TIM5CH1_CAPTURE_STA 的第 7 位，来判断有没有成功捕获到一次高电平，如果成功捕获，则将高电平时间通过串口输出显示在计算机端的串口助手上。

7.4.2　RTC 应用案例

实现功能：通过设置 RTC 寄存器，实现实时时钟的功能。

硬件原理图：RTC 时钟为芯片内部功能，通常使用纽扣电池为其提供电源。RTC 的原理图设计如图 7.10 所示。

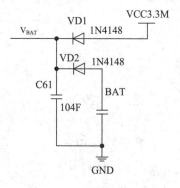

图 7.10　RTC 外部电源电路

程序分析：实现 RTC 实时时钟，需要通过配置 RTC 相关的寄存器，如日历时间和日期时间寄存器、可编程的闹钟、周期性自动唤醒。

RTC 正常工作的一般配置步骤如下：

(1) 使能电源时钟，并使能 RTC 及 RTC 备份寄存器写访问。电源时钟使能通过

RCC_APB1ENR 寄存器来设置；RTC 及 RTC 备份寄存器的写访问，通过 PWR_CR 寄存器的 DBP 位设置。

(2) 开启外部低速振荡器，选择 RTC 时钟并使能。

(3) 取消 RTC 写保护。在设置时间、日期及闹铃时，都要先取消 RTC 写保护，这个操作通过向寄存器 RTC_WPR 写入 0xCA 和 0x53 两个数据实现。

(4) 进入 RTC 初始化模式。对 RTC_PRER、RTC_TR 和 RTC_DR 等寄存器的写操作，必须先进入 RTC 初始化模式。通过设置 RTC_ISR 的 INIT 位进入 RTC 初始化模式，且必须等待 INITF 位为 1 才认为进入成功，才可以开始后续操作。

(5) 设置 RTC 的分频，以及配置 RTC 参数。进入 RTC 初始化模式后，要设置 RTC 时钟的分频数，可通过 RTC_PRER 寄存器进行设置，然后设置 RTC 的其他参数，如 24 小时制还是 12 小时制等。设置完后，退出 RTC 初始化模式。

相关代码的实现都在 rtc.c 文件中，具体如下：

```
//RT 初始化
//返回值：0,初始化成功
// 1，LSE 开启失败
// 2，进入初始化模式失败
u8 RTC_Init(void)
{
    u16 retry = 0x1FFF;
    RCC->APB1ENR |= 1<<28;          //使能电源接口时钟
    PWR->CR |= 1<<8;                //后备区域访问使能(RTC+SRAM)
    if(RTC_Read_BKR(0) != 0x5050)   //是否第一次配置?
    {
        RCC->BDCR |= 1<<0; //LSE 开启
        while(retry&&((RCC->BDCR&0x02)==0))
        //等待 LSE 准备好
        {
        retry--; delay_ms(5);
        }
        if(retry==0)return 1;       //LSE 开启失败
        RCC->BDCR |= 1<<8;          //选择 LSE，作为 RTC 的时钟
        RCC->BDCR |=1 <<15;         //使能 RTC 时钟
        RTC->WPR = 0xCA;            //关闭 RTC 寄存器写保护
        RTC->WPR = 0x53;
        if(RTC_Init_Mode())return 2; //进入 RTC 初始化模式
        RTC->PRER=0XFF;             //RTC 同步分频系数(0~7FFF),必须先设置同步分频
        //再设置异步分频，Frtc=Fclks/((Sprec+1)*(Asprec+1))
        RTC->PRER |= 0x7F<<16;      //RTC 异步分频系数(1~0x7F)
        RTC->CR &= ~(1<<6);         //RTC 设置为，24 小时格式
```

```
        RTC->ISR &= ~(1<<7);            //退出 RTC 初始化模式
        RTC->WPR = 0xFF;                //使能 RTC 寄存器写保护
        RTC_Set_Time(23,59,56,0);       //设置时间
        RTC_Set_Date(21,5,5,1);         //设置日期
        //RTC_Set_AlarmA(7,0,0,10);     //设置闹钟时间
        RTC_Write_BKR(0,0x5050);        //标记已经初始化过了
    }
    //RTC_Set_WakeUp(4,0);
    //配置 WAKE UP 中断，1 s 中断一次
    return 0;
}
```

该函数用来初始化 RTC 时钟，但只在第一次调用时设置时间，以后重新上电/复位都
不会再设置时间(备份域电池供电)。这里默认将时间设置为 21 年 5 月 5 日星期三 23 点 59
分 56 秒。在设置好时间后，向 RTC 的 BKR 寄存器(地址 0)写入标志字 0x5050，用于标记
时间已经被设置。这样，再次发生复位时，该函数通过判断 RTC 对应的 BKR 值，来决定
是不是需要重新设置时间，如果不需要设置，则跳过时间设置。设置时间和日期，分别是
通过 RTC_Set_Time 和 RTC_Set_Date 函数来实现的，具体代码如下：

```
//设置时钟
//RTC 时间设置
//hour,min,sec：小时，分钟，秒钟
//ampm:AM/PM,0=AM/24H,1=PM
//返回值：0，成功
// 1，进入初始化模式失败
u8 RTC_Set_Time(u8 hour,u8 min,u8 sec,u8 ampm)
{
    u32 temp = 0;
    //关闭 RTC 寄存器写保护
    RTC->WPR = 0xCA;
    RTC->WPR = 0x53;
    if(RTC_Init_Mode())return 1;        //进入 RTC 初始化模式失败
    Temp = (((u32)ampm&0x01)<<22)|((u32)RTC_DEC2BCD(hour)<<16)|((u32)
    RTC_DEC2BCD(min)<<8)|(RTC_DEC2BCD(sec));
    RTC->TR = temp;
    RTC->ISR &= ~(1<<7);                //退出 RTC 初始化模式
    return 0;
}
//RTC 日期设置
//year,month,date：年(0~99)，月(1~12)，日(0~31)
```

```
//week：星期(1~7, 0，非法!)
//返回值：0, 成功
// 1，进入初始化模式失败
u8 RTC_Set_Date(u8 year,u8 month,u8 date,u8 week)
{
    u32 temp = 0;                         //关闭 RTC 寄存器写保护
    RTC->WPR = 0xCA;
    RTC->WPR = 0x53;
    if(RTC_Init_Mode())return 1;          //进入 RTC 初始化模式失败
    Temp = (((u32)week&0x07)<<13)|((u32)RTC_DEC2BCD(year)<<16)|((u32)
    RTC_DEC2BCD(month)<<8)|(RTC_DEC2BCD(date));
    RTC->DR = temp;
    RTC->ISR &= ~(1<<7);                  //退出 RTC 初始化模式
    return 0;
}
```

    RTC_Set_Time()用于设置时间，RTC_Set_Date()用于设置日期。要配置这两个函数，需要先取消写保护，再进入初始化模式。另外，年份的范围是 0~99，当设置 2021 年时，直接取 21，加上 2000 就是正确的年份。

    RTC_Get_Time( )和 RTC_Get_Date( )分别用来获取时间和日期，具体代码如下：

```
//获取 RTC 时间
//*hour,*min,*sec：小时，分钟，秒钟
//*ampm:AM/PM,0=AM/24H,1=PM
void RTC_Get_Time(u8 *hour,u8 *min,u8 *sec,u8 *ampm)
{
    u32 temp = 0;
    while(RTC_Wait_Synchro());            //等待同步
    Temp = RTC->TR;
    *hour = RTC_BCD2DEC((temp>>16)&0x3F);
    *min = RTC_BCD2DEC((temp>>8)&0x7F);
    *sec = RTC_BCD2DEC(temp&0x7F);
    *ampm = temp>>22;
}
//获取 RTC 日期
//*year,*mon,*date: 年，月，日
//*week：星期
void RTC_Get_Date(u8 *year,u8 *month,u8 *date,u8 *week)
{
    u32 temp = 0;
```

```
    while(RTC_Wait_Synchro());              //等待同步
    Temp = RTC->DR;
    *year = RTC_BCD2DEC((temp>>16)&0xFF);
    *month = RTC_BCD2DEC((temp>>8)&0x1F);
    *date = RTC_BCD2DEC(temp&0x3F);
    *week = (temp>>13)&0x07;
}
```

这两个函数都是先等待同步，后读取 RTC_TR 或 RTC_DR 的值，并调用 RTC_BCD2DEC()函数，将 BCD 码转换成十进制，以得到当前的时间或日期。

RTC_Set_AlarmA()函数可以设置 RTC 闹钟，其代码如下：

```
//设置闹钟时间(按星期闹铃，24 小时制)
//week：星期几
//hour,min,sec：小时，分钟，秒钟
void RTC_Set_AlarmA(u8 week,u8 hour,u8 min,u8 sec)
{
    RTC->WPR = 0xCA;                              //关闭 RTC 寄存器写保护
    RTC->WPR = 0x53;
    RTC->CR& =~ (1<<8);                           //关闭闹钟 A
    while((RTC->ISR&0x01)==0);                    //等待闹钟 A 修改允许
    RTC->ALRMAR = 0;                             //清空原来设置
    RTC->ALRMAR |= 1<<30;                        //按星期闹铃
    RTC->ALRMAR |= 0<<22;                        //24 小时制
    RTC->ALRMAR |= (u32)RTC_DEC2BCD(week)<<24   //星期设置
    RTC->ALRMAR |= (u32)RTC_DEC2BCD(hour)<<16;  //小时设置
    RTC->ALRMAR |= (u32)RTC_DEC2BCD(min)<<8;    //分钟设置
    RTC->ALRMAR |= (u32)RTC_DEC2BCD(sec);       //秒钟设置
    RTC->ALRMASSR = 0;                           //不使用 SUB SEC
    RTC->CR |=1 <<12;                            //开启闹钟 A 中断
    RTC->CR |=1 <<8;                             //开启闹钟 A
    RTC->WPR = 0xFF;                             //禁止修改 RTC 寄存器
    RTC->ISR &= ~(1<<8);                         //清除 RTC 闹钟 A 的标志
    EXTI->PR = 1<<17;                            //清除 LINE17 上的中断标志位
    EXTI->IMR |= 1<<17;                          //开启 LINE 17 上的中断
    EXTI->RTSR |= 1<<17;                         // LINE 17 上事件上升降沿触发
    MY_NVIC_Init(2,2,RTC_Alarm_IRQn,2);         //抢占 2，子优先级 2，组 2
}
```

该函数用于设置闹钟 A，先取消写保护，然后等待闹钟 A 可配置后，设置 ALRMAR 和 ALRMASSR 寄存器的值，来设置闹钟时间。最后，开启闹钟 A 中断，并设置中断分组。

当 RTC 时间和闹钟 A 设置时间完全匹配时，将产生闹钟中断。

RTC_Set_WakeUp()函数用于设置定时器周期性唤醒，其代码如下：

```
//周期性唤醒定时器设置
//wksel:000,RTC/16;001,RTC/8;010,RTC/4;011,RTC/2
// 10x,ck_spre,1Hz;11x,1Hz,且 cnt 值增加 2^16(即 cnt+2^16)
//注意:RTC 就是 RTC 的时钟频率, 即 RTCCLK!
//cnt:自动重装载值。减到 0, 产生中断
void RTC_Set_WakeUp(u8 wksel,u16 cnt)
{
    RTC->WPR = 0xCA;                    //关闭 RTC 寄存器写保护
    RTC->WPR = 0x53;                    //关闭 WAKE UP
    RTC->CR &= ~(1<<10);
    while((RTC->ISR&0x04)==0);          //等待 WAKE UP 修改允许
    RTC->CR &= ~(7<<0);                 //清除原来的设置
    RTC->CR |= wksel&0x07;              //设置新的值
    RTC->WUTR = cnt;                    //设置 WAKE UP 自动重装载寄存器值
    RTC->ISR &= ~(1<<10);              //清除 RTC WAKE UP 的标志
    RTC->CR |= 1<<14;                   //开启 WAKE UP 定时器中断
    RTC->CR |= 1<<10;                   //开启 WAKE UP 定时器
    RTC->WPR = 0xFF;                    //禁止修改 RTC 寄存器
    EXTI->PR = 1<<22;                   //清除 LINE22 上的中断标志位
    EXTI->IMR |= 1<<22;                 //开启 LINE 22 上的中断
    EXTI->RTSR |= 1<<22;                // LINE 22 上事件上升降沿触发
    MY_NVIC_Init(2,2,RTC_WKUP_IRQn,2); //抢占 2, 子优先级 2, 组 2
}
```

该函数用于设置 RTC 周期性唤醒定时器，步骤同 RTC_Set_AlarmA。周期性唤醒中断连接在外部中断线 22。设置完中断后，还要编写中断服务函数，代码如下：

```
void RTC_Alarm_IRQHandler(void)        //RTC 闹钟中断服务函数
{
    if(RTC->ISR&(1<<8))                 //判断是否为 ALARM A 中断
    {
        RTC->ISR &= ~(1<<8);            //清除中断标志
        printf("ALARM A!\r\n");
    }
    EXTI->PR |= 1<<17;                  //清除中断线 17 的中断标志
}

void RTC_WKUP_IRQHandler(void)         //RTC WAKE UP 中断服务函数
```

```
{
    if(RTC->ISR & (1<<10))                    //判断是否为 WK_UP 中断
    {
        RTC->ISR &= ~(1<<10);                 //清除中断标志
        LED1 = !LED1;
    }
    EXTI->PR|=1<<22;                          //清除中断线 22 的中断标志
}
```

其中，RTC_Alarm_IRQHandler()函数用于闹钟中断，该函数先判断中断类型，然后执行对应操作。当闹钟 A 响铃时，串口会打印一个 "ALARM A!" 的字符串。RTC_WKUP_IRQHandler()函数用于 RTC 自动唤醒定时器中断，先判断中断类型，然后对LED1 取反操作，通过观察 LED1 的状态来查看 RTC 自动唤醒中断的情况。

rtc.h 文件是 RTC 相关函数的声明，其代码如下：

```
#ifndef __RTC_H
#define __RTC_H
#include "sys.h"

u8 RTC_Init(void);                                    //RTC 初始化
u8 RTC_Wait_Synchro(void);                            //等待同步
u8 RTC_Init_Mode(void);                               //进入初始化模式
void RTC_Write_BKR(u32 BKRx,u32 data);                //写后备区域 SRAM
u32 RTC_Read_BKR(u32 BKRx);                           //读后备区域 SRAM
u8 RTC_DEC2BCD(u8 val);                               //十进制转换为 BCD 码
u8 RTC_BCD2DEC(u8 val);                               //BCD 码转换为十进制数据
u8 RTC_Set_Time(u8 hour,u8 min,u8 sec,u8 ampm);       //RTC 时间设置
u8 RTC_Set_Date(u8 year,u8 month,u8 date,u8 week);    //RTC 日期设置
void RTC_Get_Time(u8 *hour,u8 *min,u8 *sec,u8 *ampm); //获取 RTC 时间
void RTC_Get_Date(u8 *year,u8 *month,u8 *date,u8 *week); //获取 RTC 日期
void RTC_Set_AlarmA(u8 week,u8 hour,u8 min,u8 sec);
//设置闹钟(按星期闹铃，24 小时制)
void RTC_Set_WakeUp(u8 wksel,u16 cnt);                //周期性唤醒定时器设置
u8 RTC_Get_Week(u16 year,u8 month,u8 day);
//根据输入的年月日，计算当日所属星期几
#endif
```

接下来，在 test.c 文件中编写测试代码如下：

```
int main(void)
{
    u8 hour,min,sec,ampm;
```

```
u8 year,month,date,week;
u8 tbuf[40];
u8 t = 0;
Stm32_Clock_Init(336,8,2,7);                    //设置时钟，168 MHz
delay_init(168);                                //延时初始化
uart_init(84,115200);                           //初始化串口波特率为 115 200 b/s
usmart_dev.init(84);                            //初始化 USMART
LED_Init();                                     //初始化 LED
LCD_Init();                                      //初始化 LCD
RTC_Init();                                     //初始化 RTC
RTC_Set_WakeUp(4,0);                            //配置 WAKE UP 中断，1 s 中断一次
POINT_COLOR = RED;
LCD_ShowString(30,50,200,16,16,"TEST STM32F4");
LCD_ShowString(30,70,200,16,16,"RTC TEST");
while(1)
{
    t++;
    if((t%10)==0)                               //每 100 ms 更新一次显示数据
    {
        RTC_Get_Time(&hour,&min,&sec,&ampm);
        sprintf((char*)tbuf,"Time:%02d:%02d:%02d",hour,min,sec);
        LCD_ShowString(30,140,210,16,16,tbuf);
        RTC_Get_Date(&year,&month,&date,&week);
        sprintf((char*)tbuf,"Date:20%02d-%02d-%02d",year,month,date);
        LCD_ShowString(30,160,210,16,16,tbuf);
        sprintf((char*)tbuf,"Week:%d",week);
        LCD_ShowString(30,180,210,16,16,tbuf);
    }
        if((t%20)==0)LED0 = !LED0;              //每 200 ms 翻转一次 LED0
        delay_ms(10);
    }
}
```

通过函数 RTC_Set_WakeUp(4,0)，设置 RTC 周期性自动唤醒周期为 1 s，类似 STM32F407 秒钟中断。然后，在 main 函数中不断读取 RTC 的时间和日期(每 100 ms 一次)，并通过 LCD 显示或者串口输出到上位机。

7.4.3　SysTick 应用案例

实现功能：通过 SysTick 定时器实现延时函数的功能。

硬件原理图：SysTick 定时器是 STM32 内核自带的，无需硬件原理图设计。

程序分析：SysTick 定时器作为延时函数使用，可以通过设置功能寄存器实现。

以 SysTick 定时器作为延时函数为例，delay_init( )初始化延时函数代码如下：

```
//初始化延时函数
//当使用 μcOS 时，此函数会初始化 μcOS 的时钟节拍
//SysTick 的时钟设置为 AHB 时钟的 1/8
//SYSCLK：系统时钟
void delay_init(u8 SYSCLK)
{
    #ifdef OS_CRITICAL_METHOD
    //如果定义了宏 OS_CRITICAL_METHOD，则表示程序使用了 μc/OS-Ⅱ操作系统
    u32 reload;
    #endif
    SysTick->CTRL &= ~(1<<2);          //SYSTICK 使用外部时钟源
    fac_us = SYSCLK/8;                 //不论是否使用 ucos,fac_us 都需要使用
    #ifdef OS_CRITICAL_METHOD
    //如果定义宏 OS_CRITICAL_METHOD ，则表示程度使用了 μc/OS-Ⅱ操作系统
    Reload = SYSCLK/8;                 //每秒的计数次数
    reload*=1000000/OS_TICKS_PER_SEC;
    //根据 OS_TICKS_PER_SEC 设定溢出时间
    //reload 为 24 位寄存器，最大值为 16 777 216，在工作频率为 168 MHz 时，
    SysTick 定时器溢出时间约为 16 777 216 × 1/(16818)=0.7989 s

    fac_ms = 1000/OS_TICKS_PER_SEC;    //代表 μc/OS 可以延时的最小单位
    SysTick->CTRL |=1 <<1;             //开启 SysTick 中断
    SysTick->LOAD = reload;            //每 1/OS_TICKS_PER_SEC 秒中断一次
    SysTick->CTRL |= 1<<0;             //开启 SysTick
    #else
    fac_ms = (u16)fac_us*1000;         //非 ucos 下，代表每毫秒需要的 SysTick 时钟数
    #endif}
```

delay_us( )函数用来延时指定的微秒，其参数 n μs(程序代码中均用 nus 表示)为要延时的微秒时长。该函数的代码如下：

```
//延时 n μs 微秒
//nus 为要延时的微秒数
//注意: n μs 的值不应大于 798 915
void delay_us(u32 nus)
{
    u32 temp;
```

```
    if(nus==0)return;                              //n μs=0,直接退出
    SysTick->LOAD = nus*fac_us;                    //时间加载
    SysTick->VAL = 0x00;                           //清空计数器
    SysTick->CTRL = 0x01 ;                         //开始倒数
    do
    {
    Temp = SysTick->CTRL;
    }while((temp&0x01)&&!(temp&(1<<16)));           //等待时间到达
    SysTick->CTRL = 0x00;                          //关闭计数器
    SysTick->VAL = 0x00;                           //清空计数器
}
```

    上述代码中对 SysTick 寄存器配置操作，其过程是先把要延时的微秒数换算为 SysTick 时钟数，写入 LOAD 寄存器。然后清空当前寄存器 VAL 的内容，再开启递减计数功能，等到计数结束，即延时了 n μs。最后关闭 SysTick，清空 VAL 的值。应注意，n μs 的值不能太大，必须保证 nus<=(2^24)/fac_us，否则将导致延时时间不准确。代码中的 temp&0x01，是用来判断 SysTick 定时器是否还处于开启状态，防止 SysTick 被意外关闭导致的死循环。

    delay_xms( )函数为毫秒级延时，其参数 n ms 为要延时的毫秒数，代码如下：

```
//延时 n ms
//注意 n ms 的范围
//SysTick->LOAD 为 24 位寄存器，所以最大延时为
//nms<=0xffffff*8*1000/SYSCLK
// SysTick 单位为 Hz, nms 单位为 ms
//对 168 MHz 条件下，nms<=798 ms
void delay_xms(u16 nms)
{
    u32 temp;
    SysTick->LOAD = (u32)nms*fac_ms;               //时间加载(SysTick->LOAD 为 24 b)
    SysTick->VAL = 0x00;                           //清空计数器
    SysTick->CTRL= 0x01 ;                          //开始倒数
    do
    {
        temp = SysTick->CTRL;
    }while((temp&0x01)&&!(temp&(1<<16)));           //等待时间到达
    SysTick->CTRL = 0x00;                          //关闭计数器
    SysTick->VAL = 0x00;                           //清空计数器
}
```

上述代码同 delay_us( )函数类似。注意，LOAD 是一个 24 位的寄存器，延时的毫秒数不能太长，若超出 LOAD 的范围，会导致延时不准。最大延迟毫秒数可以通过公式 nms<=0xFFFFFF*8*1000/SYSCLK 计算。SYSCLK 单位为 IIz，nms 的单位为 ms。如果时钟为 168 MHz，则 nms 的最大值为 798 ms。超过这个值，要通过多次调用 delay_xms 实现，否则就会导致延时不准确。为了调用更方便，这里定义了 delay_ms( )函数。

delay_ms( )函数用来延时指定毫秒时长，参数 n ms 为要延时的毫秒数，n ms 的范围为 0~65 535，代码如下：

```
//延时 n ms
//nms: 0~65 535
void delay_ms(u16 nms)
{
    u8 repeat = nms/540;
    //这里用 540，是考虑到某些客户可能超频使用
    //如果超频到 248 MHz，则 delay_xms 最大只能延时 541 ms
    u16 remain = nms%540;
    while(repeat)
    {
        delay_xms(540);
        repeat--;
    }
    if(remain)delay_xms(remain);
}
```

该函数通过多次调用 delay_xms 函数，来实现更大毫秒级延时。

思 考 与 练 习

1. 定时器的时基单元包括_____、_____和自动重载寄存器。

2. 当定时器使用 GPIO 引脚实现输出比较产生 PWM 时，I/O 引脚必须设置为_____模式。

3. STM32F407 芯片有_____个定时器。

4. 系统定时器(SysTick)提供了 1 个_____位、降序、零约束、写清除的计数器，具有灵活的控制机制。

5. 简述 STM32 实时时钟 RTC 的配置步骤。

6. 简述 STM32 通用定时器 TIM 的结构。

7. 简述 STM32 系统定时器(SysTick)的实现过程。

第 8 章 USART 及其应用

串口(UART)作为处理器的重要外部接口，同时也是软件开发调试的重要手段，是非常重要且方便的板载通信方式。大多数处理器都带有串口，STM32 处理器也具备串口通信且串口资源丰富、功能强大。本书使用的开发板主控芯片 STM32F407ZGT6 最多可提供 6 路串口，支持同步单线通信和半双工单线通信，支持 LIN(Local Interconnection Network，局域互联网)、调制解调器操作、智能卡协议和 IrDA(红外线数据协会)，SIR ENDEC 规范，还具有 DMA 功能等。

8.1　端口重映射

STM32 处理器上有很多 I/O 口和片上外设，为了节省引脚，这些片上外设和 I/O 口共用引脚，统称为 I/O 引脚复用。很多复用还可以通过重映射，从不同的引脚引出，即处理器 I/O 引脚通过一个复用器连接到板载外设/模块，该复用器一次仅允许一个外设的复用功能(AF)连接到 I/O 引脚，以确保共用同一个 I/O 引脚的外设之间不会发生冲突。

STM32 处理器的引脚复用图如图 8.1 所示。其中，每个 I/O 引脚都有一个复用器，该复用器采用 16 路复用功能输入(AF0~AF15)，可通过 GPIOx_AFRL(针对引脚 0~7)和 GPIOx_AFRH(针对引脚 8~15)寄存器对这些输入进行配置：

(1) 完成复位后，所有 I/O 都会连接到系统的复用功能 0 (AF0)。

(2) 外设的复用功能映射到 AF1~AF13。

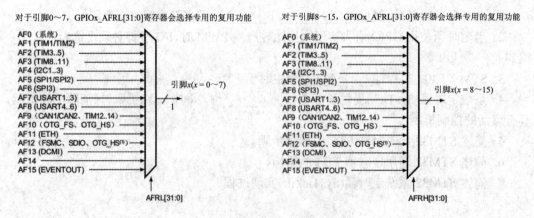

图 8.1　STM32F407 引脚复用

(3) Cortex-M4 EVENTOUT 映射到 AF15。

8.2 USART 的功能和结构

以串口 1(USART1)为例,图 8.2 中的引脚 PA9、PA10 既可以作为通用 I/O 使用,又可以作为串口 1(USART1)的发送数据(TXD)和接收数据(RXD)引脚。

RXD	PA9	101
TXD	PA10	102

图 8.2 串口 1 原理图

通用同步异步收发器(USART)能够灵活地与外部设备进行全双工数据交换,满足外部设备对工业标准异步串行数据格式的要求。

1. USART 的功能

USART 支持同步单向通信和半双工单线通信,还支持 LIN、智能卡协议与 IrDA SIR ENDEC 规范以及调制解调器操作(CTS/RTS)。它还支持多处理器通信,通过配置多个缓冲区使用 DMA 可实现高速数据通信。

作为串行接口,USART 的基本功能描述如下:

(1) 单线半双工通信,只使用 TX 引脚或只使用 RX 引脚。

(2) 全双工同步、异步通信,小数波特率发生器系统。

(3) 数据字长度可编程(8 位或 9 位)。

(4) 停止位可配置,支持 1 个或 2 个停止位。

(5) 用于同步发送的发送器时钟输出。

(6) 发送器和接收器具有单独使能位。

(7) 传输检测标志。

(8) 奇偶校验控制。

(9) IrDA SIR 编码解码器。

(10) 智能卡仿真功能。

(11) 多处理器通信,如果地址不匹配,则进入静默模式。

(12) 从静默模式唤醒(通过线路空闲检测或地址标记检测)。

2. USART 的结构

STM32 处理器的 USART 结构图如图 8.3 所示。接口通过 TX(发送数据输出端)、RX(接收数据输入端)和 GND 三个引脚与其他设备连接在一起。RX 通过采样技术来区分数据和噪声,从而接收数据。当发送端被禁止时,输出引脚此时的功能为 GPIO 口;当发送器被使能,且不发送数据时,TX 引脚处于高电平。USART 的硬件结构可以分为四个部分。

(1) 发送和接收部分,包含相应的引脚和寄存器。

发送数据时,外设把数据从内存中写入到发送数据寄存器 TDR 中,发送控制会把数据从 TDR 中加载到发送数据寄存器中,然后通过串口线 TX 把数据发送出去。在数据从 TDR 转移到移位寄存器中时,会产生发送数据寄存器 TDR 为空标志 TXE;当数据从移位寄存器全部发送完成时，会产生发送完成标志 TC，这些标志都可以在状态寄存器中查询到。

接收数据时，数据从串口线 RX 逐位输入到接收移位寄存器中，然后自动地转移到接收数据寄存器 RDR 中，最后通过软件程序读取到内存中。

(2) 发送和接收相关的寄存器部分，有相应的控制寄存器(CR1、CR2、CR3)和状态寄存器(SR)。通过向寄存器写入控制参数来控制发送和接收，如奇偶校验位、停止位等，还包括 USART 的中断控制；串口的状态寄存器可以查询发送和接收的状态。

(3) 中断控制部分，用于 USART 的中断控制。

(4) 波特率控制部分，主要包含波特率生成器。

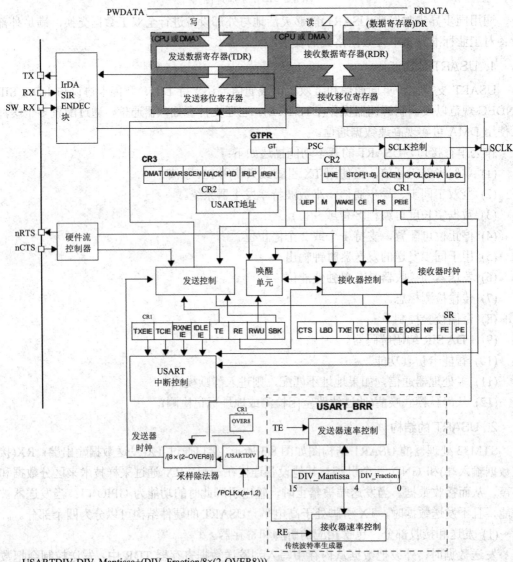

USARTDIV-DIV_Mantissa+(DIV_Fraction/8×(2-OVER8)))

图 8.3　USART 结构图

8.3　USART 的帧格式、波特率设置

1. USART 的帧格式

可通过对 USART_CR1 寄存器中的 M 位进行编程来选择 8 位或 9 位的字长。TX 引脚在起始位工作期间处于低电平状态，在停止位工作期间处于高电平状态。空闲字符可理解为整个帧周期内电平均为 "1"(停止位的电平也是 "1")，该字符后是下一个数据帧的起始位；停止字符可理解为在一个帧周期内接收到的电平均为 "0"。发送器在中断帧的末尾插入 1 个或 2 个停止位(逻辑 "1" 位)以确认起始位。串口发送一帧数据的格式如图 8.4 所示。

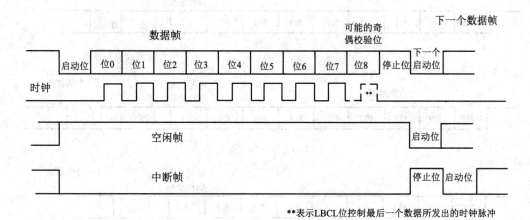

(a) 9位字长(M位置1)，1个停止位

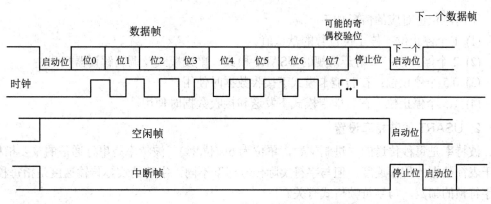

(b) 8位字长(M位复位)，1个停止位

图 8.4　字长编程

发送数据的长度可以通过控制寄存器设置为 8 位或者为 9 位。可以设置的停止位有 0.5、1、1.5、2 位，如图 8.5 所示。

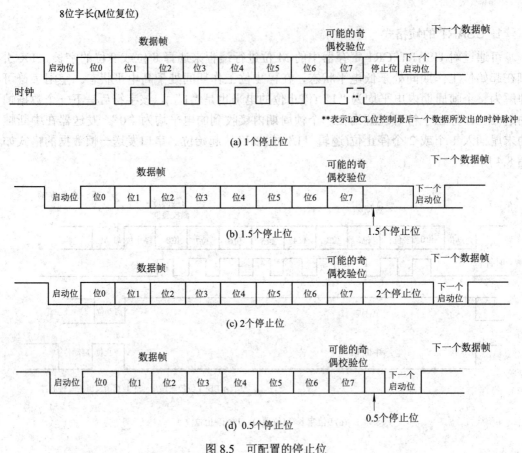

图 8.5 可配置的停止位

不同停止位对应的情况如下：

(1) 1 个停止位：停止位位数的默认值。

(2) 2 个停止位：可用于常规的 USART 模式、单线模式及调制解调器模式。

(3) 0.5 个停止位：在智能卡模式下接收数据时使用。

(4) 1.5 个停止位：在智能卡模式下发送和接收数据时使用。

2. USART 的波特率设置

波特率是每秒传送的二进制位数，单位为 b/s(位/秒)。波特率是串行通信的重要指标，用于表征数据的传输速度，但与字符实际传输速度不同。字符的实际传输速度是指每秒传输字符帧的帧数，与字符帧格式有关。

波特率通过 USART_BRR 寄存器进行设置，包括 12 位整数和 4 位小数部分。对 USARTDIV 的尾数值和小数值进行编程时，接收器(RX)和发送器(TX)的波特率均设置为相同值。USART_BRR 寄存器如表 8.1 所示。

表 8.1　USART_BRR 寄存器

31	30	29	28	27	26	25	24	23	22	21	20	19	18	17	16
保留															

15	14	13	12	11	10	9	8	7	6	5	4	3	2	1	0
DIV_Mantissa[11:0]												DIV_Fraction[3:0]			
rw	rw	rw	rw	rw	rw	rw	rw	rw	rw	rw	rw	rw	rw	rw	rw

USART_BRR 寄存器各位域定义如表 8.2 所示。

表 8.2　USART_BRR 寄存器

位	定　义
位 31:16	保留位，强制为 0
位 15:4	DIV_Mantissa[11:0]：USARTDIV 的尾数，这 12 位用于定义 USART 除数 (USARTDIV)的尾数
位 3:0	这 4 位用于定义 USART 除数(USARTDIV)的小数。当 OVER8 =1 时，DIV_Fraction[3:0]位不起作用，但要保持其值为零

不同模式的计算公式如下：

适用于标准 USART(包括 SPI 模式)的波特率的计算公式为

$$TX / RX波特率 = \frac{f_{ck}}{8 \times (2 - OVER8) \times USARTDIV}$$

智能卡、LIN 和 IrDA 模式下的波特率的计算公式为

$$TX / RX波特率 = \frac{f_{ck}}{16 \times USARTDIV}$$

USARTDIV 是一个存放在 USART_BRR 寄存器中的无符号浮点数。

当 OVER8=0 时，小数部分编码为四位，并通过 USART_BRR 寄存器中的 DIV_fraction[3:0]位编程。

当 OVER8=1 时，小数部分编码为三位，并通过 USART_BRR 寄存器中的 DIV_fraction[2:0]位编程，此时 DIV_fraction[3]位必须保持清零状态。

串口通信时，波特率的值一般设置为 9600 或者 115 200，所以代入上述公式就能求出 USARTDIV 的值。将求出的值赋值给 USART_BRR 寄存器就可完成 USART 波特率的设置了。对 USART_BRR 执行写操作后，波特率计数器更新为波特率寄存器中的新值，且波特率寄存器的值不应在通信时发生更改。

8.4　USART 的中断请求

USART 中断是 STM32 处理器外设的一个中断实现。USART 的中断源如表 8.3 所示。

表 8.3　USART 的中断源

中 断 事 件	事件标志	使能控制位
发送数据寄存器为空	TXE	TXEIE
CTS 标志	CTS	CTSIE
发送完成	TC	TCIE
准备好读取接收到的数据	RXNE	RXNEIE
检测到上溢错误	ORE	
检测到空闲线路	IDLE	IDLEIE
奇偶校验错误	PE	PEIE
断路标志	LBD	LBDIE
多缓冲区通信中的噪声标志、上溢错误和帧错误	NF、ORE、FE	EIE

　　USART 的中断源被连接到相同的中断向量,如图 8.6 所示。这些中断源可以分为发送过程中的中断源和接收过程中的中断源。发送过程中的中断源有:发送完成、清除已发送或发送数据寄存器为空中断。接收过程中的中断源有:空闲线路检测、上溢错误、接收数据寄存器不为空、奇偶校验错误、LIN 断路检测、噪声标志(仅限多缓冲区通信)和帧错误(仅限多缓冲区通信)。

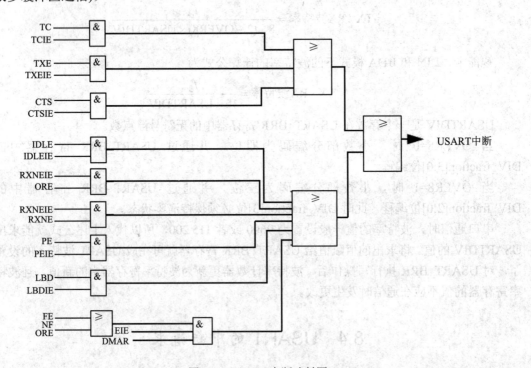

图 8.6　USART 中断映射图

　　上述中断源中,一般只使用发送完成中断标志 TC、接收数据不为空中断标志 RXNE,来实现 USART 中断进行数据接收。

8.5　USART 的寄存器和库函数

1. USART 的寄存器

USART 相关的寄存器有状态寄存器、数据寄存器、波特率寄存器、控制寄存器 1、控制寄存器 2、控制寄存器 3、保护时间和预分频寄存器，其功能如表 8.4 所示。

表 8.4　USART 相关寄存器及其功能

寄存器	功能
状态寄存器 (USART_SR)	反映 USART 单元的状态
数据寄存器 (USART_DR)	用于保存接收和发送的数据
波特率寄存器 (USART_BRR)	用于设置 USART 的波特率
控制寄存器 1 (USART_CR1)	用于控制 USART
控制寄存器 2 (USART_CR2)	用于控制 USART
控制寄存器 3 (USART_CR3)	用于控制 USART
保护时间和预分频器寄存器(USART_GTPR)	保护时间和预分频

USART 寄存器映射和复位值如表 8.5 所示。

表 8.5　USART 寄存器映射和复位值

偏移地址	寄存器名称	31	30	29	28	27	26	25	24	23	22	21	20	19	18	17	16	15	14	13	12	11	10	9	8	7	6	5	4	3	2	1	0
0x00	USART_SR	保留																						CTS	LBD	TXE	TC	RXNE	IDLE	ORE	NF	FE	PE
	复位值																							0	0	1	1	0	0	0	0	0	0
0x04	USART_DR	保留																							DR[8:0]								
	复位值																							0	0	0	0	0	0	0	0	0
0x08	USART_BRR	保留																DIV_Mantissa[15:4]												DIV_Fraction[3:0]			
	复位值																	0	0	0	0	0	0	0	0	0	0	0	0	0	0	0	0
0x0C	USART_CR1	保留																OVER8	保留	UE	M	WAKE	PCE	PS	PEIE	TXEIE	TCIE	RXNEIE	IDLEIE	TE	RE	RWU	SBK
	复位值																	0		0	0	0	0	0	0	0	0	0	0	0	0	0	0
0x10	USART_CR2	保留																	LINEN	STOP[1:0]		CLKEN	CPOL	CPHA	LBCL	保留	LBDIE	LBDL	保留	ADD[3:0]			
	复位值																		0	0	0	0	0	0	0		0	0		0	0	0	0
0x14	USART_CR3	保留																				ONEBIT	CTSIE	CTSE	RTSE	DMAT	DMAR	SCEN	NACK	HDSEL	IRLP	IREN	EIE
	复位值																					0	0	0	0	0	0	0	0	0	0	0	0
0x18	USART_GTPR	保留																GT[7:0]								PSC[7:0]							
	复位值																	0	0	0	0	0	0	0	0	0	0	0	0	0	0	0	0

1) 状态寄存器

状态寄存器中对应的中断源同时也是 USART 工作过程中可能出现的一些状态值。状态寄存器的具体内容如图 8.7 所示。

31	30	29	28	27	26	25	24	23	22	21	20	19	18	17	16
保留															

15	14	13	12	11	10	9	8	7	6	5	4	3	2	1	0
保留							CTS	LBD	TXE	TC	RXNE	IDLE	ORE	NF	FE	PE
							rc_w0	rc_w0	r	rc_w0	rc_w0	r	r	r	r	r

图 8.7　状态寄存器

2) 波特率寄存器

波特率寄存器用来放置波特率的值，分为整数部分和小数部分，如图 8.8 所示。

31	30	29	28	27	26	25	24	23	22	21	20	19	18	17	16
保留															

15	14	13	12	11	10	9	8	7	6	5	4	3	2	1	0
DIV_Mantissa[11:0]											DIV_Fraction(3:0)				
rw	rw	rw	rw	rw	rw	rw	rw	rw	rw	rw	rw	rw	rw	rw	rw

图 8.8　波特率寄存器

3) 控制寄存器 1

控制寄存器 1 的具体内容如图 8.9 所示。

31	30	29	28	27	26	25	24	23	22	21	20	19	18	17	16
保留															

15	14	13	12	11	10	9	8	7	6	5	4	3	2	1	0
OVER8	保留	UE	M	WAKE	PCE	PS	PEIE	TXEIT	TCIE	RXNEIE	IDLEIE	TE	RE	RWU	SBX
rw		rw	rw	rw	rw	rw	rw	rw	rw	rw	rw	rw	rw	rw	rw

图 8.9　控制寄存器 1

USART 控制寄存器 1 中的位是用于功能设置的控制位。该寄存器的高 16 位保留，低 16 位用于串口的功能设置。OVER8 为过采样模式设置位，一般设置为 0，即 16 倍过采样以此获得更好的容错性。UE 为串口使能位，该位置 1 可使能串口。M 为字长选择位，当该位为 0 时，表示设置串口为 8 个字长。PCE 为校验使能位，设置为 0，则禁止校验，否则使能校验。PS 为校验位选择位，设置为 0 则为偶校验，否则为奇校验。TXEIE 为发送缓冲区空中断使能位，该位为 1 表示当 USART_SR 中的 TXE 位为 1 时，将产生串口中断。TCIE 为发送完成中断使能位，该位为 1 表示当 USART_SR 中的 TC 位为 1 时，将产生串口中断。RXNEIE 为接收缓冲区非空中断使能位，该位为 1 表示当 USART_SR 中的 ORE 或者 RXNE 位为 1 时，将产生串口中断。TE 为发送使能位，设置为 1，将开启串口的发送功能。RE 为接收使能位，用法同 TE。RWU 为接收器唤醒位，决定 USART 是否处于静音模式，该位由软件置 1 和清零，并可在识别出唤醒序列时由硬件清零。RWU 为 0 时，接收器处于活动模式；RWU 为 1 时，接收器处于静音模式。SBK 为发送断路位，用于发送断路字符，该位可由软件置 1 和清零。该位应由软件置 1，并在断路停止位期间由硬件重置。SBK 为 0 时，不发送断路字符；SBK 为 1 时，发送断路字符。除了串口控制寄存器 1，串口的使用配置还会用到 USART_CR2 的[13:12]位，来设置停止位的个数，默认为 0。

　　USART 寄存器组的结构体 USART_TypeDef 定义在库文件 stm32f4xx.h 中，具体代码如下：

```
//通用的同步异步收发器
typedef struct
{
    __IO uint16_t SR;              //USART 状态寄存器, 偏移地址: 0x00
    uint16_t        RESERVED0;     //保留, 0x02*/
    __IO uint16_t DR;              //USART 数据寄存器, 偏移地址: 0x04
    uint16_t        RESERVED1;     //保留, 0x06*/
    __IO uint16_t BRR;             //USART 波特率寄存器, 偏移地址: 0x08
    uint16_t        RESERVED2;     //保留, 0x0A*/
    __IO uint16_t CR1;             //USART 控制寄存器 1, 偏移地址: 0x0C
    uint16_t        RESERVED3;     //保留, 0x0E*/
    __IO uint16_t CR2;             //USART 控制寄存器 2, 偏移地址: 0x10
    uint16_t        RESERVED4;     //保留, 0x12*/
    __IO uint16_t CR3;             //USART 控制寄存器 3, 偏移地址: 0x14
    uint16_t        RESERVED5;     //保留, 0x16
//USART 保护时间和预分频寄存器, 偏移地址: 0x18
    __IO uint16_t GTPR;
    uint16_t        RESERVED6;               //保留, 0x1A
} USART_TypeDef


/********************************************************/
#define USART1               ((USART_TypeDef *) USART1_BASE)
…
#define USART1_BASE          (APB2PERIPH_BASE + 0x1000)
…
#define APB2PERIPH_BASE      (PERIPH_BASE + 0x00010000)
…
#define PERIPH_BASE          ((uint32_t)0x40000000)
//别名区域中的外围设备基地址
```

　　从上面的宏定义可以看出，USART1 寄存器的首地址是 0x40011000，和参考手册中寄存器的映射地址是一致的。

2. USART 库函数

　　在 STM32f4xx_usart.h 文件中，可以找到许多关于 USART 的结构体和函数，常用的如下：

```
/********************初始化与配置函数******************/
void USART_Init(USART_TypeDef* USARTx, USART_InitTypeDef* USART_InitStruct);
void USART_Cmd(USART_TypeDef* USARTx, FunctionalState NewState);

/**********************数据传送函数*****************/
void USART_SendData(USART_TypeDef* USARTx, uint16_t Data);
uint16_t USART_ReceiveData(USART_TypeDef* USARTx);

/******USART_InitTypeDef 结构体定义******/
typedef struct
{
        uint32_t USART_BaudRate;            //波特率设置
        uint16_t USART_WordLength;
        //字长设置，该变量有两个值：
        //USART_WordLength_8b
        //USART_WordLength_9b

        int16_t USART_StopBits;
        //停止位位数，可以是：
        //USART_StopBits_0_5，表示半个字节
        //USART_StopBits_1，表示一个字节
        //USART_StopBits_1_5，表示一个半字节
        //USART_StopBits_2，表示两个字节

        uint16_t USART_Parity;
        //奇偶校验设置位，可以为：
        //USART_Parity_No，表示无校验位
        //USART_Parity_Even，表示偶校验模式
        //USART_Parity_Odd，表示奇校验模式

        uint16_t USART_Mode;
        //USART 模式设置可以为：
        //USART_Mode_Rx，表示接收模式
        //USART_Mode_Tx，表示发送模式

        uint16_t USART_HardwareFlowControl;
        //硬件流控制设置，可以为：
    //USART_HardwareFlowControl_None，表示硬件流控制失能
```

//USART_HardwareFlowControl_RTS, 表示发送请求 RTS 使能

//USART_HardwareFlowControl_CTS, 表示接收请求 CTS 使能

//USART_HardwareFlowControl_RTS_CTS, 表示 RTS 和 CTS 使能

} USART_InitTypeDef;

USART_Init()函数中主要完成 USART 的功能配置，该函数有两个参数，USARTx 是要使用的串口，以 USART1 为例，则该参数的值就为 USART1；USART_InitStruct 是结构体类型 USART_InitTypeDef 定义的结构体变量，是完成 USART 功能配置的关键。

USART_Cmd ( )函数是对配置过的 USART1 进行初始化设置。其第一个参数可以设置为 USART1，第二个参数设置为 ENABLE。

8.6 USART 应用案例

实现功能：通过计算机端的串口软件给串口 1 发送数据，串口 1 接收到数据后再将数据发送给计算机端。

硬件原理图：串口 1 经过 CH340 转换芯片后，通过 USB 可以和计算机端连接。VD7 和 VD8 为接收和发送数据的指示灯，如图 8.10 所示。

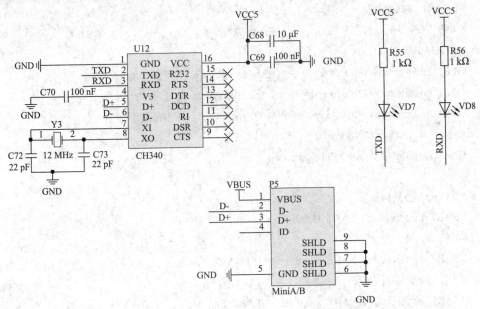

图 8.10　串口通信的硬件连接图

程序分析：首先要配置 GPIO 口，以及 GPIO 口的复用；然后初始化 USART1，通过给结构体变量赋值的方式来改变原始值；接着调用配置函数来改变寄存器的值，以实现初始化；最后调用接收和发送函数，来实现数据的接收和发送。当然，也可以使用中断的方式来实现。

USART1 的初始化过程代码如下：

```
void uart_init(u32 bound)
{
    GPIO_InitTypeDef GPIO_InitStructure;
    USART_InitTypeDef USART_InitStructure;
    NVIC_InitTypeDef NVIC_InitStructure;

    //使能 GPIOA 时钟
    RCC_AHB1PeriphClockCmd(RCC_AHB1Periph_GPIOA,ENABLE);
    //使能 USART1 时钟
    RCC_APB2PeriphClockCmd(RCC_APB2Periph_USART1,ENABLE);

    //串口 1 对应引脚复用映射
    GPIO_PinAFConfig(GPIOA,GPIO_PinSource9,GPIO_AF_USART1);
    //GPIOA9 复用为 USART1
    GPIO_PinAFConfig(GPIOA,GPIO_PinSource10,GPIO_AF_USART1);
    //GPIOA10 复用为 USART1

    //USART1 端口配置
    GPIO_InitStructure.GPIO_Pin = GPIO_Pin_9 | GPIO_Pin_10;
    //GPIOA9 与 GPIOA10
    GPIO_InitStructure.GPIO_Mode = GPIO_Mode_AF;          //复用功能
    GPIO_InitStructure.GPIO_Speed = GPIO_Speed_50MHz;     //速度 50 MHz
    GPIO_InitStructure.GPIO_OType = GPIO_OType_PP;        //推挽复用输出
    GPIO_InitStructure.GPIO_PuPd = GPIO_PuPd_UP;          //上拉
    GPIO_Init(GPIOA,&GPIO_InitStructure);                 //初始化 PA9、PA10

    //USART1 初始化设置
    USART_InitStructure.USART_BaudRate = bound;
    //波特率设置
    USART_InitStructure.USART_WordLength = USART_WordLength_8b;
    //字长为 8 位数据格式
    USART_InitStructure.USART_StopBits = USART_StopBits_1;    //一个停止位
    USART_InitStructure.USART_Parity = USART_Parity_No;      //无奇偶校验位
    USART_InitStructure.USART_HardwareFlowControl =
    USART_HardwareFlowControl_None;                         //无硬件数据流控制
    //收发模式
    USART_InitStructure.USART_Mode = USART_Mode_Rx | USART_Mode_Tx;
    USART_Init(USART1, &USART_InitStructure);               //初始化串口 1
    USART_Cmd(USART1, ENABLE);                              //使能串口 1
```

```
//USART_ClearFlag(USART1, USART_FLAG_TC);              //开启相关中断
USART_ITConfig(USART1, USART_IT_RXNE, ENABLE);        //USART1 NVIC 配置
NVIC_InitStructure.NVIC_IRQChannel = USART1_IRQn;     //串口 1 中断通道
NVIC_InitStructure.NVIC_IRQChannelPreemptionPriority = 3;  //抢占优先级 3
NVIC_InitStructure.NVIC_IRQChannelSubPriority = 3;    //子优先级 3
NVIC_InitStructure.NVIC_IRQChannelCmd = ENABLE;      //IRQ 通道使能
NVIC_Init(&NVIC_InitStructure);          //根据指定的参数初始化 NVIC 寄存器
}
```

USART1 的中断函数实现过程代码如下：

```
void USART1_IRQHandler(void)               //串口 1 中断服务程序
{
    u8 Res;
    //接收中断(接收到的数据必须是 0x0D 0x0A 结尾)
    if(USART_GetITStatus(USART1, USART_IT_RXNE) != RESET)
    {
        Res = USART_ReceiveData(USART1);//(USART1->DR)读取接收到的数据
        if((USART_RX_STA&0x8000)==0)            //接收未完成
        {
            if(USART_RX_STA&0x4000)             //接收到了 0x0 D
            {
                if(Res!=0x0a)USART_RX_STA = 0;  //接收错误，重新开始
                else USART_RX_STA |= 0x8000;    //接收完成了
            }else                               //还没收到 0x0D
            {
                if(Res==0x0d) USART_RX_STA |= 0x4000;
                else
                {
                    USART_RX_BUF[USART_RX_STA&0X3FFF] = Res ;
                    USART_RX_STA++;
                    //接收数据错误，重新开始接收
                    if(USART_RX_STA>(USART_REC_LEN-1))
                        USART_RX_STA = 0;
                }
            }
        }
    }
}
```

当使用 printf()函数来进行数据的发送时，则需要对其进行简单的修改。添加的代码

如下：

```
//加入以下代码，支持 printf 函数，而不需要选择 use MicroLIB
#if 1
#pragma import(__use_no_semihosting)        //标准库需要的支持函数
struct __FILE
{
    int handle;
};


FILE __stdout;                              //定义_sys_exit()以避免使用半主机模式
_sys_exit(int x)
{
    x = x;
}


int fputc(int ch, FILE *f)                  //重定义 fputc 函数
{
    while((USART1->SR&0X40) == 0);          //循环发送，直到发送完毕
    USART1->DR = (u8) ch;
    return ch;
}
#endif
```

上述代码实现了通过计算机端发送数据到开发板的 USART1，USART1 接收到数据以后再将接收到的数据发送到计算机端。

思 考 与 练 习

1. 串口数据帧由_____、数据位、奇偶校验位和停止位组成。
2. STM32 的 USART 可以利用_____发生器提供宽范围的波特率选择。
3. STM32 的 USART 固件库发送函数为_____。
4. STM32 的 USART 固件库接收函数为_____。
5. 简述 STM32 的 USART 的功能特点。
6. 简述 STM32 的 USART 的配置过程。

第9章　同步串行总线 SPI 和 I2C

9.1　SPI 概述及应用要点

1. SPI 概述

SPI 是串行外围设备接口，是 Motorola 首先在其 MC68HCxx 系列处理器上定义的。SPI 是一种高速、全双工的同步通信总线，在芯片上只占用四根引脚。正是出于简单易用的特性，现在越来越多的芯片集成了这种通信协议，STM32F407 也有 SPI。SPI 主要应用在 EEPROM、Flash、实时时钟、A/D 转换器以及数字信号处理器和数字信号解码器之间。SPI 可以同时发出和接收串行数据，可以作为主机或从机工作、提供频率可编程时钟、发送结束中断标志、写冲突保护、总线竞争保护等。SPI 的内部简明图如图 9.1 所示。

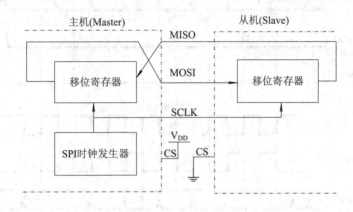

图 9.1　SPI 的内部简明图

SPI 接口一般使用以下四条线通信：

(1) MISO：主设备数据输入，从设备数据输出。

(2) MOSI：主设备数据输出，从设备数据输入。

(3) SCLK：时钟信号，由主设备产生。

(4) CS：从设备片选信号，由主设备控制。

图 9.1 中主机和从机都有一个串行移位寄存器，主机通过向它的移位寄存器写入一个字节来发起一次传输。移位寄存器通过 MOSI 信号线将字节传送给从机，从机也将自己的移位寄存器中的内容通过 MISO 信号线返回给主机。这样，就实现了两个设备之间数据的交换。设备的数据读写是通过两条不同的数据线进行的，所以可以实现收发同步完成。当

只使用设备数据发送功能时，忽略接收的数据即可。若设备只具有数据接收功能，则必须由主机发送一个空字节来引发从机的传输，才能读取从机数据。

SPI 模块和外设进行数据交换时，可以根据外设的工作要求，对其输出串行同步时钟极性(CPOL)和相位(CPHA)进行配置组合，可以设置四种工作模式，如图 9.2 所示。这四种工作模式分别为：CPHA=1，CPOL=1；CPHA=1，CPOL=0；CPHA=0，CPOL=1；CPHA=0，CPOL=0。CPOL 对传输协议没有重大的影响，如果 CPOL = 0，则串行同步时钟的空闲状态为低电平；如果 CPOL = 1，则串行同步时钟的空闲状态为高电平。CPHA能够配置用于选择两种不同的传输协议之一进行数据传输。如果 CPHA = 0，则在串行同步时钟的第一个跳变沿(上升或下降)数据被采样；如果 CPHA = 1，则在串行同步时钟的第二个跳变沿(上升或下降)数据被采样。应保证 SPI 主模块和与之通信的从模块的时钟相位和极性一致，设备才能进行正常的通信。

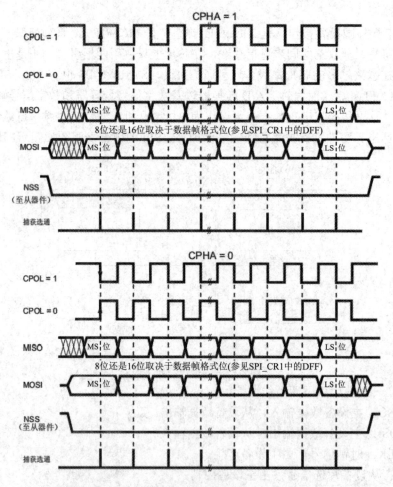

图 9.2　不同时钟相位下的总线传输时序(CPHA=0/1)

2. SPI 的应用要点

要实现 STM32 单片机与具有 SPI 通信接口的模块通信时，应熟悉 STM32 的 SPI 通信应用的基本步骤，还应熟悉设备与设备之间 SPI 的通信时序。

　　SPI 有两种实现方式,一种是 STM32 内置 SPI 电路,另一种是通过时序模拟的 SPI。方式不同基本步骤也不同,以 STM32 内置 SPI 功能为例,要实现 SPI 通信软件配置,就要对 GPIO 口进行初始化和复用功能设置。配置 SPI 的基本步骤如下:

　　(1) 配置相关引脚的复用功能,设置被复用的引脚为推挽输出。之所以不能设置为开漏模式,是因为输出的波形在示波器上为锯齿形,而不是方波。

　　(2) 使能 SPI 时钟。

　　(3) 初始化 SPI、设置 SPI 的工作模式等。

　　(4) 使能 SPI。

　　(5) SPI1 传输数据。

　　(6) 查看 SPI1 传输状态。

　　STM32 SPI 通信时序应与外部设备 SPI 通信时序一致。STM32 的 SPI 口的时序控制由 CPHA 和 CPOL 两个位决定。在固件库函数中可以对参数 CPOL 和 CPHA 进行设置,以确保主机和从机的 CPOL 和 CPHA 位一致。CPOL 和 CPHA 的设置代码如下:

```
//串行同步时钟的空闲状态为高电平
SPI_InitStructure.SPI_CPOL = SPI_CPOL_High;
//串行同步时钟的第二个跳变沿(上升或下降)数据被采样
SPI_InitStructure.SPI_CPHA = SPI_CPHA_2Edge;
```

9.2　SPI 接口应用及实践

　　以 W25Q64 芯片为例,通过 SPI 通信接口对存储芯片内容进行读和写操作。在 spi.c 文件中,SPI 模块的初始化代码如下:

```
//以下是 SPI 模块的初始化代码,配置成主机模式
//SPI 口初始化
//这里是针对 SPI1 的初始化
void SPI1_Init(void)
{
    GPIO_InitTypeDef GPIO_InitStructure;
    SPI_InitTypeDef SPI_InitStructure;
    RCC_AHB1PeriphClockCmd(RCC_AHB1Periph_GPIOB, ENABLE);
    //使能 GPIOB 时钟
    RCC_APB2PeriphClockCmd(RCC_APB2Periph_SPI1, ENABLE);
    //使能 SPI1 时钟
    //GPIOB3～GPIOB5 初始化设置为复用功能输出
    GPIO_InitStructure.GPIO_Pin = GPIO_Pin_3|GPIO_Pin_4|GPIO_Pin_5;      //GPIOB3~ GPIOB5
    GPIO_InitStructure.GPIO_Mode = GPIO_Mode_AF;                         //复用功能
    GPIO_InitStructure.GPIO_OType = GPIO_OType_PP;                       //推挽输出
    GPIO_InitStructure.GPIO_Speed = GPIO_Speed_100MHz;                   //100 MHz
```

```
    GPIO_InitStructure.GPIO_PuPd = GPIO_PuPd_UP;                //上拉
    GPIO_Init(GPIOB, &GPIO_InitStructure);                      //初始化

//配置引脚复用映射
    GPIO_PinAFConfig(GPIOB,GPIO_PinSource3,GPIO_AF_SPI1);
    // GPIOB3 复用为 SPI1
    GPIO_PinAFConfig(GPIOB,GPIO_PinSource4,GPIO_AF_SPI1);
    // GPIOB4 复用为 SPI1
    GPIO_PinAFConfig(GPIOB,GPIO_PinSource5,GPIO_AF_SPI1);
    // GPIOB5 复用为 SPI1

//这里只针对 SPI 口初始化
    RCC_APB2PeriphResetCmd(RCC_APB2Periph_SPI1,ENABLE);
    //复位 SPI1
    RCC_APB2PeriphResetCmd(RCC_APB2Periph_SPI1,DISABLE);
    //停止复位 SPI1
    SPI_InitStructure.SPI_Direction = SPI_Direction_2Lines_FullDuplex;
    //设置 SPI 为全双工
    SPI_InitStructure.SPI_Mode = SPI_Mode_Master;

//设置 SPI 的工作模式：主 SPI
    SPI_InitStructure.SPI_DataSize = SPI_DataSize_8b;
    //设置 SPI 的数据大小：8 位帧结构
    SPI_InitStructure.SPI_CPOL = SPI_CPOL_High;
    //串行同步时钟的空闲状态为高电平
    SPI_InitStructure.SPI_CPHA = SPI_CPHA_2Edge;
    //数据捕获于第二个时钟沿
    SPI_InitStructure.SPI_NSS = SPI_NSS_Soft;       //NSS 信号由硬件管理
    SPI_InitStructure.SPI_BaudRatePrescaler = SPI_BaudRatePrescaler_256;
    //预分频 256
    SPI_InitStructure.SPI_FirstBit = SPI_FirstBit_MSB;
    //数据传输从 MSB 位开始
    SPI_InitStructure.SPI_CRCPolynomial = 7;        //CRC 值计算的多项式
    SPI_Init(SPI1, &SPI_InitStructure);
    //根据指定的参数初始化外设 SPIx 寄存器

    SPI_Cmd(SPI1, ENABLE);      //使能 SPI1
    SPI1_ReadWriteByte(0xff);   //启动传输
}
```

```
//SPI1 速度设置函数
//SPI 速度=f_APB2/分频系数
//入口参数范围：
//SPI_BaudRatePrescaler_2~SPI_BaudRatePrescaler_256
//f_APB2 时钟一般为 84 MHz
void SPI1_SetSpeed(u8 SPI_BaudRatePrescaler)
{
    //判断有效性
    assert_param(IS_SPI_BAUDRATE_PRESCALER(SPI_BaudRatePresaler));
    SPI1->CR1 &= 0xFFC7;                    //位 3~5 清零，用来设置波特率
    SPI1->CR1 |= SPI_BaudRatePrescaler;     //设置 SPI1 的速度
    SPI_Cmd(SPI1,ENABLE);                   //使能 SPI1
}
//SPI1 读写一个字节
//TxData：要写入的字节
//返回值：读取到的字节
u8 SPI1_ReadWriteByte(u8 TxData)
{
    //等待发送区空
    while (SPI_I2S_GetFlagStatus(SPI1, SPI_I2S_FLAG_TXE) == RESET){}
    SPI_I2S_SendData(SPI1, TxData);
    //通过外设 SPIx 发送一个字节数据
    while (SPI_I2S_GetFlagStatus(SPI1, SPI_I2S_FLAG_RXNE) == RESET){}
    //等待接收完
    return SPI_I2S_ReceiveData(SPI1);       //返回通过 SPIx 最近接收的数据
}
```

上述代码是对 SPI1 的初始化，在 SPI1_Init( )函数中，SPI1 的频率被设置成了最低 (84 MHz，256 分频)。通过 SPI1_SetSpeed 来设置 SPI1 的速度，而 SPI 数据发送和接收则是通过 SPI1_ReadWriteByte( )函数来实现的。

在 w25qxx.c 文件中，W25QXX_Read()函数用于从 W25Q64 的指定地址读出指定长度的数据。其代码如下：

```
//读取 SPI Flash
//在指定地址开始读取指定长度的数据
//pBuffer：数据存储区
//ReadAddr：开始读取的地址(24 位)
//NumByteToRead：要读取的字节数(最大 65 535)
void W25QXX_Read(u8* pBuffer,u32 ReadAddr,u16 NumByteToRead)
{
```

```
    u16 i;
    W25QXX_CS = 0;              //使能器件
    SPI1_ReadWriteByte(W25X_ReadData);                //发送读取命令
    SPI1_ReadWriteByte((u8)((ReadAddr) >> 16));        //发送 24 位地址
    SPI1_ReadWriteByte((u8)((ReadAddr) >> 8));
    SPI1_ReadWriteByte((u8)ReadAddr);
    for(i = 0;i < NumByteToRead;i++)
    {
        pBuffer[i] = SPI1_ReadWriteByte(0xFF);         //循环读数
    }
    W25QXX_CS = 1;
}
```

W25Q64 支持以任意地址开始读取数据，在发送 24 位地址后，程序可以通过循环读操作获取数据，其地址会自动增加。但所读数据的地址不能超过 W25Q64 的地址范围，否则读出来的数据将不符合预期。

W25QXX_Write( )函数的作用是将数据写到 W25Q64 中，其代码如下：

```
//写 SPI Flash
//在指定地址开始写入指定长度的数据
//该函数带擦除操作
//pBuffer: 数据存储区
//WriteAddr: 开始写入的地址(24 位)
//NumByteToWrite: 要写入的字节数(最大 65 535)
u8 W25QXX_BUFFER[4096];
void W25QXX_Write(u8* pBuffer,u32 WriteAddr,u16 NumByteToWrite)
{
    u32 secpos;
    u16 secoff; u16 secremain; u16 i;
    u8 * W25QXX_BUF;
    W25QXX_BUF = W25QXX_BUFFER;
    Secpos = WriteAddr/4096;                    //扇区地址
    Secoff = WriteAddr%4096;                    //在扇区内的偏移
    Secremain = 4096-secoff;                    //扇区剩余空间大小
    //printf("ad:%X,nb:%X\r\n",WriteAddr,NumByteToWrite);        //测试用
    if(NumByteToWrite <= secremain)secremain = NumByteToWrite;
    //不大于 4096 B
    while(1)
    {
        W25QXX_Read(W25QXX_BUF,secpos*4096,4096);     //读出整个扇区的内容
```

```
    for(i = 0;i < secremain;i++)                    //校验数据
    {
        if(W25QXX_BUF[secoff+i] != 0xFF)
        break;                                      //需要擦除
    }
    if(I < secremain)                               //需要擦除
    {
        W25QXX_Erase_Sector(secpos);                //擦除这个扇区
        for(i = 0;i < secremain;i++)                //复制
        {
        W25QXX_BUF[i+secoff] = pBuffer[i];
    }
    W25QXX_Write_NoCheck(W25QXX_BUF,secpos*4096,4096);
                                                    //写入整个扇区
    }else                                           //已擦除的,直接写
    W25QXX_Write_NoCheck(pBuffer,WriteAddr,secremain);
    if(NumByteToWrite == secremain) break;          //写入结束
    else                                            //写入未结束
    {
        secpos++;                                   //扇区地址增 1
        secoff = 0;                                 //偏移位置为 0
        pBuffer += secremain;                       //指针偏移
        WriteAddr += secremain;                     //写地址偏移
        NumByteToWrite -= secremain;                //字节数递减
        if(NumByteToWrite > 4096)
            secremain = 4096;                       //下一个扇区还是写不完
        else
            secremain = NumByteToWrite;             //下一个扇区可以写完了
    }
  }
}
```

该函数可以在 W25Q64 的任意地址开始写入任意长度(长度不超过 W25Q64 的容量)的数据。其操作思路是,先获得首地址(WriteAddr)所在的扇区,并计算其在扇区内的偏移,然后判断要写入的数据长度是否超过本扇区所剩下的长度。如果不超过,则查看其是否要擦除,如果不要擦除,则直接写入数据;如果要擦除,则读出整个扇区,在偏移处开始写入指定长度的数据,然后擦除这个扇区,再一次性写入。当所需要写入的数据长度超过一个扇区的长度时,先按照前面的步骤把扇区剩余部分写完,再在新扇区内执行同样的操作,如此循环,直到写入结束。该函数定义的全局变量 W25QXX_BUFFER 用于擦除缓存扇区

内的数据。

　　头文件 w25qxx.h 只定义了与 W25Q64 操作相关的命令和函数。最后，查看 main 函数，其代码如下：

```c
//要写入到 W25Q64 的字符串数组
const u8 TEXT_Buffer[]={"TEST STM32F4 SPI TEST"};
#define SIZE sizeof(TEXT_Buffer)
int main(void)
{
    u8 key, datatemp[SIZE];
    u16 i = 0;
    u32 FLASH_SIZE;
    NVIC_PriorityGroupConfig(NVIC_PriorityGroup_2);
    //设置系统中断优先级分组 2
    delay_init(168);              //初始化延时函数
    uart_init(115200);            //初始化串口波特率为 115 200 b/s
    LED_Init();                   //初始化 LED
    LCD_Init();                   //LCD 初始化
    KEY_Init();                   //按键初始化
    W25QXX_Init();                //W25QXX 初始化
    POINT_COLOR = RED;
    LCD_ShowString(30,70,200,16,16,"SPI TEST");
    LCD_ShowString(30,90,200,16,16,"STM32F4");
    LCD_ShowString(30,130,200,16,16,"KEY1:Write KEY2:Read");  //显示提示信息
    while(W25QXX_ReadID() != W25Q64)         //检测不到 W25Q64
    {
        LCD_ShowString(30,150,200,16,16,"W25Q64Check Failed!");
        delay_ms(500);
        LCD_ShowString(30,150,200,16,16,"Please Check! ");
        delay_ms(500);
        LED0 = !LED0;             // LED 0 闪烁
    }
    LCD_ShowString(30,150,200,16,16,"W25Q64 Ready!");
    FLASH_SIZE = 128*1024*1024;       //Flash 大小为 2 MB
    POINT_COLOR = BLUE;               //设置字体为蓝色
    while(1)
    {
        Key = KEY_Scan(0);
        if(key  ==  KEY1_PRES)       //KEY1 按下，写入 W25Q64
        {
```

```
        LCD_Fill(0,170,239,319,WHITE);          //清除半屏
        LCD_ShowString(30,170,200,16,16,"Start Write W25Q64....");
        W25QXX_Write((u8*)TEXT_Buffer,FLASH_SIZE-100,SIZE);
        //从倒数第 100 个地址处开始，写入 SIZE 长度的数据
        LCD_ShowString(30,170,200,16,16,"W25Q64 Write Finished!");
        //提示完成
    }
    if(key==KEY0_PRES)              //KEY0 按下，读取字符串并显示
    {
        LCD_ShowString(30,170,200,16,16,"Start Read W25Q64.... ");
        W25QXX_Read(datatemp,FLASH_SIZE-100,SIZE);
        //从倒数第 100 个地址处开始，读出 SIZE 个字节
        LCD_ShowString(30,170,200,16,16,"The Data Readed Is: ");
        //提示传送完成
        LCD_ShowString(30,190,200,16,16,datatemp);
        //显示读到的字符串
    }
    i++;
    delay_ms(10);
    if(i == 20)
    {
        LED0 = !LED0;           //提示系统正在运行
        i = 0;
    }
    }
}
```

以上代码就是对 SPI Flash 进行读写操作，来实现数据的存储。

9.3　I2C 概述及应用要点

1. I2C 概述

I2C 总线是由 Philips 公司开发的两线式串行总线，用于连接微控制器及其外围设备 (注：通常也写作 I^2C 本书代码中均采用 IIC)。它是由数据线 SDA 和时钟线 SCL 构成的串行总线，可发送和接收数据。在处理器与被控设备之间、设备与设备之间进行双向传送，高速 I2C 总线一般可达 400 kb/s 以上。

I2C 总线在传送数据过程中共有三种信号，即开始信号、结束信号和应答信号。

(1) 开始信号：SCL 为高电平时，SDA 由高电平向低电平跳变，开始传送数据。

(2) 结束信号：SCL 为高电平时，SDA 由低电平向高电平跳变，结束传送数据。

(3) 应答信号：接收数据的设备在接收到 8 位数据后，向发送数据的设备发出特定的低电平脉冲，表示已收到数据。处理器向受控设备发出一个信号后，等待受控设备发出一个应答信号，处理器接收到应答信号后，根据实际情况作出是否继续传递信号的判断。若未收到应答信号，则判断受控设备出现故障。I2C 总线时序图如图 9.3 所示。

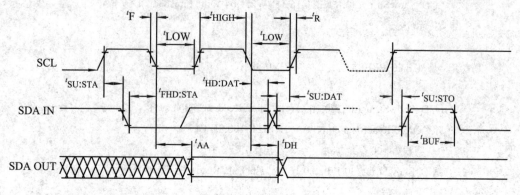

图 9.3　I2C 总线时序图

2. I2C 的应用要点

AT24C02 是一款 EEPROM 存储芯片，该芯片的总容量是 256 B，通过 I2C 总线与处理器连接。

目前大部分处理器都带有 I2C 总线接口，STM32F4 也不例外。但由于 STM32F4 处理器中 I2C 硬件电路设计比较复杂，不同的处理器代码都不一样，无法重用，所以通常使用软件模拟 I2C 来读写 AT24C02。用软件模拟 I2C 代码可兼容所有处理器，任何一个单片机只要有 I/O 口，就可以快速移植。

STM32 软件模拟 I2C 发送数据程序的主要流程如下：

(1) 检测 I2C 总线是否为空闲状态。

(2) 按 I2C 协议发出起始信号。

(3) 发出 7 位器件地址和写模式。

(4) 发送要写入的存储区的首地址。

(5) 用页写入或者字节写入的方式写入数据。

(6) 清除应答标志。

(7) 发出停止信号。

STM32 软件模拟 I2C 接收数据程序的主要流程如下：

(1) 检测 I2C 总线是否为空闲状态。

(2) 按 I2C 协议发出起始信号。

(3) 发出 7 位器件地址和写模式。

(4) 发送要读取的存储区的首地址。

(5) 重发起始信号。

(6) 发出 7 位器件地址和读模式。

(7) 接收并应答。

9.4　I2C 总线应用及实践

本案例以 STM32 通过 I2C 通信接口，完成对 AT24C02 的读写操作。

实现功能：开机检测 AT24C02 是否存在，然后在主函数循环内检测两个按键，按键 KEY1 用来执行写数据操作，按键 KEY2 用来执行读操作。在 TFT LCD 模块或串口打印界面上显示读取的数据，同时用 LED1 提示程序正在运行。

硬件原理图：I2C 总线的两根数据线 IIC_SCL 和 IIC_SDA 连接两个上拉电阻后，分别接在 STM32 用来模拟 I2C 的引脚上，如图 9.4 所示。

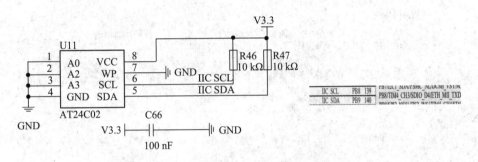

图 9.4　STM32F407 I2C 连接 AT24C02

程序分析：首先根据 I2C 的时序，来模拟 I2C 接收发送数据的功能函数；然后，通过接收、发送函数，发送特定的指令来控制 AT24C02，从而实现对 EEPROM 进行数据读取和存储的操作。

iic.c 文件中实现了对 I2C 的初始化以及 I2C 发送和接收数据的时序控制，代码如下：

```
#include "myiic.h"
#include "delay.h"

void IIC_Init(void)              //初始化 I2C
{
    GPIO_InitTypeDef    GPIO_InitStructure;

    RCC_AHB1PeriphClockCmd(RCC_AHB1Periph_GPIOB, ENABLE);
    //使能 GPIOB 时钟

    //GPIOB8, GPIO B9 初始化设置
    GPIO_InitStructure.GPIO_Pin = GPIO_Pin_8 | GPIO_Pin_9;
    GPIO_InitStructure.GPIO_Mode = GPIO_Mode_OUT;           //普通输出模式
    GPIO_InitStructure.GPIO_OType = GPIO_OType_PP;          //推挽输出
    GPIO_InitStructure.GPIO_Speed = GPIO_Speed_100MHz;      //100 MHz
    GPIO_InitStructure.GPIO_PuPd = GPIO_PuPd_UP;            //上拉
```

```
        GPIO_Init(GPIOB, &GPIO_InitStructure);                        //初始化
    IIC_SCL = 1;
    IIC_SDA = 1;
}
//产生 I2C 起始信号
void IIC_Start(void)
{
    SDA_OUT();        //SDA 线输出
    IIC_SDA = 1;
    IIC_SCL = 1;
    delay_us(4);
    IIC_SDA = 0;        //起始信号为：时钟线为高电平，数据线由高电平转换为低电平
    delay_us(4);
    IIC_SCL = 0;        //钳住 I2C 总线，准备发送或接收数据
}


void IIC_Stop(void)        //产生 I2C 停止信号
{
    SDA_OUT();        //SDA 线输出
    IIC_SCL = 0;
    IIC_SDA = 0;        //终止信号为：时钟线为高电平，数据线由低电平转换为高电平
    delay_us(4);
    IIC_SCL = 1;
    IIC_SDA = 1;        //发送 I2C 总线结束信号
    delay_us(4);
}
//等待应答信号到来
//返回值：1，接收应答失败
//        0，接收应答成功
u8 IIC_Wait_Ack(void)
{
    u8 ucErrTime = 0;
    SDA_IN();            //SDA 设置为输入
    IIC_SDA = 1;delay_us(1);
    IIC_SCL = 1;delay_us(1);
    while(READ_SDA)
    {
        ucErrTime++;
        if(ucErrTime > 250)
```

```
        {
            IIC_Stop();
            return 1;
        }
    }
    IIC_SCL = 0;              //时钟输出 0
    return 0;
}


void IIC_Ack(void)           //产生 ACK 应答
{
    IIC_SCL = 0;
    SDA_OUT();
    IIC_SDA = 0;
    delay_us(2);
    IIC_SCL = 1;
    delay_us(2);
    IIC_SCL = 0;
}


void IIC_NAck(void)          //不产生 ACK 应答
{
    IIC_SCL = 0;
    SDA_OUT();
    IIC_SDA = 1;
    delay_us(2);
    IIC_SCL = 1;
    delay_us(2);
    IIC_SCL = 0;
}
//I2C 发送一个字节
void IIC_Send_Byte(u8 txd)
{
    u8 t;
    SDA_OUT();
    IIC_SCL = 0;             //拉低时钟开始数据传输
    for(t = 0;t < 8;t++)
    {
        IIC_SDA = (txd&0x80) >> 7;
```

```
            txd<<=1;
            delay_us(2);           //对于 TEA5767，这三个延时都是必需的
            IIC_SCL = 1;
            delay_us(2);
            IIC_SCL = 0;
            delay_us(2);
        }
    }
//读 1 个字节，ack=1，发送 ACK；ack=0，发送 nACK
u8 IIC_Read_Byte(unsigned char ack)
{
    unsigned char i,receive = 0;
    SDA_IN();                  //SDA 设置为输入
    for(I = 0;I < 8;i++ )
    {
        IIC_SCL = 0;
        delay_us(2);
        IIC_SC L= 1;
        Receive <<= 1;
        if(READ_SDA) receive++;
        delay_us(1);
    }
    if (!ack)
        IIC_NAck();            //发送 nACK
    else
        IIC_Ack();             //发送 ACK
    return receive;
}
```

上述为 I2C 驱动代码，实现了 I2C 的初始化(I/O 口)、I2C 开始、I2C 结束、ACK 应答、I2C 读写等功能，在其他函数中，只需要调用相关的 I2C 函数就可以和外部 I2C 器件通信。这里并不局限于 AT24C02，只要对其进行简单修改，就可以在任何需要 I2C 的处理器设备上使用。

在 iic.h 头文件中，除了对相关函数进行声明外，还包含几个宏定义，代码如下：

```
//I/O 方向设置
//PB9 输入模式
#define SDA_IN() { GPIOB->MODER&=~(3<<(9*2));GPIOB->MODER|=0<<9*2; }
//PB9 输出模式
#define SDA_OUT() {GPIOB->MODER&=~(3<<(9*2));GPIOB->MODER|=1<<9*2;}
```

```
//I/O 操作函数
#define IIC_SCL PBout(8) //SCL
#define IIC_SDA PBout(9) //SDA
#define READ_SDA PBin(9) //输入 SDA
```

该部分代码的 SDA_IN( )和 SDA_OUT( )分别用于设置 IIC_SDA 接口为输入和输出,其他几个宏定义则通过位带操作实现 I/O 口的设置。

24cxx.c 文件中实现了通过 I2C 和 AT24C02 的通信对 EEPROM 进行读写控制。

```
#include "24cxx.h"
#include "delay.h"

void AT24CXX_Init(void)     //初始化 I2C 接口
{
    IIC_Init();             //I2C 初始化
}
//在 AT24CXX 指定地址读出一个数据
//ReadAddr：开始读数的地址
//返回值：读到的数据
u8 AT24CXX_ReadOneByte(u16 ReadAddr)
{
    u8 temp = 0;

    IIC_Start();
    if(EE_TYPE > AT24C16)
    {
        IIC_Send_Byte(0xA0);                        //发送写命令
        IIC_Wait_Ack();
        IIC_Send_Byte(ReadAddr >> 8);               //发送高地址
    }else
    IIC_Send_Byte(0xA0 + ((ReadAddr/256) << 1));    //发送器件地址 0xA0，写数据
    IC_Wait_Ack();
    IIC_Send_Byte(ReadAddr%256);                    //发送低地址
    IIC_Wait_Ack();
    IIC_Start();
    IIC_Send_Byte(0xA1);                            //进入接收模式
    IIC_Wait_Ack();
    Temp = IIC_Read_Byte(0);
    IIC_Stop();                                     //产生一个停止条件
```

```
        return temp;
    }
//在 AT24CXX 指定地址写入一个数据
//WriteAddr：写入数据的目的地址
//DataToWrite：要写入的数据
void AT24CXX_WriteOneByte(u16 WriteAddr,u8 DataToWrite)
{

    IIC_Start();
    if(EE_TYPE > AT24C16)
    {
      IIC_Send_Byte(0xA0);                        //发送写命令
      IIC_Wait_Ack();
      IIC_Send_Byte(WriteAddr >> 8);              //发送高地址
    }else
      IIC_Send_Byte(0xA0 + ((WriteAddr/256) << 1));  //发送器件地址 0xA0,写数据

      IIC_Wait_Ack();
      IIC_Send_Byte(WriteAddr%256);               //发送低地址
      IIC_Wait_Ack();
      IIC_Send_Byte(DataToWrite);                 //发送字节
      IIC_Wait_Ack();
      IIC_Stop();                                 //产生一个停止条件
      delay_ms(10);
}
//在 AT24CXX 的指定地址写入长度为 Len 的数据
//该函数用于写入 16 位或 32 位的数据
//WriteAddr：开始写入的地址
//DataToWrite：数据数组首地址
//Len：要写入数据的长度
void AT24CXX_WriteLenByte(u16 WriteAddr,u32 DataToWrite,u8 Len)
{
    u8 t;
    for(t = 0;t < Len;t++)
    {
      AT24CXX_WriteOneByte(WriteAddr+t,(DataToWrite>>(8*t))&0xff);
    }
}
```

```
//在 AT24CXX 的指定地址读出长度为 Len 的数据
//该函数用于读出 16 位或 32 位的数据
//ReadAddr：开始读出的地址
//返回值：读出数据
//Len：要读出数据的长度
u32 AT24CXX_ReadLenByte(u16 ReadAddr,u8 Len)
{
    u8 t;
    u32 temp = 0;
    for(t = 0;t < Len;t++)
    {
        Temp <<= 8;
        Temp += AT24CXX_ReadOneByte(ReadAddr+Len-t-1);
    }
    return temp;
}
//检查 AT24CXX 是否正常
//这里使用 24XX 的最后一个地址(255)来存储标志字
//对于其他的 24C 系列，应修改该地址
//返回 1：检测失败
//返回 0：检测成功
u8 AT24CXX_Check(void)
{
    u8 temp;
    temp = AT24CXX_ReadOneByte(255);          //避免每次开机都写 AT24CXX

    if(temp == 0x55) return 0;
    else             //排除第一次初始化的情况
    {
        AT24CXX_WriteOneByte(255,0x55);
        Temp = AT24CXX_ReadOneByte(255);
        if(temp == 0x55)return 0;
    }
    return 1;
}

//在 AT24CXX 的指定地址读出指定个数的数据
```

```
//ReadAddr：开始读出的地址，对于 24C02，为 0~255
//pBuffer：数据数组首地址
//NumToRead：要读出数据的个数
void AT24CXX_Read(u16 ReadAddr,u8 *pBuffer,u16 NumToRead)
{
    while(NumToRead)
    {
        *pBuffer++ = AT24CXX_ReadOneByte(ReadAddr++);
        NumToRead--;
    }
}
//在 AT24CXX 的指定地址写入指定个数的数据
//WriteAddr：开始写入的地址，对于 24C02，为 0~255
//pBuffer：数据数组首地址
//NumToWrite：要写入数据的个数
void AT24CXX_Write(u16 WriteAddr,u8 *pBuffer,u16 NumToWrite)
{
    while(NumToWrite--)
    {
        AT24CXX_WriteOneByte(WriteAddr,*pBuffer);
        WriteAddr++;
        pBuffer++;
    }
}
```

以上就是按照 I2C 通信协议和 AT24C02 芯片通信的实现过程。需要注意的是，硬件上 AT24C02 的地址引脚必须都为零。

接下来，就是在主函数中实现 STM32 对 AT24C02 数据的存储，代码如下：

```
//要写入到 24C02 的字符串数组
const u8 TEXT_Buffer[]={"TEST STM32F4 IIC TEST"};
#define SIZE sizeof(TEXT_Buffer)
int main(void)
{
    u8 key;
    u16 i = 0;
    u8 datatemp[SIZE];
    NVIC_PriorityGroupConfig(NVIC_PriorityGroup_2);
    //设置系统中断优先级分组 2
```

```
delay_init(168);                        //初始化延时函数
uart_init(115200);                      //初始化串口波特率为 115 200 b/s
LED_Init();                             //初始化 LED
LCD_Init();                             //LCD 初始化
KEY_Init();                             //按键初始化
AT24CXX_Init();                         //I2C 初始化
POINT_COLOR = RED;
LCD_ShowString(30,50,200,16,16,"STM32F4");
LCD_ShowString(30,70,200,16,16,"IIC TEST");
LCD_ShowString(30,130,200,16,16,"KEY1:Write KEY2:Read");    //显示提示信息

while(AT24CXX_Check())                  //检测不到 24C02
{
    LCD_ShowString(30,150,200,16,16,"24C02 Check Failed!");
    delay_ms(500);
    LCD_ShowString(30,150,200,16,16,"Please Check! ");
    delay_ms(500);
    LED0 = !LED0;                       // LED 0 闪烁
}
LCD_ShowString(30,150,200,16,16,"24C02 Ready!");
POINT_COLOR = BLUE;                     //设置字体为蓝色
while(1)
{
    key = KEY_Scan(0);
    if(key == KEY1_PRES)                //KEY1 按下,写入  24C02
    {
        LCD_Fill(0,170,239,319,WHITE);          //清除半屏
        LCD_ShowString(30,170,200,16,16,"Start Write 24C02....");
        AT24CXX_Write(0,(u8*)TEXT_Buffer,SIZE);
        LCD_ShowString(30,170,200,16,16,"24C02 Write Finished!");
        //提示传送完成
    }

    if(key == KEY0_PRES)                //KEY0 按下,读取字符串并显示
    {
        LCD_ShowString(30,170,200,16,16,"Start Read 24C02.... ");
        AT24CXX_Read(0,datatemp,SIZE);
        LCD_ShowString(30,170,200,16,16,"The Data Readed Is: ");
```

```
        //提示传送完成
        LCD_ShowString(30,190,200,16,16,datatemp);        //显示读到的字符串
    }
    i++;
    delay_ms(10);
    if(i == 20)
    {
        LED0 = !LED0;        //提示系统正在运行
        i = 0;
    }
  }
}
```

上述代码实现了通过 KEY1 按键来控制 AT24C02 的写入，通过另外一个按键 KEY0 来控制 AT24C02 的读取，并在 LCD 模块上或串口界面上显示相关信息。

思考与练习

1. I2C 总线在传送数据过程中有三种信号，分别是＿＿＿＿＿＿＿＿＿、结束信号和＿＿＿＿＿＿＿。

2. I2C 总线包含＿＿＿＿＿、＿＿＿＿＿两条线。

3. SPI 总线包含＿＿＿＿＿、＿＿＿＿＿、＿＿＿＿＿、＿＿＿＿＿四条线。

4. 简述实现 I2C 通信的一般过程。

5. 简述实现 SPI 通信的一般步骤。

第 10 章　ADC/DAC 与 DMA 的原理及应用

10.1　STM32 的 ADC

STM32 的 ADC 是 12 位趋近型转换器，它具有多达 19 个复用通道，可测量来自 16 个外部源、两个内部源和 V_{BAT} 通道的信号。这些通道的 A/D 转换可在单次、连续、扫描或不连续采样模式下进行。ADC 的结果存储在一个左对齐或右对齐的 16 位数据寄存器中。ADC 还具有模拟看门狗特性，允许应用检测输入电压是否超过了用户自定义的阈值上下限等。

10.1.1　ADC 的功能与结构

ADC 的结构框图如图 10.1 所示。下面从 7 个方面介绍 ADC 的功能结构。

1. ADC 通道选择

ADC 有 16 条复用通道，可以将转换分为两组：规则转换和注入转换。此外，ADC 还有内部温度传感器、V_{REFINT}、V_{BAT} 内部通道(如图 10.2 所示)。对于 STM32F40x 而言，温度传感器内部连接到通道 ADC1_IN16，内部参考电压 V_{REFINT} 连接到 ADC1_IN17；对于 STM32F42x 和 STM32F43x 而言，温度传感器内部连接到与 V_{BAT} 共用的输入通道 ADC1_IN18，该通道用于将传感器输出电压或 V_{BAT} 转换为数字值，一次只能选择一个转换(温度传感器或 V_{BAT})。同时，设置温度传感器和 V_{BAT} 转换时，将只进行 V_{BAT} 转换。

2. 注入通道管理(触发注入/自动注入)

要使用触发注入，必须将 ADC_CR1 寄存器中的 JAUTO 位清零。同时，ADC 还要经历以下过程：

(1) 通过外部触发或将 ADC_CR2 寄存器中的 SWSTART 位置 1，来启动规则通道组转换。

(2) 在规则通道组转换期间，如果出现外部注入触发或者 JSWSTART 位置 1，则当前的转换会复位，并且注入通道序列会切换为单次扫描模式。

(3) 完成以上操作后，规则通道组的规则转换会从上次中断的规则转换处恢复。如果在注入转换期间出现规则事件，则注入转换不会中断，但在注入序列结束时会执行规则序列。ADC 注入通道时序图如图 10.2 所示。

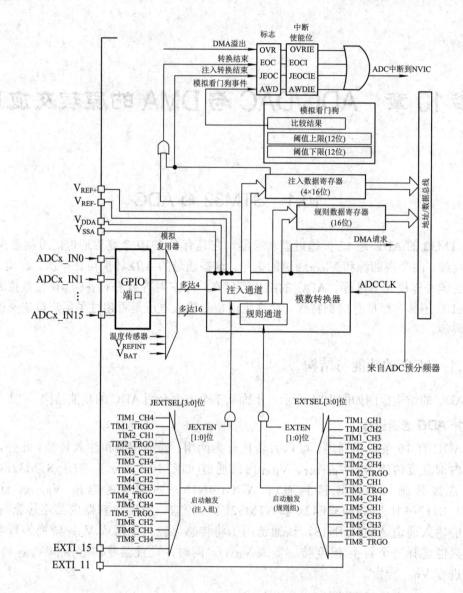

图 10.1　ADC 的结构框图

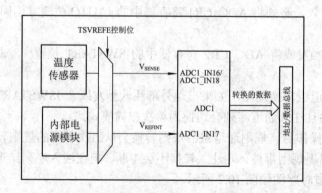

图 10.2　温度传感器和 V_{REFINT} 通道框图

要使用自动注入，只需将 JAUTO 位置 1，则注入组中的通道会在规则组通道之后自动转换。自动注入可用于转换最多由 20 个转换构成的序列，这些转换在 ADC_SQRx 和 ADC_JSQR 寄存器中编程。在此模式下，必须禁止注入通道上的外部触发。如果 CONT 位和 JAUTO 位均已置 1，则在转换规则通道之后会继续转换注入通道。注意，不能同时使用自动注入和不连续采样模式。

3. 模拟看门狗

ADC 还可以模拟看门狗，如果 ADC 转换的模拟电压低于阈值下限或高于阈值上限，则模拟看门狗(Analog Watchdog，AWD)状态位会置 1。这些阈值在 ADC_HTR 和 ADC_LTR16 位寄存器的 12 个最低有效位中进行编程。可以使用 ADC_CR1 寄存器中的 AWDIE 位使能中断。阈值与 ADC_CR2 寄存器中的 ALIGN 位的所选对齐方式无关。在对齐之前，会将模拟电压与阈值上限和下限进行比较，如图 10.3 所示。

图 10.3　模拟看门狗的保护区域

模拟看门狗时的通道选择和控制寄存器相关位的设置如表 10.1 所示。

表 10.1　模拟看门狗时通道选择

模拟看门狗保护的通道	ADC_CR1 寄存器控制位		
	AWDSGL 位	AWDEN 位	JAWDEN 位
无	X[①]	0	0
所有注入通道	0	0	1
所有注入通道	0	1	0
所有规则通道和注入通道	0	1	1
单个注入通道	1	0	1
单个规则通道	1	1	0
单个规则通道或注入通道	1	1	1

注：①表示无关。

4. 不连续采样模式(规则组/注入组)

可将 ADC_CR1 寄存器中的 DISCEN 位置 1 来使能规则组模式。该模式可用于转换含有 $n(n \leqslant 8)$ 个转换的短序列，该短序列是在 ADC_SQRx 寄存器中选择的转换序列的一部分。可通过写入 ADC_CR1 寄存器中的 DISCNUM[2:0]位来指定 n 的值。出现外部触发时，将启动在 ADC_SQRx 寄存器中选择的 n 个转换，直到序列中的所有转换均完成为止。通过 ADC_SQR1 寄存器中的 L[3:0]位可定义总序列长度。

示例：

$n=3$, 要转换的通道为 0、1、2、3、6、7、9、10;

第 1 次触发: 转换序列 0、1、2;

第 2 次触发: 转换序列 3、6、7;

第 3 次触发: 转换序列 9、10, 并生成 EOC 事件;

第 4 次触发: 转换序列 0、1、2。

可将 ADC_CR1 寄存器中的 JDISCEN 位置 1 来使能注入组模式。在出现外部触发事件后, 可使用该模式逐通道转换在 ADC_JSQR 寄存器中选择的序列。出现外部触发时, 将启动在 ADC_JSQR 寄存器中选择的下一个通道转换, 直到序列中的所有转换均完成为止。通过 ADC_JSQR 寄存器中的 JL[1:0] 位可定义总序列长度。

示例:

$n=1$, 要转换的通道为 1、2、3;

第 1 次触发: 转换通道 1;

第 2 次触发: 转换通道 2;

第 3 次触发: 转换通道 3, 并生成 EOC 和 JEOC 事件;

第 4 次触发: 通道 1。

5. 数据对齐

ADC_CR2 寄存器中的 ALIGN 位可用于选择转换后存储数据的对齐方式, 可选择右对齐和左对齐两种方式, 如图 10.4 和图 10.5 所示。注入组的转换数据将减去 ADC_JOFRx 寄存器中写入的用户自定义偏移量, 因此结果可以是一个负值; SEXT 位表示扩展的符号值。对于规则组中的通道, 不会减去任何偏移量, 因此只有 12 个位有效。

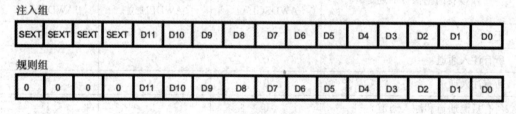

图 10.4　12 位数据的右对齐

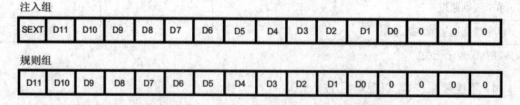

图 10.5　12 位数据的左对齐

但有一种特殊情况, 采用左对齐且分辨率设置为 6 位时, 数据基于字节进行对齐, 如图 10.6 所示。

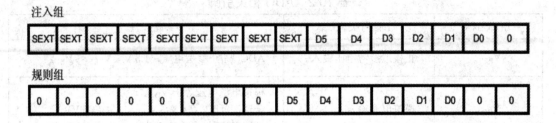

图 10.6　6 位数据的左对齐

6. 可独立设置各通道采样时间

ADC 在开始精确转换之前需要一段稳定时间 t_{STAB}，如图 10.7 所示。ADC 开始转换并经过 15 个时钟周期后，EOC 标志置 1，转换结果存放在 16 位 ADC 数据寄存器中。

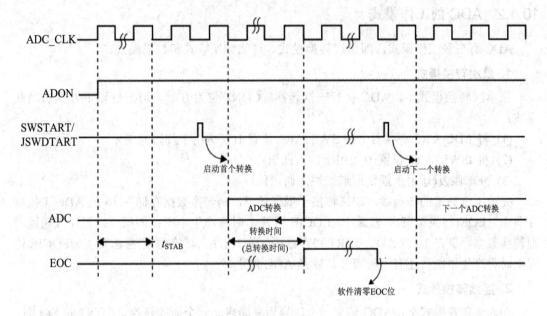

图 10.7　ADC 时序图

ADC 会在数个 ADCCLK 周期内对输入电压进行采样，可使用 ADC_SMPR1 和 ADC_SMPR2 寄存器中的 SMP[2:0] 位修改周期数。每个通道均可以使用不同的采样时间进行采样。

总转换时间的计算公式如下：

$$T_{conv} = 采样时间 + 12 \ 个周期$$

例如，ADCCLK 为 30 MHz 且采样时间为 3 个周期时：

$$T_{conv} = 3 + 12 = 15 \ 个周期 = 0.5 \ \mu s(APB2 \ 为 60 \ MHz 时)$$

7. ADC 相关引脚

ADC 相关引脚描述如表 10.2 所示。

表 10.2　ADC 相关引脚

引脚名称	信号类型	备注
V_{REF+}	正模拟参考电压输入	ADC 高/正参考电压，$1.8\,V \leqslant V_{REF+} \leqslant V_{DDA}$
V_{DDA}	模拟电源输入	模拟电源电压等于 V_{DD}。 全速运行时，$2.4\,V \leqslant V_{DDA} \leqslant V_{DD}(3.6\,V)$； 低速运行时，$1.8\,V \leqslant V_{DDA} \leqslant V_{DD}(3.6\,V)$
V_{REF-}	负模拟参考电压输入	ADC 低/负参考电压，$V_{REF-} = V_{SSA}$
V_{REF-}	模拟电源接地输入	模拟电源接地电压，等于 V_{SS}
ADCx_IN[15:0]	模拟输入信号	16 个模拟输入通道

10.1.2　ADC 的工作模式

ADC 有三种工作模式，即单次转换模式、连续转换模式和扫描模式。

1. 单次转换模式

在单次转换模式下，ADC 执行一次转换。CONT 位为 0 时，可通过以下方式启动此模式：

(1) 将 ADC_CR2 寄存器中的 SWSTART 位置 1(仅适用于规则通道)。

(2) 将 JSWSTART 位置 1(适用于注入通道)。

(3) 外部触发(适用于规则通道或注入通道)。

完成所选通道的转换后，如果转换了规则通道，则转换数据存储在 16 位 ADC_DR 寄存器中、EOC(转换结束)标志置 1、EOCIE 位置 1 时将产生中断；如果转换了注入通道，则转换数据存储在 16 位 ADC_JDR1 寄存器中、JEOC(注入转换结束)标志置 1、JEOCIE 位置 1 时将产生中断；还有一种可能，就是 ADC 停止。

2. 连续转换模式

在连续转换模式下，ADC 结束一个转换后立即启动一个新的转换。CONT 位为 1 时，可通过外部触发或将 ADC_CR2 寄存器中的 SWSTRT 位置 1 来启动此模式(仅适用于规则通道)。

每次转换后，如果转换了规则通道组，则上次转换的数据存储在 16 位 ADC_DR 寄存器中、EOC(转换结束)标志置 1、EOCIE 位置 1 时将产生中断。

3. 扫描模式

扫描模式用于扫描一组模拟通道，可通过将 ADC_CR1 寄存器中的 SCAN 位置 1 来选择此模式。将 SRAM 位置 1 后，ADC 会扫描在 ADC_SQRx 寄存器(对于规则通道)或 ADC_JSQR 寄存器(对于注入通道)中选择的所有通道，且为组中的每个通道都执行一次转换。每次转换结束后，会自动转换该组中的下一个通道。如果将 CONT 位置 1，则规则通道转换不会在该组中最后一个所选通道处停止，而是再次从第一个所选通道处继续转换。

如果将 DMA 位置 1，则在每次规则通道转换之后，均使用直接存储器访问(DMA)控制器将转换自规则通道组的数据(存储在 ADC_DR 寄存器中)传输到 SRAM。

在以下情况下，ADC_SR 寄存器中的 EOC 位置 1。

(1) 如果 EOCS 位清零，则在每个规则组序列转换结束时 EOC 位置 1。

(2) 如果 EOCS 位置 1，则在每个规则通道转换结束时 EOC 位置 1。

注意：从注入通道转换的数据始终存储在 ADC_JDRx 寄存器中。

10.1.3　ADC 中断

ADC 中断如表 10.3 所示，当模拟看门狗状态位和溢出状态位分别置 1 时，规则组和注入组在转换结束时可产生中断。

表 10.3　ADC 中断事件

中断事件	事件标志	使能控制位
结束规则组的转换	EOC	EOCIE
结束注入组的转换	JEOC	JEOCIE
模拟看门狗状态位置 1	AWD	AWDIE
溢出 (Overrun)	OVR	OVRIE

10.1.4　ADC 的寄存器和库函数

ADC 相关寄存器及其功能如表 10.4 所示。ADC 相关寄存器和复位值如表 10.5 所示。

表 10.4　ADC 相关寄存器及其功能

ADC 寄存器	功　能
ADC 状态寄存器(ADC_SR)	描述 ADC 相关状态
ADC 控制寄存器 1 (ADC_CR1)	控制 ADC 实现相关功能的寄存器 1
ADC 控制寄存器 2 (ADC_CR2)	控制 ADC 实现相关功能的寄存器 2
ADC 采样时间寄存器 1 (ADC_SMPR1)	设置不同通道(10~18)的采样时间
ADC 采样时间寄存器 2 (ADC_SMPR2)	设置不同通道(0~9)的采样时间
ADC 注入通道数据偏移寄存器 x(ADC_JOFRx) (x=1~4)	这些位可定义在转换注入通道时从原始转换数据中减去的偏移量
ADC 规则序列寄存器 3 (ADC_SQR3)	对规则序列转换通道排序的寄存器 3
ADC 规则序列寄存器 2 (ADC_SQR2)	对规则序列转换通道排序的寄存器 2
ADC 规则序列寄存器 1 (ADC_SQR1)	对规则序列转换通道排序的寄存器 1
ADC 注入数据寄存器 x (ADC_JDRx) (x= 1~4)	注入通道 x 的转换结果。数据有左对齐和右对齐两种方式
ADC 规则数据寄存器 (ADC_DR)	规则通道的转换结果。数据有左对齐和右对齐两种方式

表 10.5　ADC 相关寄存器和复位值

偏移地址	寄存器名称	31	30	29	28	27	26	25	24	23	22	21	20	19	18	17	16	15	14	13	12	11	10	9	8	7	6	5	4	3	2	1	0
0x00	ADC_SR	保留																										OVR	STRT	JSTRT	JEOC	EOC	AWD
	复位值																											0	0	0	0	0	0
0x04	ADC_CR1	保留					OVRIE	RES[1:0]		AWDEN	JAWDEN	保留						DISC NUM [2:0]			JDISCEN	DISCEN	JAUTO	AWD SGL	SCAN	JEOCIE	AWDIE	EOCIE	AWDCH [4:0]				
	复位值						0	0	0	0	0							0	0	0	0	0	0	0	0	0	0	0	0	0	0	0	0
0x08	ADC_CR2	保留	SWSTART	EXTEN[1:0]		EXTSEL [3:0]				保留		JEXTEN [1:0]		JEXTSEL [3:0]				保留				ALIGN	EOCS	DDS	DMA	保留						CONT	ADON
	复位值		0	0	0	0	0	0	0		0	0	0	0	0	0	0					0	0	0	0							0	0
0x0C	ADC_SMPR1	采样时间位 SMPx_x																															
	复位值	0	0	0	0	0	0	0	0	0	0	0	0	0	0	0	0	0	0	0	0	0	0	0	0	0	0	0	0	0	0	0	0
0x10	ADC_SMPR2	采样时间位 SMPx_x																															
	复位值	0	0	0	0	0	0	0	0	0	0	0	0	0	0	0	0	0	0	0	0	0	0	0	0	0	0	0	0	0	0	0	0
0x14	ADC_JOFR1	保留																				JOFFSET1[11:0]											
	复位值																					0	0	0	0	0	0	0	0	0	0	0	0
0x18	ADC_JOFR2	保留																				JOFFSET2[11:0]											
	复位值																					0	0	0	0	0	0	0	0	0	0	0	0
0x1C	ADC_JOFR3	保留																				JOFFSET3[11:0]											
	复位值																					0	0	0	0	0	0	0	0	0	0	0	0
0x20	ADC_JOFR4	保留																				JOFFSET4[11:0]											
	复位值																					0	0	0	0	0	0	0	0	0	0	0	0
0x24	ADC_HTR	保留																				HT[11:0]											
	复位值																					1	1	1	1	1	1	1	1	1	1	1	1
0x28	ADC_LTR	保留																				LT[11:0]											
	复位值																					0	0	0	0	0	0	0	0	0	0	0	0
0x2C	ADC_SQR1	保留				JL[1:0]		规则组通道队列 SQx_x bits																									
	复位值					0	0	0	0	0	0	0	0	0	0	0	0	0	0	0	0	0	0	0	0	0	0	0	0	0	0	0	0
0x30	ADC_SQR2	保留	规则组通道队列 SQx_x bits																														
	复位值		0	0	0	0	0	0	0	0	0	0	0	0	0	0	0	0	0	0	0	0	0	0	0	0	0	0	0	0	0	0
0x34	ADC_SQR3	保留	规则组通道队列SQx_x bits																														
	复位值		0	0	0	0	0	0	0	0	0	0	0	0	0	0	0	0	0	0	0	0	0	0	0	0	0	0	0	0	0	0
0x38	ADC_JSQR	保留					JL[1:0]		注入组通道队列JSQx_x bits																								
	复位值						0	0	0	0	0	0	0	0	0	0	0	0	0	0	0	0	0	0	0	0	0	0	0	0	0	0
0x3C	ADC_JDR1	保留																JDATA[15:0]															
	复位值																	0	0	0	0	0	0	0	0	0	0	0	0	0	0	0	0
0x40	ADC_JDR2	保留																JDATA[15:0]															
	复位值																	0	0	0	0	0	0	0	0	0	0	0	0	0	0	0	0
0x44	ADC_JDR3	保留																JDATA[15:0]															
	复位值																	0	0	0	0	0	0	0	0	0	0	0	0	0	0	0	0
0x48	ADC_JDR4	保留																JDATA[15:0]															
	复位值																	0	0	0	0	0	0	0	0	0	0	0	0	0	0	0	0
0x4C	ADC_DR	保留																规则组 DATA[15:0]															
	复位值																	0	0	0	0	0	0	0	0	0	0	0	0	0	0	0	0

ADC 寄存器组的结构体 ADC_TypeDef 定义在库文件 STM32f4xx.h 中，代码如下：

```
typedef struct
{
    __IO uint32_t SR;              // ADC 状态寄存器, 偏移地址: 0x00
    __IO uint32_t CR1;             // ADC 控制寄存器 1, 偏移地址: 0x04
    __IO uint32_t CR2;             // ADC 控制寄存器 2, 偏移地址: 0x08
    __IO uint32_t SMPR1;           // ADC 采样时间寄存器 1, 偏移地址: 0x0C
    __IO uint32_t SMPR2;           // ADC 采样时间寄存器 2, 偏移地址: 0x10
    __IO uint32_t JOFR1;
    // ADC 注入的通道数据偏移寄存器 1, 偏移地址: 0x14
    __IO uint32_t JOFR2;
    // ADC 注入的通道数据偏移寄存器 2, 偏移地址: 0x18
    __IO uint32_t JOFR3;
    // ADC 注入的通道数据偏移寄存器 3, 偏移地址: 0x1C
    __IO uint32_t JOFR4;
    // ADC 注入的通道数据偏移寄存器 4, 偏移地址: 0x20
    __IO uint32_t HTR;
    // ADC 看门狗高阈值寄存器, 偏移地址: 0x24
    __IO uint32_t LTR;
    // ADC 看门狗低阈值寄存器, 偏移地址: 0x28
    __IO uint32_t SQR1;            // ADC 规则序列寄存器 1, 偏移地址: 0x2C
    __IO uint32_t SQR2;            // ADC 规则序列寄存器 2, 偏移地址: 0x30
    __IO uint32_t SQR3;            //ADC 规则序列寄存器 3, 偏移地址: 0x34
    __IO uint32_t JSQR;            // ADC 注入序列寄存器, 偏移地址: 0x38
    __IO uint32_t JDR1;            // ADC 注入数据寄存器 1, 偏移地址: 0x3C
    __IO uint32_t JDR2;            // ADC 注入数据寄存器 2, 偏移地址: 0x40
    __IO uint32_t JDR3;            // ADC 注入数据寄存器 3, 偏移地址: 0x44
    __IO uint32_t JDR4;            // ADC 注入数据寄存器 4, 偏移地址: 0x48
    __IO uint32_t DR;              // ADC 规则数据寄存器, 偏移地址: 0x4C
} ADC_TypeDef;

#define ADC                        ((ADC_Common_TypeDef *) ADC_BASE)
#define PERIPH_BASE                ((uint32_t)0x40000000)
#define APB1PERIPH_BASE            PERIPH_BASE
#define APB2PERIPH_BASE            (PERIPH_BASE + 0x00010000)

//别名区域中的外围设备基地址
#define ADC_BASE                   (APB2PERIPH_BASE + 0x2300)
```

//ADC 的首地址是 0x40012300

ADC 相关的库函数如下：

```
/* **********初始化和配置功能函数*************** */
void ADC_Init(ADC_TypeDef* ADCx, ADC_InitTypeDef* ADC_InitStruct);
void ADC_StructInit(ADC_InitTypeDef* ADC_InitStruct);
void ADC_Cmd(ADC_TypeDef* ADCx, FunctionalState NewState);
/*********** 模拟看门狗配置功能************** */
void ADC_AnalogWatchdogCmd(ADC_TypeDef* ADCx, uint32_t ADC_AnalogWatchdog);
void ADC_AnalogWatchdogThresholdsConfig(ADC_TypeDef* ADCx, uint16_t HighThreshold,
uint16_t LowThreshold);
void ADC_AnalogWatchdogSingleChannelConfig(ADC_TypeDef* ADCx, uint8_t ADC_Channel);


/*******温度传感器, Vrefint 及 VBAT 管理功能函数 ****** */
void ADC_TempSensorVrefintCmd(FunctionalState NewState);
void ADC_VBATCmd(FunctionalState NewState);


/*********规则通道配置功能函数 ************ */
void ADC_RegularChannelConfig(ADC_TypeDef* ADCx, uint8_t ADC_Channel, uint8_t Rank,
uint8_t ADC_SampleTime);
void ADC_SoftwareStartConv(ADC_TypeDef* ADCx);
FlagStatus ADC_GetSoftwareStartConvStatus(ADC_TypeDef* ADCx);
void ADC_EOCOnEachRegularChannelCmd(ADC_TypeDef* ADCx, FunctionalState NewState);
void ADC_ContinuousModeCmd(ADC_TypeDef* ADCx, FunctionalState NewState);
void ADC_DiscModeChannelCountConfig(ADC_TypeDef* ADCx, uint8_t Number);
void ADC_DiscModeCmd(ADC_TypeDef* ADCx, FunctionalState NewState);
uint16_t ADC_GetConversionValue(ADC_TypeDef* ADCx);
uint32_t ADC_GetMultiModeConversionValue(void);


/************中断和标志管理功能函数************* */
void ADC_ITConfig(ADC_TypeDef* ADCx, uint16_t ADC_IT, FunctionalState NewState);

FlagStatus ADC_GetFlagStatus(ADC_TypeDef* ADCx, uint8_t ADC_FLAG);
void ADC_ClearFlag(ADC_TypeDef* ADCx, uint8_t ADC_FLAG);
ITStatus ADC_GetITStatus(ADC_TypeDef* ADCx, uint16_t ADC_IT);
void ADC_ClearITPendingBit(ADC_TypeDef* ADCx, uint16_t ADC_IT);
```

标准库中提供了丰富的功能函数，这些功能函数可设置和获取相关的功能寄存器和状态寄存器。这些函数分别对应 ADC 初始化配置函数、模拟看门狗函数、自带的温度和测

电压值的函数、ADC 规则组配置函数和中断标志管理相关函数。调用时，只要提供正确的
参数值即可。

10.1.5　ADC 应用案例

ADC 有很多应用案例，本案例将通过 ADC 来测量开发板的电压值。

实现功能：通过 ADC1 的通道 5(PA5)来读取外部电压值。

硬件原理图：ADC 测电压使用的 GPIOA 的第五个引脚接在可变电阻上，以达到测量
可变电压值的目的，如图 10.8 所示。

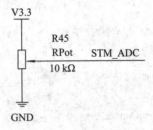

图 10.8　ADC 原理图

程序分析：要实现 ADC 测量电压值，需要配置 ADC 相关的寄存器，包括 ADC 控制
寄存器、ADC 采样时间寄存器、ADC 规则序列寄存器、ADC 规则数据寄存器和 ADC 状
态寄存器。具体步骤如下：

(1) 开启 PA 口时钟和 ADC1 时钟，设置 PA5 为模拟输入。

(2) 设置 ADC 的通用控制寄存器 CCR，配置 ADC 输入时钟分频，模式为独立模式等。
可以使用库函数中的 ADC_CommonInit()函数来初始化 CCR 寄存器：

```
void ADC_CommonInit(ADC_CommonInitTypeDef* ADC_CommonInitStruct)
```

调用 ADC_CommonInit()函数时，应先定义 ADC_CommonInitTypeDef 结构体变量，然
后对它们赋值，最后按照赋值进行初始化。具体代码如下：

```
ADC_CommonInitTypeDefADC_CommonInitStructure;
//设置是独立模式还是多重模式
ADC_CommonInitStructure.ADC_Mode = ADC_Mode_Independent;
//独立模式
//设置两个采样阶段之间的延迟周期数
ADC_CommonInitStructure.ADC_TwoSamplingDelay = ADC_TwoSamplingDelay_5Cycles;
//取值范围为：ADC_TwoSamplingDelay_5Cycles~ ADC_TwoSamplingDelay_20Cycles
//DMA 模式禁止或者使能相应 DMA 模式
ADC_CommonInitStructure.ADC_DMAAccessMode=ADC_DMAAccessMode_Disabled;
//DMA 模式禁止
//设置 ADC 预分频器
ADC_CommonInitStructure.ADC_Prescaler = ADC_Prescaler_Div4;
//设置分频系数为 4 分频，即 ADC_Prescaler_Div4
```

```
//保证 ADC1 的时钟频率不超过 36 MHz
ADC_CommonInit(&ADC_CommonInitStructure);        //初始化
```

(3) 初始化 ADC1 参数，设置 ADC1 的转换分辨率、转换方式、数据对齐方式以及规则序列等相关信息。具体的使用函数为：

```
void ADC_Init(ADC_TypeDef* ADCx, ADC_InitTypeDef* ADC_InitStruct)
```

初始化 ADC1 的具体代码如下：

```
//设置 ADC 转换分辨率
ADC_InitStructure.ADC_Resolution = ADC_Resolution_12b;        //12 位模式
//设置是否打开扫描模式
ADC_InitStructure.ADC_ScanConvMode = DISABLE;                 //非扫描模式
//设置是单次转换模式还是连续转换模式
ADC_InitStructure.ADC_ContinuousConvMode = DISABLE;          //关闭连续转换
//设置外部通道的触发使能和检测方式
ADC_InitStructure.ADC_ExternalTrigConvEdge =
ADC_ExternalTrigConvEdge_None;                               //禁止触发检测，使用软件触发
//设置数据对齐方式
ADC_InitStructure.ADC_DataAlign = ADC_DataAlign_Right;       //右对齐
//设置规则序列的长度
ADC_InitStructure.ADC_NbrOfConversion = 1;                   //1 个转换在规则序列中
ADC_Init(ADC1, &ADC_InitStructure);                          //ADC 初始化
```

(4) 开启 A/D 转换器。

```
ADC_Cmd(ADC1, ENABLE);        //开启 A/D 转换器
```

(5) 读取 ADC 值。

完成上述步骤后，再设置规则序列 1 里面的通道，然后启动 ADC 转换。转换完成后，读取转换结果即可。

这里设置规则序列通道以及采样周期的函数如下：

```
void ADC_RegularChannelConfig(ADC_TypeDef* ADCx, uint8_t
ADC_Channel, uint8_t Rank, uint8_t ADC_SampleTime);
```

此时测电压的 ADC 通道是规则序列中的第 1 个转换，同时采样周期为 480，所以设置为：

```
ADC_RegularChannelConfig(ADC1, ADC_Channel_5, 1,
ADC_SampleTime_480Cycles );
```

软件启动 ADC 转换的方法如下：

```
ADC_SoftwareStartConvCmd(ADC1);        //使能指定的 ADC1 的软件转换启动功能
```

启动转换之后，就可以获取转换 ADC 转换结果数据，方法是：

```
ADC_GetConversionValue(ADC1);
```

同时在 A/D 转换过程中，还要根据状态寄存器的标志位来获取 A/D 转换的各个状态信息。标准库中获取 A/D 转换状态信息的函数是：

```
FlagStatus ADC_GetFlagStatus(ADC_TypeDef* ADCx, uint8_tADC_FLAG)
```

用来判断 ADC1 转换是否结束的方法是：

```
while(!ADC_GetFlagStatus(ADC1, ADC_FLAG_EOC ));                  //等待转换结束
```

adc.c 文件中定义了相关的初始化函数和操作函数，具体代码如下：

```
//初始化 ADC
//这里仅以规则通道为例
void Adc_Init(void)
{
    GPIO_InitTypeDef GPIO_InitStructure;
    ADC_CommonInitTypeDef ADC_CommonInitStructure;
    ADC_InitTypeDef ADC_InitStructure;
    //开启 ADC 和 GPIO 相关时钟，初始化 GPIO
    RCC_AHB1PeriphClockCmd(RCC_AHB1Periph_GPIOA, ENABLE);
    //使能 GPIOA 时钟
    RCC_APB2PeriphClockCmd(RCC_APB2Periph_ADC1, ENABLE);
    //使能 ADC1 时钟
    //先初始化 ADC1 通道 5 的 I/O 口
    GPIO_InitStructure.GPIO_Pin = GPIO_Pin_5;              //PA5 通道 5
    GPIO_InitStructure.GPIO_Mode = GPIO_Mode_AN;          //模拟输入
    GPIO_InitStructure.GPIO_PuPd = GPIO_PuPd_NOPULL ;    //不带上下拉
    GPIO_Init(GPIOA, &GPIO_InitStructure);               //初始化
    RCC_APB2PeriphResetCmd(RCC_APB2Periph_ADC1,ENABLE);
    //ADC1 复位
    RCC_APB2PeriphResetCmd(RCC_APB2Periph_ADC1,DISABLE);
    //复位结束
    //初始化通用配置
    ADC_CommonInitStructure.ADC_Mode = ADC_Mode_Independent;
    //独立模式
    ADC_CommonInitStructure.ADC_TwoSamplingDelay =
    ADC_TwoSamplingDelay_5Cycles;         //两个采样之间延迟 5 个时钟
    ADC_CommonInitStructure.ADC_DMAAccessMode =
    ADC_DMAAccessMode_Disabled;           //DMA 失能
    ADC_CommonInitStructure.ADC_Prescaler = ADC_Prescaler_Div4;
    //预分频为 4 分频
    //ADCCLK=PCLK2/4=84/4=21 MHz,ADC 时钟不应超过 36 MHz
    ADC_CommonInit(&ADC_CommonInitStructure);                //初始化
```

```
    //初始化 ADC1 相关参数
    ADC_InitStructure.ADC_Resolution = ADC_Resolution_12b;        //12 位模式
    ADC_InitStructure.ADC_ScanConvMode = DISABLE;                 //非扫描模式
    ADC_InitStructure.ADC_ContinuousConvMode = DISABLE;
    //关闭连续转换
    ADC_InitStructure.ADC_ExternalTrigConvEdge =
    ADC_ExternalTrigConvEdge_None;
    //禁止触发检测，使用软件触发
    ADC_InitStructure.ADC_DataAlign = ADC_DataAlign_Right;        //右对齐
    ADC_InitStructure.ADC_NbrOfConversion = 1;          //1 个转换在规则序列中
    ADC_Init(ADC1, &ADC_InitStructure);                 //ADC 初始化
    //开启 ADC 转换
    ADC_Cmd(ADC1, ENABLE);                              //开启 A/D 转换器
}
    //获得 ADC 值
    //ch：通道值，0~16
    //返回值：转换结果
    u16 Get_Adc(u8 ch)
    {
        //设置指定 ADC、规则组通道、转换序列、采样时间
        ADC_RegularChannelConfig(ADC1, ch, 1, ADC_SampleTime_480Cycles );
        ADC_SoftwareStartConv(ADC1);             //使能指定的 ADC1 的软件转换启动功能
        while(!ADC_GetFlagStatus(ADC1, ADC_FLAG_EOC ));          //等待转换结束
        return ADC_GetConversionValue(ADC1);
        //返回最近一次 ADC1 规则组的转换结果
}
//获取通道 ch 的转换值，取 times 次，然后平均
//ch：通道编号
//times：获取次数
//返回值：通道 ch 的 times 次转换结果平均值
u16 Get_Adc_Average(u8 ch,u8 times)
{
    u32 temp_val = 0; u8 t;
    for(t = 0;t < times;t++)
    {
        temp_val += Get_Adc(ch); delay_ms(5);
    }
    return temp_val/times;
}
```

　　此部分代码有三个函数：Adc_Init( )函数用于初始化 ADC1，这里仅开通了一个通道，即通道 5；第二个函数 Get_Adc( )用于读取某个通道的 ADC 值，我们读取通道 5 的 ADC 值，可以通过 Get_Adc(ADC_Channel_5)函数得到；第三个函数 Get_Adc_Average( )用于多次获取 ADC 值，取平均，用来提高准确度。

　　main 函数中主要实现功能代码，即读取电位器之间的电压值，内容如下：

```
int main(void)
{
    u16 adcx; float temp;
    NVIC_PriorityGroupConfig(NVIC_PriorityGroup_2);          //设置系统中断优先级分组2
    delay_init(168);            //初始化延时函数
    uart_init(115200);          //初始化串口波特率为 115 200 b/s
    LED_Init();                 //初始化 LED
    LCD_Init();                 //初始化 LCD 接口
    adc_Init();                 //初始化 ADC
    POINT_COLOR = BLUE;//设置字体为蓝色
    LCD_ShowString(30,130,200,16,16,"ADC1_CH5_VAL:");
    LCD_ShowString(30,150,200,16,16,"ADC1_CH5_VOL:0.000V");   //显示小数点
    while(1)
    {
        //获取通道 5 的转换值，20 次取平均
        adcx = Get_Adc_Average(ADC_Channel_5,20);
        LCD_ShowxNum(134,130,adcx,4,16,0);       //显示 ADC 采样后的原始值
        temp = (float)adcx*(3.3/4096);              //获取计算后带小数实际电压值，如 2.1111
        adcx = temp;    //赋值整数部分给 adcx 变量，因为 adcx 为 u16 整型
        LCD_ShowxNum(134,150,adcx,1,16,0);       //显示电压值的整数部分
        temp -= adcx;
        //去掉已经显示的整数部分，留下小数部分，如 3.1111-3=0.1111
        temp*=1000;
        //小数部分乘以 1000，例如 0.1111 转换为 111.1，保留三位小数
        LCD_ShowxNum(150,150,temp,3,16,0x80);         //显示小数部分
        LED0 = !LED0; delay_ms(250);
    }
}
```

　　到此，完成了使用 STM32F407ZGT6 自带的 ADC 模块，测量开发板连接电位器电压值的程序编写。

10.2　DAC 的结构和配置

1. DAC 的结构

STM32F407 的 DAC 模块(数字/模拟转换模块)是 12 位、电压输出型的模/数转换器。DAC 可以配置为 8 位或 12 位模式，也可以与 DMA 控制器配合使用。DAC 工作在 12 位模式时，数据可以设置成左对齐或右对齐。DAC 模块有两个输出通道，每个通道都有单独的转换器。在双 DAC 模式下，两个通道可以独立地进行转换，也可以同时进行转换并同步地更新两个通道的输出。DAC 可以通过引脚输入参考电压 V_{REF+}(同 ADC 共用)以获得更精确的转换结果。单个 DAC 通道的框图如图 10.9 所示。

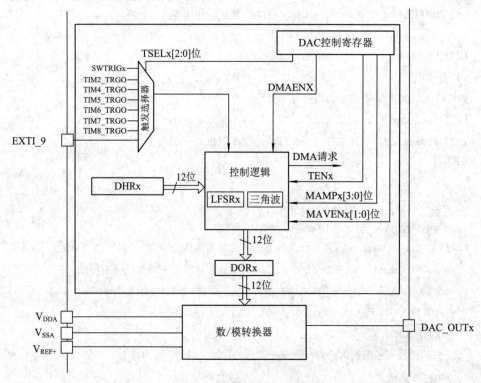

图 10.9　DAC 通道结构图

图 10.9 中，V_{DDA} 和 V_{SSA} 为 DAC 模块模拟部分供电，而 V_{REF+} 则是 DAC 模块的参考电压，DAC_OUTx 是 DAC 的输出通道(对应 PA4 或者 PA5 引脚)。从图 10.9 中可以看出，DAC 输出是受 DORx 寄存器直接控制的，但是不能直接往 DORx 寄存器写入数据，而需要通过 DHRx 间接传值给 DORx 寄存器，实现对 DAC 输出的控制。

2. DAC 的配置

在配置 DAC 之前，要先了解 DAC 相关的寄存器，即 DAC 控制寄存器、DAC1 通道 12 位右对齐数据保持寄存器、DAC1 通道数据输出寄存器，如表 10.6 所示。相关寄存器和复位值如表 10.7 所示。

表 10.6　DAC 相关寄存器及其功能

DAC 寄存器	功　能
DAC_CR 寄存器	DAC 控制寄存器
DAC_SWTRIGR 寄存器	DAC 软件触发寄存器
DAC_DHR12R1 寄存器	DAC1 12 位右对齐数据保持寄存器
DAC_DHR12L1 寄存器	DAC1 12 位左对齐数据保持寄存器
DAC_SR 寄存器	DAC 状态寄存器
DAC_DHR8R1 寄存器	DAC1 8 位右对齐数据保持寄存器
DAC_DHR8L1 寄存器	DAC1 8 位左对齐数据保持寄存器
DAC_DHR12R2 寄存器	DAC2 12 位右对齐数据保持寄存器
DAC_DHR12L2 寄存器	DAC2 12 位左对齐数据保持寄存器
DAC_DHR8R2 寄存器	DAC2 8 位右对齐数据保持寄存器
DAC_DHR8L2 寄存器	DAC2 8 位左对齐数据保持寄存器
DAC_DHR12RD 寄存器	DAC 12 位右对齐数据保持寄存器
DAC_DHR12LD 寄存器	DAC 12 位左对齐数据保持寄存器
DAC_DHR8RD 寄存器	DAC 8 位右对齐数据保持寄存器
DAC_DOR1 寄存器	DAC 1 通道数据输出寄存器
DAC_DOR2 寄存器	DAC 2 通道数据输出寄存器

表 10.7　DAC 相关寄存器和复位值

偏移地址	寄存器名称	31	30	29	28	27	26	25	24	23	22	21	20	19	18	17	16	15	14	13	12	11	10	9	8	7	6	5	4	3	2	1	0
0x00	DAC_CR	保留		DMAUDRIE2	DMAEN2	MAMP2[3:0]				WAVE2[2:0]		TSEL2[2:0]			TEN2	BOFF2	EN2	保留		DMAUDRIE1	DMAEN1	MAMP1[3:0]				WAVE1[2:0]		TSEL1[2:0]			TEN1	BOFF1	EN1
0x04	DAC_SWTRIGR	保留																														SWT RIG2	SWT RIG1
0x08	DAC_DHR12R1	保留																				DACC1DHR[11:0]											
0x0C	DAC_DHR12L1	保留																DACC1DHR[11:0]												保留			
0x10	DAC_DHR8R1	保留																								DACC1DHR[7:0]							
0x14	DAC_DHR12R2	保留																				DACC2DHR[11:0]											
0x18	DAC_DHR12L2	保留																DACC2DHR[11:0]												保留			
0x1C	DAC_DHR8R2	保留																								DACC2DHR[7:0]							
0x20	DAC_DHR12RD	保留				DACC2DHR[11:0]												保留				DACC1DHR[11:0]											
0x24	DAC_DHR12LD	DACC2DHR[11:0]												保留				DACC1DHR[11:0]												保留			
0x28	DAC_DHR8RD	保留																DACC2DHR[7:0]								DACC1DHR[7:0]							
0x2C	DAC_DOR1	保留																				DACC1DOR[11:0]											
0x30	DAC_DOR2	保留																				DACC2DOR[11:0]											
0x34	DAC_SR	保留	DMAUDR2	保留																DMAUDR1	保留												

　　下面通过一个示例，来讲解标准库内部通过配置寄存器实现对应的功能，读者只需要熟练掌握 DAC 相关函数的使用和配置步骤即可。

　　实现功能：使用 DAC 通道 1 输出模拟电压，然后通过 ADC1 的通道 1 对该输出电压进行读取，并使用 LCD 屏显示 DAC 的输出电压。

　　硬件原理图：因为要用到 ADC 采集 DAC 的输出电压，所以需要在硬件上把它们连接起来。ADC 和 DAC 的连接原理图如图 10.10 所示。

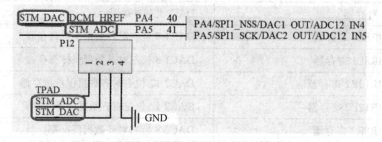

图 10.10　ADC、DAC 与 STM32F407 的连接原理图

　　程序分析：程序具体的实现步骤如下。

　　(1) 开启 PA 口时钟，设置 PA4 为模拟输入。

　　(2) 使能 DAC1 的时钟。

　　(3) 初始化 DAC，设置 DAC 的工作模式。该部分是通过设置 DAC_CR 来实现的，包括 DAC 通道 1 使能、DAC 通道 1 输出缓存关闭、不使用触发、不使用波形发生器等设置。可以通过 DAC 初始化函数 DAC_Init 来完成：

```
void DAC_Init(uint32_t DAC_Channel, DAC_InitTypeDef* DAC_InitStruct);
```

　　DAC 初始化函数中用到的结构体类型 DAC_InitTypeDef 的定义如下：

```
typedef struct
{
    uint32_t DAC_Trigger;                        //设置是否使用触发功能
    uint32_t DAC_WaveGeneration;                 //设置是否使用波形发生器
    uint32_t DAC_LFSRUnmask_TriangleAmplitude;   //设置屏蔽/幅值选择器
    uint32_t DAC_OutputBuffer;                    //设置输出缓存控制位
}DAC_InitTypeDef;
```

　　上述结构体中各变量的含义已经在注解中加以说明，下面为这些变量值的设置：

```
    DAC_InitTypeDef DAC_InitType;
    DAC_InitType.DAC_Trigger = DAC_Trigger_None;
    //不使用触发功能，TEN1=0
    DAC_InitType.DAC_WaveGeneration = DAC_WaveGeneration_None;
    //不使用波形发生器
    DAC_InitType.DAC_LFSRUnmask_TriangleAmplitude = DAC_LFSRUnmask_Bit0;
```

```
DAC_InitType.DAC_OutputBuffer = DAC_OutputBuffer_Disable ;
//DAC1 输出缓存关闭
DAC_Init(DAC_Channel_1,&DAC_InitType);          //初始化 DAC 通道 1
```

(4) 初始化 DAC 后，还需要使能 DAC。操作方法如下：

```
DAC_Cmd(DAC_Channel_1, ENABLE);                 //使能 DAC 通道 1
```

(5) 设置 DAC 的输出值。要获取 DAC 的数据，应先设置 DAC 的 12 位右对齐数据格式，再读取 DAC 的值。库函数操作如下：

```
DAC_SetChannel1Data(DAC_Align_12b_R, 0);
//设置 DAC12 位右对齐数据格式
//DAC_Align_12b_R：12 位右对齐方式
//0：DAC 输入值，初始化设置为 0
DAC_GetDataOutputValue(DAC_Channel_1);
//读出 DAC 对应通道最后一次转换的数值
```

以下为代码的具体实现。dac.c 文件中实现了 DAC 通道 1 的初始化，代码如下：

```
//DAC 通道 1 输出初始化
void Dac1_Init(void)
{
    GPIO_InitTypeDef   GPIO_InitStructure;
    DAC_InitTypeDef DAC_InitType;
    RCC_AHB1PeriphClockCmd(RCC_AHB1Periph_GPIOA, ENABLE);
    //使能 GPIOA 时钟
    RCC_APB1PeriphClockCmd(RCC_APB1Periph_DAC, ENABLE);
    //使能 DAC 时钟
    GPIO_InitStructure.GPIO_Pin = GPIO_Pin_4;
    GPIO_InitStructure.GPIO_Mode = GPIO_Mode_AN;            //模拟输入
    GPIO_InitStructure.GPIO_PuPd = GPIO_PuPd_DOWN;          //下拉
    GPIO_Init(GPIOA, &GPIO_InitStructure);                 //初始化

    DAC_InitType.DAC_Trigger=DAC_Trigger_None;                 //不使用触发功能，TEN1=0
    DAC_InitType.DAC_WaveGeneration=DAC_WaveGeneration_None;
    //不使用波形发生器
    DAC_InitType.DAC_LFSRUnmask_TriangleAmplitude=DAC_LFSRUnmask_Bit0;
    //不屏蔽/幅值设置
    DAC_InitType.DAC_OutputBuffer=DAC_OutputBuffer_Disable ;
    //DAC1 输出缓存关闭，   BOFF1=1

    DAC_Init(DAC_Channel_1,&DAC_InitType);                 //初始化 DAC 通道 1
```

```
    DAC_Cmd(DAC_Channel_1, ENABLE);                    //使能 DAC 通道 1
    DAC_SetChannel1Data(DAC_Align_12b_R, 0);
    //设置 DAC 的 12 位右对齐数据格式
}
//设置通道 1 输出电压
//vol:0~3300,代表 0~3.3V
void Dac1_Set_Vol(u16 vol)
{
    double temp=vol;
    temp/=1000;
    temp=temp*4096/3.3;
    DAC_SetChannel1Data(DAC_Align_12b_R,temp);
    //设置 DAC 的 12 位右对齐数据格式
}
```

初始化后，就可以使用 DAC 通道 1 了。函数 Dac1_Set_Vol( )用于设置 DAC 通道 1 的输出电压，即将电压值转换为 DAC 输入值。然后，在 main( )函数中实现将电压数字量转换为模拟量，代码如下：

```
int main(void)
{
    u16 adcx;
    float temp;
    u8 t = 0;
    u16 dacval = 0;
    u8 key;
    NVIC_PriorityGroupConfig(NVIC_PriorityGroup_2);
    //设置系统中断优先级分组 2
    delay_init(168);           //初始化延时函数
    uart_init(115200);         //初始化串口波特率为 115 200 b/s

    LED_Init();                //初始化 LED
    LCD_Init();                //LCD 初始化
    Adc_Init();                //ADC 初始化
    KEY_Init();                //按键初始化
    Dac1_Init();               //DAC 通道 1 初始化
    POINT_COLOR = RED;
    LCD_ShowString(30,70,200,16,16,"DAC TEST");
    LCD_ShowString(30,130,200,16,16,"WK_UP:+   KEY1:-");
    POINT_COLOR = BLUE;        //设置字体为蓝色
```

```
    LCD_ShowString(30,150,200,16,16,"DAC VAL:");
    LCD_ShowString(30,170,200,16,16,"DAC VOL:0.000V");
    LCD_ShowString(30,190,200,16,16,"ADC VOL:0.000V");

    DAC_SetChannel1Data(DAC_Align_12b_R,dacval);           //初始值为 0
while(1)
{
    t++;
    key = KEY_Scan(0);
    if(key == WKUP_PRES)
    {
        if(dacval < 4000)dacval += 200;
        DAC_SetChannel1Data(DAC_Align_12b_R, dacval);    //设置 DAC 值
    }else if(key==2)
    {
        if(dacval > 200)dacval -= 200;
        else dacval = 0;
        DAC_SetChannel1Data(DAC_Align_12b_R, dacval);    //设置 DAC 值
    }
    if(t==10||key==KEY1_PRES||key==WKUP_PRES)
     //WKUP/KEY1 按下，或定时时间到
    {
        adcx=DAC_GetDataOutputValue(DAC_Channel_1);
        //读取前面设置的 DAC 值
        LCD_ShowxNum(94,150,adcx,4,16,0);               //显示 DAC 寄存器值
        temp = (float)adcx * (3.3/4096);                //得到 DAC 电压值
        adcx = temp;
        LCD_ShowxNum(94,170,temp,1,16,0);               //显示电压值整数部分
        temp -= adcx;
        temp *= 1000;
        LCD_ShowxNum(110,170,temp,3,16,0x80);           //显示电压值的小数部分
        adcx = Get_Adc_Average(ADC_Channel_5,10);       //得到 ADC 转换值
        temp = (float)adcx*(3.3/4096);                  //得到 ADC 电压值
        adcx = temp;
        LCD_ShowxNum(94,190,temp,1,16,0);               //显示电压值的整数部分
        temp -= adcx;
        temp *= 1000;
        LCD_ShowxNum(110,190,temp,3,16,0x80);           //显示电压值的小数部分
        LED0 = !LED0;
```

```
                t = 0;
        }
    delay_ms(10);
    }
}
```

通过 KEY0 和 KEY1 来实现对 DAC 输出的幅值控制。将程序下载到开发板后，按下
KEY0 电压增加，按 KEY1 电压减小。同时在 LCD 上显示 DHR12R1 寄存器的值、DAC
设计输出电压以及 ADC 采集到的 DAC 输出电压。

10.3　DMA 概述与应用

　　DMA(直接存储器访问)用于在外设与存储器之间以及存储器与存储器之间提供高速
数据传输，无需 CPU 直接控制传输，也没有中断处理方式那样保留现场和恢复现场的过
程，通过硬件为 RAM 与 I/O 设备开辟一条直接传送数据的通路，能使 CPU 的效率大为提
高。DMA 控制器基于复杂的总线矩阵架构，将功能强大的双 AHB 主总线架构与独立的
FIFO 结合在一起，优化了系统带宽。STM32F407 有两个 DMA 控制器，共 16 个数据流(每
个控制器 8 个)，每一个 DMA 控制器都可以用于管理一个或多个外设的存储器访问请求。
每个数据流有多达 8 个通道(或称请求)，每个通道都有一个仲裁器，用于处理 DMA 请求
间的优先级。

10.3.1　DMA 的功能与结构

　　STM32F407 的 DMA 主要有以下特性：
　　(1) 双 AHB 主总线架构，一个用于存储器访问，另一个用于外设访问。
　　(2) 仅支持 32 位访问的 AHB 从编程接口。
　　(3) 每个数据流都支持循环缓冲区管理。
　　(4) 通过硬件可以将每个数据流配置为：
　　① 支持外设到存储器、存储器到外设和存储器到存储器传输的常规通道。
　　② 支持在存储器方双缓冲的双缓冲区通道。
　　(5) 每个数据流支持通过软件触发存储器到存储器的传输。
　　(6) 对源和目标的增量或非增量寻址。
　　(7) 独立的源和目标传输宽度(字节、半字、字)，这个特性仅在 FIFO 模式下可用。
STM32F407 的 DMA 控制器结构框图如图 10.11 所示。
　　DMA 控制器执行直接存储器传输，它可以控制 AHB 总线矩阵来启动 AHB 事务。DMA
控制器可以执行下列事务：
　　(1) 外设到存储器的传输。
　　(2) 存储器到外设的传输。

(3) 存储器到存储器的传输。

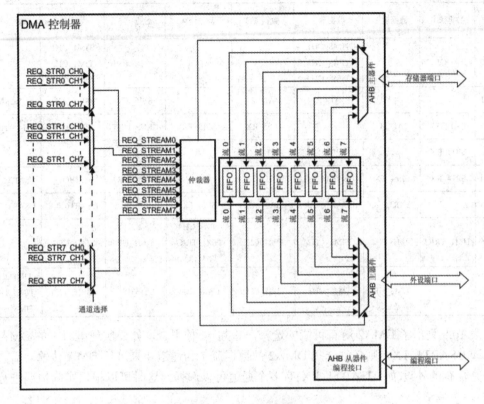

图 10.11　DMA 控制器框图

　　需要注意的是，存储器到存储器传输时，只有 DMA2 的外设接口可以访问存储器，所以只有 DMA2 控制器支持存储器到存储器的传输，DMA1 是不支持的。数据流的多通道选择是通过 DMA_SxCR 寄存器控制的，如图 10.12 所示。

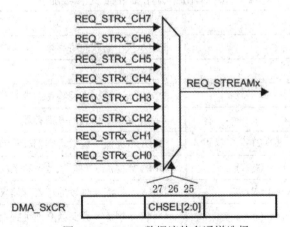

图 10.12　DMA 数据流的多通道选择

　　图 10.12 中，每个数据流有 8 个通道可供选择，但每次只能选择其中一个通道进行 DMA传输。DMA2 各数据流通道映射表如表 10.8 所示。

表 10.8　DMA2 各数据流通道映射表

外设请求	数据流 0	数据流 1	数据流 2	数据流 3	数据流 4	数据流 5	数据流 6	数据流 7
通道 0	ADC1		TIM8_CH1 TIM8_CH2 TIM8_CH3		ADC1		TIM1_CH1 TIM1_CH2 TIM1_CH3	
通道 1		DCMI	ADC2	ADC2		SPI6_TX	SPI6_RX	DCMI
通道 2	ADC3	ADC3	SPI5_RX	SPI5_TX	CRYP_OUT	CRYP_IN	HASH_IN	
通道 3	SP11_RX		SPI1_RX	SPI1_TX		SPI1_TX		
通道 4	SP14_RX	SP14_TX	USART1_RX	SDIO		USART1_RX	SDIO	USART1_TX
通道 5		USART6_RX	USART6_RX	SP14_RX	SPI4_TX		USART6_TX	USART6_TX
通道 6	TIM1_TRIG	TIM1_CH1	TIM1_CH2	TIM1_CH1	TIM1_CH4 TIM1_TRIG TIM1_COM	TIM1_UP	TIM1_CH3	
通道 7		TIM8_UP	TIM8_CH1	TIM8_CH2	TIM8_CH3	SP15_RX	SP15_TX	TIM8_CH4 TIM8_TRIG TIM8_COM

表 10.8 列出了 DMA2 所有可能的选择，总共 64 种组合，如要实现串口 1 的 DMA 发送，即 USART1_TX，则必须选择 DMA2 的数据流 7 和通道 4 来进行 DMA 传输。需要注意的是，有的外设(如 USART1_RX)有多个通道可以选择，这时可以根据实际情况进行设置。

10.3.2　DMA 的寄存器和库函数

DMA 相关的寄存器及其功能描述如表 10.9 所示。

表 10.9　DMA 功能寄存器及其功能

DMA 寄存器	功　　能
DMA_LISR 寄存器	DMA 低中断状态寄存器
DMA_HISR 寄存器	DMA 高中断状态寄存器
DMA_LIFCR 寄存器	DMA 低中断标志清零寄存器
DMA_HIFCR 寄存器	DMA 高中断标志清零寄存器
DMA_SxCR 寄存器(x = 0～7)	DMA 数据流 x 配置寄存器(x = 0～7)
DMA_SxNDTR 寄存器(x = 0～7)	DMA 数据流 x 数据项数寄存器(x = 0～7)
DMA_SxPAR 寄存器(x = 0～7)	DMA 数据流 x 外设地址寄存器(x = 0～7)
DMA_SxM0AR 寄存器(x = 0～7)	DMA 数据流 x 存储器 0 地址寄存器(x =0～7)
DMA_SxM1AR 寄存器(x = 0～7)	DMA 数据流 x 存储器 1 地址寄存器(x =0～7)
DMA_SxFCR 寄存器(x = 0～7)	DMA 数据流 x FIFO 控制寄存器

DMA 相关的结构体定义在 stm32f4xx.h 文件中，代码如下：

```
typedef struct
{
    __IO uint32_t CR;          //DMA 数据流 x (x=0～7)配置寄存器
    __IO uint32_t NDTR;        //DMA 数据流 x (x=0～7)数据项数寄存器
    __IO uint32_t PAR;         //DMA 数据流 x (x=0～7)外设地址寄存器
    __IO uint32_t M0AR;        //DMA 数据流 x (x=0～7)存储 0 地址寄存器
    __IO uint32_t M1AR;        //DMA 数据流 x (x=0～7)存储 1 地址寄存器
    __IO uint32_t FCR;         //DMA 数据流 x (x=0～7)FIFO(First Input First Output,
                                 先进先出)控制寄存器
} DMA_Stream_TypeDef;


typedef struct
{
    __IO uint32_t LISR;        //DMA 低中断状态寄存器, 偏移地址: 0x00
    __IO uint32_t HISR;        //DMA 高中断状态寄存器, 偏移地址: 0x04
    __IO uint32_t LIFCR;       //DMA 低中断标志清除寄存器, 偏移地址:0x08
    __IO uint32_t HIFCR;       //DMA 高中断标志清除寄存器, 偏移地址: 0x0C
} DMA_TypeDef;


#define DMA1                        ((DMA_TypeDef *) DMA1_BASE)
#define DMA1_BASE                   (AHB1PERIPH_BASE + 0x6000)
#define AHB1PERIPH_BASE             (PERIPH_BASE + 0x00020000)
#define PERIPH_BASE                 ((uint32_t)0x40000000)
//DMA1 的地址: 0x40000000 + 0x00020000 + 0x6000 =0x40026000


typedef struct
{
    uint32_t DMA_Channel;
    uint32_t DMA_PeripheralBaseAddr;
    uint32_t DMA_Memory0BaseAddr;
    uint32_t DMA_DIR;
    uint32_t DMA_BufferSize;
    uint32_t DMA_PeripheralInc;
    uint32_t DMA_MemoryInc;
    uint32_t DMA_PeripheralDataSize;
    uint32_t DMA_MemoryDataSize;
    uint32_t DMA_Mode;
    uint32_t DMA_Priority;
```

```
        uint32_t DMA_FIFOMode;
        uint32_t DMA_FIFOThreshold;
        uint32_t DMA_MemoryBurst;
        uint32_t DMA_PeripheralBurst;
    }DMA_InitTypeDef;
```

下面是 DMA 相关的库函数，代码如下：

```
/***用于将 DMA 配置设置为默认重置状态的函数 ***/
void DMA_DeInit(DMA_Stream_TypeDef* DMAy_Streamx);
/***************初始化和配置功能函数**************/
void DMA_Init(DMA_Stream_TypeDef* DMAy_Streamx, DMA_InitTypeDef* DMA_InitStruct);
void DMA_StructInit(DMA_InitTypeDef* DMA_InitStruct);
void DMA_Cmd(DMA_Stream_TypeDef* DMAy_Streamx, FunctionalState NewState);


/*********** 可选配置功能函数 ***************/
void DMA_PeriphIncOffsetSizeConfig(DMA_Stream_TypeDef* DMAy_Streamx, uint32_t DMA_Pincos);
void DMA_FlowControllerConfig(DMA_Stream_TypeDef* DMAy_Streamx, uint32_t DMA_FlowCtrl);


/***************** 数据计数器功能函数********************/
void DMA_SetCurrDataCounter(DMA_Stream_TypeDef* DMAy_Streamx, uint16_t Counter);
uint16_t DMA_GetCurrDataCounter(DMA_Stream_TypeDef* DMAy_Streamx);


/********** 双缓冲区模式功能函数 ****************/
void DMA_DoubleBufferModeConfig(DMA_Stream_TypeDef* DMAy_Streamx,
uint32_t Memory1BaseAddr,uint32_t DMA_CurrentMemory);
void DMA_DoubleBufferModeCmd(DMA_Stream_TypeDef* DMAy_Streamx,
FunctionalState NewState);
void DMA_MemoryTargetConfig(DMA_Stream_TypeDef* DMAy_Streamx,
uint32_t MemoryBaseAddr,uint32_t DMA_MemoryTarget);
uint32_t DMA_GetCurrentMemoryTarget(DMA_Stream_TypeDef*  DMAy_Streamx);


/************** 中断和标志管理功能函数**************/
FunctionalState DMA_GetCmdStatus(DMA_Stream_TypeDef* DMAy_Streamx);
uint32_t DMA_GetFIFOStatus(DMA_Stream_TypeDef* DMAy_Streamx);
FlagStatus DMA_GetFlagStatus(DMA_Stream_TypeDef* DMAy_Streamx,      uint32_t DMA_FLAG);
void DMA_ClearFlag(DMA_Stream_TypeDef* DMAy_Streamx, uint32_t DMA_FLAG);
void DMA_ITConfig(DMA_Stream_TypeDef* DMAy_Streamx, uint32_t  DMA_IT, FunctionalState
NewState);
ITStatus DMA_GetITStatus(DMA_Stream_TypeDef* DMAy_Streamx, uint32_t DMA_IT);
```

```
void DMA_ClearITPendingBit(DMA_Stream_TypeDef* DMAy_Streamx,  uint32_t DMA_IT);
```

10.3.3　DMA 的配置要点

这里以串口通过 DMA 传输数据为例，来讲解如何使用 DMA。

实现功能：通过串口的 DMA 功能，进行串口数据的传输。

硬件原理图：串口的 DMA 功能原理图如图 11.13 所示，STM32 的串口经过 CH340 芯片转换后，方能与 USB 进行通信，再通过上位机就可以实现单片机和计算机端串口通信。

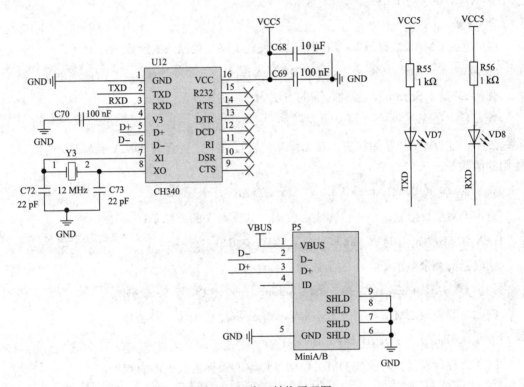

图 10.13　串口转换原理图

程序分析：通过设置 DMA 的相关寄存器实现串口的功能，具体操作如下。

(1) 使能 DMA2 时钟，并等待数据流可配置。

使用外设之前都应打开对应外设的时钟，DMA 也不例外。在使能 DMA2 时钟的同时，还要设置配置寄存器(DMA_SxCR)，但必须先等待其最低位为 0(DMA 传输禁止)，才可以进行配置。

使用库函数开启 DMA 时钟的方法：

```
RCC_AHB1PeriphClockCmd(RCC_AHB1Periph_DMA2,ENABLE);
//DMA2 时钟使能
```

等待 DMA 可配置，即等待 DMA_SxCR 寄存器最低位为 0 的方法为：

```
while (DMA_GetCmdStatus(DMA_Streamx) != DISABLE){}
//等待 DMA 可配置
```

(2) 初始化 DMA2 数据流 7,包括配置通道、外设地址、存储器地址、传输数据量等。DMA 的某个数据流各种配置参数初始化是通过 DMA_Init( )函数实现的:

```
void DMA_Init(DMA_Stream_TypeDef* DMAy_Streamx,
DMA_InitTypeDef* DMA_InitStruct);
```

(3) 使能串口 1 的 DMA 发送。进行 DMA 配置后,要开启串口的 DMA 发送功能,使用的函数是:

```
USART_DMACmd(USART1,USART_DMAReq_Tx,ENABLE);
//使能串口 1 的 DMA 发送
```

(4) 使能 DMA2 数据流 7,启动传输。使能 DMA 数据流的函数为:

```
void DMA_Cmd(DMA_Stream_TypeDef* DMAy_Streamx, FunctionalState NewState)
```

使能 DMA2_Stream7,启动传输的方法为:

```
DMA_Cmd (DMA2_Stream7, ENABLE);
```

(5) 查询 DMA 传输的状态。在 DMA 传输过程中,要查询 DMA 传输通道的状态,使用的函数是:

```
FlagStatus DMA_GetFlagStatus(uint32_t DMAy_FLAG)
```

查询 DMA 数据流是否传输完成。例如,数据流 7 的方法是:

```
DMA_GetFlagStatus(DMA2_Stream7,DMA_FLAG_TCIF7);
```

获取当前剩余数据量大小的函数为:

```
uint16_t DMA_GetCurrDataCounter(DMA_Stream_TypeDef* DMAy_Streamx);
```

例如,要获取 DMA 数据流 7 还有多少个数据没有传输,方法是:

```
DMA_GetCurrDataCounter(DMA1_Channel4);
```

同样,也可以设置对应的 DMA 数据流传输的数据量大小,函数为:

```
void DMA_SetCurrDataCounter(DMA_Stream_TypeDef* DMAy_Streamx, uint16_t Counter);
```

DMA 功能使用到的库函数中 DMA_Init( )函数有两个参数,第一个参数 DMAy_Streamx 是 DMA 数据流编号,入口参数的范围为 DMAx_Stream0~ DMAx_Stream7 (x=1,2);第二个参数 DMA_InitStruct 是 DMA 寄存器的相关结构体成员变量。DMA_InitTypeDef 结构体的定义如下:

```
typedef struct
{
uint32_t DMA_Channel;              //设置 DMA 数据流对应的通道
uint32_t DMA_PeripheralBaseAddr;
//设置 DMA 传输的外设基地址
uint32_t DMA_Memory0BaseAddr;
```

```
//内存基地址，用来存放 DMA 传输数据的内存地址
uint32_t DMA_DIR;                        //设置数据传输方向
uint32_t DMA_BufferSize;                 //设置一次传输数据量的大小
uint32_t DMA_PeripheralInc;
//设置传输数据时外设地址是不变还是递增
uint32_t DMA_MemoryInc;                  //设置传输数据时内存地址是否递增
uint32_t DMA_PeripheralDataSize;         //设置外设的数据长度为字节传输
uint32_t DMA_MemoryDataSize;             //设置内存的数据长度
uint32_t DMA_Mode;                       //设置 DMA 模式是否循环采集
uint32_t DMA_Priority;                   //设置 DMA 通道的优先级
uint32_t DMA_FIFOMode;                   //设置是否开启 FIFO 模式
uint32_t DMA_FIFOThreshold;              //选择 FIFO 阈值
uint32_t DMA_MemoryBurst;                //存储器突发传输配置
uint32_t DMA_PeripheralBurst;            //外设突发传输配置
}DMA_InitTypeDef;
```

在调用 DMA_Init( ) 初始化函数之前，应先对其第二个参数的实参进行赋值，赋值操作就是按照 DMA 的工作方式进行配置。DMA 配置代码在文件 dma.c 中，具体如下：

```
//DMAx 的各通道配置
//这里的传输形式不是固定的，这点要根据不同的情况来修改
//设置以下参数：从存储器到外设模式、存储器数据长度为 8 位、存储器增量模式
//DMA_Streamx:DMA 数据流，值为 DMA1_Stream0~7/DMA2_Stream0~7
//chx:DMA 通道选择，值为 DMA_channel DMA_Channel_0~DMA_Channel_7
//par 为外设地址；mar 为存储器地址；ndtr 为据传输量
void MYDMA_Config(DMA_Stream_TypeDef *DMA_Streamx,u32 chx,u32 par,u32 mar,u16 ndtr)
{
    DMA_InitTypeDef DMA_InitStructure;
    if((u32)DMA_Streamx > (u32)DMA2)      //判断得到当前数据流是属于 DMA2 还是 DMA1
    {
        RCC_AHB1PeriphClockCmd(RCC_AHB1Periph_DMA2,ENABLE);
        //DMA2 时钟使能
    }else
    {
        RCC_AHB1PeriphClockCmd(RCC_AHB1Periph_DMA1,ENABLE);
        //DMA1 时钟使能
    }
    DMA_DeInit(DMA_Streamx);
    while (DMA_GetCmdStatus(DMA_Streamx) != DISABLE){}
    //等待 DMA 可配置
```

```
    //配置 DMA 数据流
    DMA_InitStructure.DMA_Channel = chx;                     //通道选择
    DMA_InitStructure.DMA_PeripheralBaseAddr = par;          //DMA 外设地址
    DMA_InitStructure.DMA_Memory0BaseAddr = mar;             //DMA 存储器 0 地址
    DMA_InitStructure.DMA_DIR = DMA_DIR_MemoryToPeripheral;
    //存储器到外设模式
    DMA_InitStructure.DMA_BufferSize = ndtr;                 //数据传输量
    DMA_InitStructure.DMA_PeripheralInc = DMA_PeripheralInc_Disable;
    //外设非增量模式
    DMA_InitStructure.DMA_MemoryInc = DMA_MemoryInc_Enable;
    //存储器增量模式
    DMA_InitStructure.DMA_PeripheralDataSize =
    DMA_PeripheralDataSize_Byte                              //外设数据长度为 8 位
    DMA_InitStructure.DMA_MemoryDataSize = DMA_MemoryDataSize_Byte;
    //存储器数据长度为 8 位
    DMA_InitStructure.DMA_Mode = DMA_Mode_Normal;            //使用普通模式
    DMA_InitStructure.DMA_Priority = DMA_Priority_Medium;    //中等优先级
    DMA_InitStructure.DMA_FIFOMode = DMA_FIFOMode_Disable;
    //FIFO 模式禁止
    DMA_InitStructure.DMA_FIFOThreshold = DMA_FIFOThreshold_Full;
    //FIFO 阈值
    DMA_InitStructure.DMA_MemoryBurst = DMA_MemoryBurst_Single;
    //存储器突发单次传输
    DMA_InitStructure.DMA_PeripheralBurst = DMA_PeripheralBurst_Single;
    //外设突发单次传输
    DMA_Init(DMA_Streamx, &DMA_InitStructure);               //初始化 DMA Stream
}
//开启一次 DMA 传输
//DMA_Streamx:DMA 数据流,值为 DMA1_Stream0~7/DMA2_Stream0~7
//ndtr:数据传输量
void MYDMA_Enable(DMA_Stream_TypeDef *DMA_Streamx,u16 ndtr)
{
    DMA_Cmd(DMA_Streamx, DISABLE);                  //关闭 DMA 传输
    while (DMA_GetCmdStatus(DMA_Streamx) != DISABLE){}
    //确保 DMA 可以被设置
    DMA_SetCurrDataCounter(DMA_Streamx,ndtr);       //数据传输量
    DMA_Cmd(DMA_Streamx, ENABLE);                   //开启 DMA 传输
}
```

通过以上步骤就可以实现对 DMA 进行初始化和使用。最后，在 main.c 文件中实现功能，代码如下：

```
//发送数据长度,最好等于 sizeof(TEXT_TO_SEND)+2 的整数倍
#define SEND_BUF_SIZE 8200
u8 SendBuff[SEND_BUF_SIZE];          //发送数据缓冲区
const u8 TEXT_TO_SEND[]={"TEST STM32F407 DMA 串口实验"};
int main(void)
{
    u16 i;
    u8 t = 0,j,mask = 0;
    float pro = 0;          //进度
    NVIC_PriorityGroupConfig(NVIC_PriorityGroup_2);        //设置系统中断优先级分组 2
    delay_init(168);    //初始化延时函数
    uart_init(115200);   //初始化串口波特率为 115 200 b/s
    LED_Init();         //初始化 LED
    LCD_Init();         //LCD 初始化
    KEY_Init();         //按键初始化
    //DMA2, STEAM7, CH4, 外设为串口 1, 存储器为 SendBuff, 长为 SEND_BUF_SIZE.*/
    MYDMA_Config(DMA2_Stream7,DMA_Channel_4,(u32)&USART1->DR,(u32)SendBuff,
    SEND_BUF_SIZE);
    POINT_COLOR = RED;
    LCD_ShowString(30,70,200,16,16,"DMA TEST");
    LCD_ShowString(30,130,200,16,16,"KEY0:Start");
    POINT_COLOR = BLUE;          //设置字体为蓝色
    //显示提示信息
    j = sizeof(TEXT_TO_SEND);
    for(i=0;i<SEND_BUF_SIZE;i++)    //填充 ASCII 字符集数据
    {
        if(t >= j)                //加入换行符
        {
            if(mask)
            {
                SendBuff[i] = 0x0a;t = 0;
            }else{
                SendBuff[i]=0x0d;mask++;
            }
        }else                     //复制 TEXT_TO_SEND 语句
        {
            mask = 0;
```

```
                SendBuff[i] = TEXT_TO_SEND[t];t++;
            }
        }
    }
POINT_COLOR=BLUE;                    //设置字体为蓝色
i=0;
while(1)
{
    t= KEY_Scan(0);
    if(t == KEY0_PRES) //KEY0 按下
    {
        printf("\r\nDMA DATA:\r\n");
        LCD_ShowString(30,150,200,16,16,"Start Transimit....");
        LCD_ShowString(30,170,200,16,16," %");             //显示百分号
        USART_DMACmd(USART1,USART_DMAReq_Tx,ENABLE);
        //使能串口 1 的 DMA 发送
        MYDMA_Enable(DMA2_Stream7,SEND_BUF_SIZE);
        //开始一次 DMA 传输
        //等待 DMA 传输完成
        //实际应用中，在传输数据期间可以执行另外的任务
        while(1)
        {
            if(DMA_GetFlagStatus(DMA2_Stream7,DMA_FLAG_TCIF7)! = RESET)
            //等待 DMA2_Steam7 传输完成
            {
                DMA_ClearFlag(DMA2_Stream7,DMA_FLAG_TCIF7);
                //清传输完成标志
                break;
            }
            pro = DMA_GetCurrDataCounter(DMA2_Stream7);
            //得到当前剩余数据数
            pro = 1-pro/SEND_BUF_SIZE;        //得到百分比
            pro *= 100;          //扩大 100 倍
            LCD_ShowNum(30,170,pro,3,16);
        }
        LCD_ShowNum(30,170,100,3,16);          //显示 100%
        LCD_ShowString(30,150,200,16,16,"Transimit Finished!");
    }
    i++;
```

```
    delay_ms(10);
    if(i==20)
    {
        LED0 = !LED0;           //提示系统正在运行
        i = 0;
    }
  }
}
```

至此，DMA 串口传输数据的程序实现就完成了，可以下载到实验开发板中进行验证。

思 考 与 练 习

1. STM32F407 内部集成了_____个 DAC。

2. ADC 转换模式分为_____和_____。

3. STM32 的 DMA 控制器有_____个通道，每个通道专门用来管理来自一个或多个外设对存储器访问的请求；还有一个_____来协调各个 DMA 请求的优先权。

4. 简述 STM32 的 ADC 系统的功能特性。

5. 简述 STM32 的双 ADC 工作模式。

6. 简述 DAC 的工作模式。

7. 简述 DMA 的工作过程。

第 11 章　物联网感知层应用开发

11.1　AT 指令集及应用

AT 指令是应用于外设与主控之间的连接与通信的指令字符。市面上大多的 WiFi 和蓝牙模块都固化了 AT 指令固件。因其简单易懂，并且采用标准硬件接口——串口，简化了设备控制，将面向器件编程转换成简单的面向串口编程，使模块开发变得更简单。

AT 指令集主要分为基础 AT 指令、WiFi 功能 AT 指令、TCP/IP 工具箱 AT 指令等。WiFi 功能 AT 指令可以细分为四种类型：① 测试指令，用于查询设置命令或内部程序设置的参数以及其取值范围；② 查询指令，用于返回参数的当前值；③ 设置指令，用于设置用户自定义的参数值；④ 执行指令，用于执行受模块内部程序控制的变参数不可变的功能。这四种指令的指令结构描述如表 11.1 所示。

表 11.1　指令结构描述

指令类型	AT 指令	描　　述
测试指令	AT+<CMD>=?	该命令用于查询设置命令或内部程序设置的参数以及其取值范围
查询指令	AT+<CMD>?	该命令用于返回参数的当前值
设置指令	AT+<CMD>=<...>	该命令用于设置用户自定义的参数值
执行指令	AT+<CMD>	该命令用于执行受模块内部程序控制的变参数不可变的功能

注意：

(1) 不是每条指令都具备上述四种指令；

(2) [ ]内数据为缺省值，不必填写；

(3) 使用双引号表示字符串(string)数据，如 AT+CWJAP="TESTONE"，"12345678"；

(4) 波特率为 115 200 b/s；

(5) 输入指令后要以回车键(\r\n)结尾。

基础 AT 指令如表 11.2 所示。

表 11.2　基础 AT 指令

指　　令	描　　述
AT+RST	重启模块
AT+GMR	查看版本信息
ATE	开关回显功能
AT+RESTORE	恢复出厂设置
AT+UART	设置串口配置

WiFi 功能 AT 指令如表 11.3 所示。

表 11.3　WiFi 功能 AT 指令

指　　令	描　　述
AT+CWMODE	选择 WiFi 应用模式
AT+CWJAP	加入 AP
AT+CWLAP	列出当前可用 AP
AT+CWQAP	退出与 AP 的连接
AT+CWSAP	设置 AP 模式下的参数
AT+CWLIF	查看已接入设备的 IP
AT+CWDHCP	设置 DHCP 开关
AT+CWAUTOCONN	设置 STA 开机自动连接到 WiFi
AT+CIPSTAMAC	设置 STA 的 MAC 地址
AT+CIPAPMAC	设置 AP 的 MAC 地址
AT+CIPSTA	设置 STA 的 IP 地址
AT+CIPAP	设置 AP 的 IP 地址
AT+SAVETRANSLINK	保存透传连接到 Flash
AT+CWSMARTSTART	启动智能连接
AT+CWSMARTSTOP	停止智能连接

TCP/IP 工具箱 AT 指令如表 11.4 所示。

表 11.4　TCP/IP 工具箱 AT 指令

指　　令	描　　述
AT+CIPSTATUS	获得连接状态
AT+CIPSTART	建立 TCP 连接或注册 UDP 端口号
AT+CIPSEND	发送数据

续表

指　令	描　述
AT+CIPCLOSE	关闭 TCP 或 UDP
AT+CIFSR	获取本地 IP 地址
AT+CIPMUX	启动多连接
AT+CIPSERVER	配置为服务器
AT+CIPMODE	设置模块传输模式
AT+CIPSTO	设置服务器超时时间
AT+CIUPDATE	网络升级固件
AT+PING	PING 命令

11.2　WiFi 模块应用开发

11.2.1　WiFi 模块结构

　　ESP8266-12F 是安信可公司生产的高性能串口 WiFi 模块。该模块内嵌 TCP/IP 协议，可以实现串口、WiFi 之间的数据转换传输。ESP8266-12F 模块尺寸图如图 11.1 所示。

图 11.1　ESP8266-12F 模块尺寸图

ESP8266-12F 模块引脚描述如表 11.5 所示。

表 11.5　ESP8266-12F 模块引脚描述

序号	引　脚	功　能　说　明
1	RST	复位模组
2	ADC	A/D 转换结果
3	EN	芯片使能端，高电平有效
4	IO16	GPIO16/接到 RST 引脚时可作为深度睡眠模式(Deep Sleep)唤醒
5	IO14	GPIO14/HSPI_CLK
6	IO12	GPIO12/ HSPI_MISO
7	IO13	GPIO13/ HSPI_MOSI; UART0_CTS
8	VCC	3.3 V 供电
9	CS0	片选
10	MISO	从机输出主机输入
11	IO9	GPIO9
12	IO10	GBIO10
13	MOSI	主机输出从机输入
14	SCL	时钟
15	GND	GND
16	IO15	GPIO15/MTDO/HSPICS/UART0_RTS
17	IO2	GPIO2/UART1_TXD
18	IO0	GPIO0
19	IO4	GPIO4
20	IO5	GPIO5
21	RXD	UART0_RXD/GPIO3
22	TXD	UART0_TXD/GPIO1

ESP8266-12F 模块支持 STA、AP 和 STA＋AP 三种工作模式。

(1) STA 模式：ESP8266-12F 模块通过路由器连接互联网，手机或计算机通过互联网实现对设备的远程控制。

(2) AP 模式：默认模式 ESP8266-12F 模块作为热点，可实现手机或计算机直接与模块通信，还可实现局域网无线控制。

(3) STA＋AP 模式：两种模式的共存模式，STA 模式可以通过路由器连接到互联网，并通过互联网控制设备；AP 模式可作为 WiFi 热点，其他 WiFi 设备可连接到该模块。这样可实现局域网和广域网的无缝切换，方便操作。

1. AP 模式

ESP8266 通过串口指令可以设置为 AP 模式，此时模块作为无线 WiFi 热点，允许其他 WiFi 设备连接到本模块，实现串口与其他设备之间的无线数据转换互传。该模式下，根据应用场景的不同，可以设置三个子模式：TCP 服务端、TCP 客户端和 UDP。

通过 AT 指令配置模块，可实现特定的功能。这里仅列出必要的串口无线 WiFi AP 模式下 TCP 服务器配置指令，如表 11.6 所示。

表 11.6　串口无线 WiFi AP 模式下 TCP 服务器配置指令

发 送 指 令	作　　用
AT+CWMODE=2	设置模块 WiFi 模式为 AP 模式
AT+RST	重启生效
AT+CWSAP= "TEST-ESP8266", "12345678",1,4	设置模块的 AP 参数：SSID 为 TEST-ESP8266，密码为 12345678，通道号为 1，加密方式为 WPA_WPA2_PSK
AT+CIPMUX=1	开启多连接
AT+CIPSERVER=1,8086	开启 SERVER 模式，设置端口为 8086
AT+CIPSEND=0,25	向 ID0 发送 25 B 数据包

串口无线 WiFi AP 模式下 TCP 客户端配置指令如表 11.7 所示。

表 11.7　串口无线 WiFi AP 模式下 TCP 客户端配置指令

发 送 指 令	作　　用
AT+CWMODE=2	设置模块 WiFi 模式为 AP 模式
AT+RST	重启生效
AT+CWSAP="TEST-ESP8266", "12345678",1,4	设置模块的 AP 参数：SSID 为 TEST-ESP8266，密码为 12345678，通道号为 1，加密方式为 WPA_WPA2_PSK
AT+CIPMUX=0	开启单连接
AT+CIPSTART="TCP"," 192.168 .4.XXX",8086	建立 TCP 连接到"192.168.4.XXX"，端口为 8086
AT+CIPMODE=1	开启透传模式
AT+CIPSEND	开始发送数据

串口无线 WiFi AP 模式下 UDP 配置指令如表 11.8 所示。

表 11.8　串口无线 WiFi AP 模式 UDP 配置指令

发 送 指 令	作　　用
AT+CWMODE=2	设置模块 WiFi 模式为 AP 模式
AT+RST	重启生效
AT+CWSAP="TEST-ESP8266", "12345678",1,4	设置模块的 AP 参数：SSID 为 TEST-ESP8266，密码为 12345678，通道号为 1，加密方式为 WPA_WPA2_PSK
AT+CIPMUX=0	开启单连接
AT+CIPSTART="UDP","192.168 .4.XXX",8086	建立 UDP 连接到"192.168.4.XXX"，端口为 8086
AT+CIPSEND=25	向目标 UDP 发送 25 B 数据

2. STA

ESP8266 通过串口指令可以设置为 STA 模式中，此时模块作为无线 WiFi STA，用于连接到无线网络，实现串口与其他设备之间的无线数据转换互传。该模式下，根据应用场景的不同，可以设置三个子模式：TCP 服务端、TCP 客户端和 UDP。通过 AT 指令配置模块，可实现特定的功能。这里仅列出必要的串口无线 WiFi STA 模式下 TCP 服务器配置指令，如表 11.9 所示。

表 11.9 串口无线 STA 模式下 TCP 服务器配置指令

发送指令	作用
AT+CWMODE=1	设置模块 WiFi 模式为 STA 模式
AT+RST	重启模块并生效
AT+CWJAP="TESTONE","12345678"	加入 WiFi 热点 TESTONE，密码为 12345678
AT+CIPMUX=1	开启多连接
AT+CIPSERVER=1,8086	开启服务器，端口号为 8086
AT+CIPSEND=0,25	向 ID0 发送 25 B 数据

串口无线 STA 模式下 TCP 客户端配置指令如表 11.10 所示。

表 11.10 串口无线 STA 模式下 TCP 客户端配置指令

发送指令	作用
AT+CWMODE=1	设置模块 WiFi 模式为 STA 模式
AT+RST	重启模块并生效
AT+CWJAP="TESTONE", "12345678"	加入 WiFi 热点 TESTONE，密码为 12345678
AT+CIPMUX=0	开启单连接
AT+CIPSTART="TCP","192.168.XXX",8086	建立 TCP 连接到 "192.168.1.XXX"，端口为 8086
AT+CIPMODE=1	开启透传模式
AT+CIPSEND	开始传输

串口无线 STA 模式下 UDP 配置指令如表 11.11 所示。

表 11.11 串口无线 STA 模式下 UDP 配置指令

发送指令	作用
AT+CWMODE=1	设置模块 WiFi 模式为 STA 模式
AT+RST	重启模块并生效
AT+CWJAP="TESTONE","12345678"	加入 WiFi 热点 TESTONE，密码为 12345678
AT+CIPMUX=0	开启单连接
AT+CIPSTART="UDP","192.168.1.XXX", 8086	建立 UDP 连接到 "192.168.1.XXX"，端口为 8086
AT+CIPSEND=25	向目标 UDP 发送 25 B 数据

3. AP+STA

ESP8266 通过串口指令可以设置为 AP+STA 模式，此时模块既可作为无线 WiFi AP，又可作为无线 STA，其他 WiFi 设备可以连接到该模块，模块也可以连接到其他无线网络，实现串口与其他设备之间的无线数据转换互传。该模式下，根据应用场景的不同，AP+STA 模式分别作为 TCP 服务器和 TCP 客户端，可以设置 9 种子模式。下面仅介绍三种模式：AP 作 TCP 服务器，STA 作 TCP 服务器；AP 作 TCP 服务器，STA 做 TCP 客户端；AP 作 TCP 服务器，STA 作 UDP 服务器。

AP 作 TCP 服务器，STA 作 TCP 服务器的配置指令如表 11.12 所示。

表 11.12　AP 作 TCP 服务器，STA 作 TCP 服务器配置指令

发 送 指 令	作　　用
AT+CWMODE=3	设置模块 WiFi 模式为 AP+STA
AT+RST	重启模块并生效
AT+CWSAP= "TEST-ESP8266","12345678",1,4	设置模块的 AP 参数：SSID 为 TEST-ESP8266，密码为 12345678，通道号为 1，加密方式为 WPA_WPA2_PSK
AT+CWJAP="TESTONE","12345678"	加入 WiFi 热点 TESTONE，密码为 12345678
AT+CIPMUX=1	开启多连接
AT+CIPSERVER=1,8086	开启服务器，端口号为 8086
AT+CIPSTO=1200	设置服务器超时时间为 1200 s
AT+CIPSEND=0,25	向 ID0 发送数据
AT+CIPSEND=1,25	向 ID1 发送数据

AP 作 TCP 服务器，STA 作 TCP 客户端的配置指令如表 11.13 所示。

表 11.13　AP 作 TCP 服务器，STA 作 TCP 客户端配置指令

发 送 指 令	作　　用
AT+CWMODE=3	设置模块 WiFi 模式为 AP+STA
重启模块并生效	AT+RST
AT+CWSAP= "TEST-ESP8266","12345678",1,4	设置模块的 AP 参数：SSID 为 TEST-ESP8266，密码为 12345678，通道号为 1，加密方式为 WPA_WPA2_PSK
AT+CWJAP="TESTONE","12345678"	加入 WiFi 热点 TESTONE，密码为 12345678
AT+CIPMUX=1	开启多连接
AT+CIPSERVER=1,8086	开启服务器，端口号为 8086
AT+CIPSTO=1200	设置服务器超时时间为 1200 s
AT+CIPSEND=0,25	向 ID0 发送数据
AT+CIPSTART=0,"TCP", "192.168.1.XXX",8086	STA 作为 ID0 连接到 192.168.1.XXX，端口为 8086
AT+CIPSEND=1,25	向 ID1 发送数据

AP 作 TCP 服务器，STA 作 UDP 的配置指令如表 11.14 所示。

表 11.14　AP 作 TCP 服务器，STA 作 UDP 配置指令

发 送 指 令	作　用
AT+CWMODE=3	设置模块 WiFi 模式为 AP+STA
AT+RST	重启模块并生效
AT+CWSAP= "TEST-ESP8266","12345678",1,4	设置模块的 AP 参数：SSID 为 TEST-ESP8266，密码为 12345678，通道号为 1，加密方式为 WPA_WPA2_PSK
AT+CWJAP= "TESTONE","12345678"	加入 WiFi 热点 TESTONE，密码为 12345678
AT+CIPMUX=1	开启多连接
AT+CIPSERVER=1,8086	开启服务器，端口号为 8086
AT+CIPSTO=1200	设置服务器超时时间为 1200 s
AT+CIPSTART=0,"UDP", "192.168.1.XXX",8086	STA 作为 ID0 连接到 192.168.1.XXX，端口为 8086
AT+CIPSEND=0,25	向 ID0 发送数据
AT+CIPSEND=1,25	向 ID1 发送数据

11.2.2　WiFi 模块编程实践

这里主要讲解 WiFi 相关的文件代码(conmon.c、apsta.c、wifista.c、wifiap.c 等)以及 main 函数。

(1) common.c 文件中是驱动 ESP8266 模块通信的底层接口函数(AT 指令的发送与接收、模块状态检测等)，以及输入/输出显示相关函数(IP 输入、模式选择、模块状态信息显示等)等。下面介绍几个重要的函数。

① esp_8266_send_cmd 函数。该函数用于向 ESP8266 模块发送 AT 指令，代码如下：

```
//向 ESP8266 发送命令
//cmd：发送的命令字符串
//ack：期待的应答结果，如果为空，则表示不需要等待应答
//waittime：等待时间(单位为 10 ms)
//返回值：0 表示发送成功(得到了期待的应答结果)；1 表示发送失败
u8 esp_8266_send_cmd(u8 *cmd,u8 *ack,u16 waittime)
{
    u8 res = 0;
    USART3_RX_STA = 0;
    u3_printf("%s\r\n",cmd);        //发送命令
    if(ack&&waittime)               //需要等待应答
    {
```

```
        while(--waittime)              //等待倒计时
        {
            delay_ms(10);
            if(USART3_RX_STA&0 x8000)    //接收到期待的应答结果
            {
                if(esp_8266_check_cmd(ack))
                {
                    printf("ack:%s\r\n",(u8*)ack);
                    break;                    //得到有效数据
                }
                USART3_RX_STA = 0;
            }
        }
        if(waittime == 0)res = 1;
    }
    return res;
}
```

该函数的调用示例如下：

```
esp_8266_send_cmd("AT + RST","OK",20);
```

该示例表示：发送指令 AT+RST 到 WiFi 模块，重启模块；期待的应答为 OK；等待时间为 200 ms。

② esp_rm04_quit_trans()函数。该函数用于控制模块退出透传模式，进入 AT 指令模式，代码如下：

```
//ESP8266 退出透传模式
//返回值：0 表示退出成功；1 表示退出失败
u8 esp_8266_quit_trans(void)
{
    while((USART3->SR&0x40) == 0);
    //等待发送空
    USART3->DR = '+';
    delay_ms(15);
    //大于串口组帧时间(10 ms)
    while((USART3->SR&0 x 40) == 0);
    //等待发送空
    USART3->DR='+';
    delay_ms(15);
    //大于串口组帧时间(10 ms)
    while((USART3->SR&0 x 40) == 0);
```

```
    //等待发送空
    USART3->DR = '+';
    delay_ms(500);
    //等待 500 ms
    return esp_8266_send_cmd("AT","OK",20);          //退出透传判断
}
```

模块退出透传模式只有一种方法，就是在透传状态下发送"+++"，即可退出透传模式，
进入 AT 模式。此时在 AT 模式下如果设置模块重启，模块又会自动进入透传模式。所以
在重启模块之前，需要发送"AT+CIPMODE=0"来关闭透传模式，这样可以避免模块重启
之后进入 AT 模式。

③ 查询函数 esp_8266_consta_check、esp_8266_get_wanip 和 esp_8266_get_ip 的代码
如下：

```
//获取 ESP8266 模块的连接状态
//返回值：0 表示未连接；1 表示连接成功
u8 esp_8266_consta_check(void)
{
    u8 *p;
    u8 res;
    if(TEST_8266_quit_trans()) return 0;          //退出透传
    esp_8266_send_cmd("AT+CIPSTATUS",":",50);
    //发送 AT+CIPSTATUS 指令，查询连接状态
    p = TEST_8266_check_cmd("+CIPSTATUS:");
    res = *p;                      //得到连接状态
    return res;
}
    //获取 STA 或者 AP 模式下的 IP 地址
    //ipbuf: IP 地址输出缓存区
    void esp_8266_get_wanip(u8* ipbuf)
    {
        u8 *p,*p1;
        if(esp_8266_send_cmd("AT+CIFSR","OK",50))
        //获取 WAN IP 地址失败
        {
            ipbuf[0] = 0;
            return;
        }
        P = esp_8266_check_cmd("\"");
        p1 = (u8*)strstr((const char*)(p+1),"\"");
```

```
            *p1 = 0;
            sprintf((char*)ipbuf,"%s",p+1);
      }

//获取 AP+STA 模式下的 IP 地址并在指定位置显示
//ipbuf：IP 地址输出缓存区
void esp_8266_get_ip(u8 x,u8 y)
{
    u8 *p;
    u8 *p1;
    u8 *p2;
    u8 *ipbuf;
    u8 *buf;
    p = mymalloc(SRAMIN,32);            //申请 32 B 内存
    p1 = mymalloc(SRAMIN,32);           //申请 32 B 内存
    p2 = mymalloc(SRAMIN,32);           //申请 32 B 内存
    ipbuf = mymalloc(SRAMIN,32);        //申请 32 B 内存
    buf = mymalloc(SRAMIN,32);          //申请 32 B 内存
    if(esp_8266_send_cmd("AT+CIFSR","OK",50))        //获取 WAN IP 地址失败
    {
        *ipbuf = 0;
    }
    else
    {
        p = esp_8266_check_cmd("APIP,\"");
        p1 = (u8*)strstr((const char*)(p+6),"\"");
        p2 = p1;
        *p1 = 0;
        Ipbuf = p+6;
        sprintf((char*)buf,"AP IP:%s 端口:%s",ipbuf,(u8*)portnum);
        Show_Str(x,y,200,12,buf,12,0);          //显示 AP 模式的 IP 地址和端口
        p = (u8*)strstr((const char*)(p2+1),"STAIP,\"");
        p1 = (u8*)strstr((const char*)(p+7),"\"");
        *p1 = 0;
        ipbuf = p+7;
        sprintf((char*)buf,"STA IP:%s 端口:%s",ipbuf,(u8*)portnum);
        Show_Str(x,y+15,200,12,buf,12,0);
        //显示 STA 模式的 IP 地址和端口
        myfree(SRAMIN,p);                        //释放内存
```

```
        myfree(SRAMIN,p1);              //释放内存
        myfree(SRAMIN,p2);              //释放内存
        myfree(SRAMIN,ipbuf);           //释放内存
        myfree(SRAMIN,buf);             //释放内存
    }
}
```

其中，esp_8266_consta_check 函数用于检查当前连接(TCP/UDP)是否建立(或存在)，esp_8266_get_wanip 函数用于获取模块 STA 模式或者 AP 模式下的 IP 地址及 MAC 地址，esp_8266_get_ip 函数用于获取模块 AP + STA 模式下的 IP 地址及 MAC 地址。

④ esp_8266_test 函数可对 WiFi 功能进行测试，代码如下：

```
//ESP8266 模块测试主函数
void esp_8266_test(void)
{
    u8 key;
    u8 timex;
    POINT_COLOR = RED;
    Show_Str_Mid(0,30,"ESP8266 WiFi 模块测试",16,240);
    while(esp_8266_send_cmd("AT","OK",20))        //检查 WiFi 模块是否在线
    {
        esp_8266_quit_trans();                    //退出透传
        esp_8266_send_cmd("AT+CIPMODE=0","OK",200);        //关闭透传模式
        Show_Str(40,55,200,16,"未检测到模块!!!",16,0);
        delay_ms(800);
        LCD_Fill(40,55,200,55+16,WHITE);
        Show_Str(40,55,200,16,"尝试连接模块...",16,0);
    }
    while(esp_8266_send_cmd("ATE0","OK",20));               //关闭回显
    esp_8266_mtest_ui(32,30);
    while(1)
    {
        delay_ms(10);
        esp_8266_at_response(1);
        //检查 ESP8266 模块发送过来的数据，并及时上传给计算机
        key = KEY_Scan(0);
        if(key)
        {
            LCD_Clear(WHITE);
            POINT_COLOR = RED;
```

```
        switch(key)
        {
            case 1: //KEY0
            Show_Str_Mid(0,30,"ESP WIFI-AP+STA 测试",16,240);
            Show_Str_Mid(0,50,"正在配置 TEST-ESP8266 模块，请稍等...",12,240);
            esp_8266_apsta_test();              //AP+STA 测试
            break;
            case 2:        //KEY1
            Show_Str_Mid(0,30,"ESP WIFI-STA 测试",16,240);
            Show_Str_Mid(0,50,"正在配置 ESP8266 模块，请稍等...",12,240);
            esp_8266_wifista_test();            //WiFi STA 测试
            break;
            case 4:
            //WK_UP
            esp_8266_wifiap_test();             //WiFi AP 测试
            break;
        }
        esp_8266_mtest_ui(32,30);
        timex = 0;
    }
        if((timex%20) == 0)   LED0 = !LED0;     //200 ms 闪烁
        timex++;
    }
}
```

该函数是 ESP8266 模块测试的主程序，其流程是先检查模块是否存在，在检测模块正常后，初始化模块为 AP 模式，接着进入模式选择界面，最后通过按键选择进入对应的子功能进行测试。有三个子功能测试函数：esp_8266_apsta_test、TEST_8266_wifista_test 和 esp_8266_wifiap_test。

(2) apsta.c 文件中只有一个函数，其代码如下：

```
//ESP8266 AP+STA 模式测试
//用于测试 TCP/UDP 连接
//返回值：0 表示正常；其他为错误代码
u8 esp_8266_apsta_test(void)
{
    u8 netpro;
    u8 key = 0;
    u8 timex = 0;
    u8 ipbuf[16];          //IP 缓存
    u8 *p;
```

```
u16 t = 999;
//加速第一次获取连接状态
u8 res = 0;
u16 rlen = 0;
u8 constate = 0;          //连接状态
p = mymalloc(SRAMIN,100);
//申请 32 B 内存
esp_8266_send_cmd("AT+CWMODE=3","OK",50);
//设置 WiFi AP+STA 模式
//设置模块 AP 模式的 WiFi 网络名称/加密方式/密码
//可根据自己的喜好进行设置
sprintf((char*)p,"AT+CWSAP=\"%s\",\"%s\",1,4",wifiap_ssid,wifiap_password);
//设置无线参数:ssid,密码
esp_8266_send_cmd(p,"OK",1000);
//设置 AP 模式参数
//设置连接到的 WiFi 网络名称/加密方式/密码
//需要根据自己的路由器设置进行修改
sprintf((char*)p,"AT+CWJAP=\"%s\",\"%s\"","wifista_ssid,wifista_password);
//设置无线参数：ssid，密码
esp_8266_send_cmd(p,"WIFI GOT IP",1000);
//连接目标路由器
while(esp_8266_send_cmd("AT+CIFSR","STAIP",20));
//检测是否获得 STA IP
while(esp_8266_send_cmd("AT+CIFSR","APIP",20));
//检测是否获得 AP IP
LCD_Clear(WHITE);
POINT_COLOR = RED;
Show_Str(30,30,200,16,"ESP AP+STA 模式测试",16,0);
esp_8266_send_cmd("AT+CIPMUX=1","OK",50);
//0 为单连接；1 为多连接
delay_ms(500);
sprintf((char*)p,"AT+CIPSERVER=1,%s",(u8*)portnum);
esp_8266_send_cmd(p,"OK",50);          //开启 Server 模式，端口号为 8086
delay_ms(500);
esp_8266_send_cmd("AT+CIPSTO=1200","OK",50);
//设置服务器超时时间
PRESTA:
    metpro = esp_8266_netpro_sel(50,30,(u8*)TEST_ESP8266_CWMODE_TBL[0]);
//AP+STA 模式网络模式选择
```

```
    if(netpro&0x02)            //STA UDP
    {
        LCD_Clear(WHITE);
        POINT_COLOR = RED;
        Show_Str_Mid(0,30,"ESP WIFI-STA 测试",16,240);
        Show_Str(30,50,200,16,"正在配置 ESP 模块,请稍等...",12,0);
        if(esp_8266_ip_set("WIFI-STA 远端 UDP IP 设置","UDP 模式
        ",(u8*)portnum,ipbuf))goto PRESTA;            //IP 输入
        sprintf((char*)p,"AT+CIPSTART=0,\"UDP\",\"%s\",%s",ipbuf,(u8*)port
        num);
        //配置目标 UDP 服务器及 ID 号,STA 模式下为 0
        LCD_Clear(WHITE);
        Show_Str_Mid(0,30,"ESP WIFI-STA 测试",16,240);
        Show_Str(30,50,200,16,"正在配置 ESP 模块,请稍等...",12,0);
        esp_8266_send_cmd(p,"OK",200);
        netpro = esp_8266_mode_cofig(netpro);        //AP 模式网络模式配置
    }
    else //TCP
    {
        if(netpro&0x01) //STA TCP Client
        {
            LCD_Clear(WHITE);
            POINT_COLOR = RED;
            Show_Str_Mid(0,30,"ESP WIFI-STA 测试",16,240);
            Show_Str(30,50,200,16,"正在配置 ESP 模块,请稍等...",12,0);
            if(esp_8266_ip_set("WIFI-STA 远端 IP 设置",(u8*)ESP_ESP8266_WO
            RKMODE_TBL[netpro],(u8*)portnum,ipbuf))goto PRESTA;
            //IP 输入
            sprintf((char*)p,"AT+CIPSTART=0,\"TCP\",\"%s\",%s",ipbuf,(u8*)portnum);
            //配置目标 TCP 服务器及 ID 号,STA 模式下为 0
        while(esp_8266_send_cmd(p,"OK",200))
            {
            LCD_Clear(WHITE);
            POINT_COLOR = RED;
            Show_Str_Mid(0,40,"WK_UP:返回重选",16,240);
            Show_Str(30,80,200,12,"ESP 连接 UDP 失败",12,0);
            //连接失败
            key = KEY_Scan(0);
            if(key == 4) goto PRESTA;
```

```
        }
            netpro = esp_8266_mode_cofig(netpro);              //AP 模式网络模式配置
        }
        else netpro = esp_8266_mode_cofig(netpro);              //TCP Server 不用配置
    }
    LCD_Clear(WHITE);
    POINT_COLOR = RED;
    Show_Str_Mid(0,30,"ESP WIFI-STA+AP 测试",16,240);
    Show_Str(15,50,200,16,"正在配置 ESP 模块,请稍等...",12,0);
    LCD_Fill(15,50,239,50+12,WHITE);
    //清除之前的显示
    Show_Str_Mid(0,50,"WK_UP:退出 KEY0:ID0 发送 KEY1:ID1 发送",12,240);
    LCD_Fill(15,80,239,80+12,WHITE);
    esp_8266_get_ip(15,65);
    //STA+AP 模式,获取 IP,并显示
    Show_Str(15,95,200,12,"连接状态:",12,0);                       //连接状态
    Show_Str(15,110,200,12,"STA 模式:",12,0);                     //STA 连接状态
    Show_Str(120+15,110,200,12,"AP 模式:",12,0);                  //AP 连接状态
    Show_Str(15,125,200,12,"发送数据:",12,0);                      //发送数据
    Show_Str(15,140,200,12,"接收数据:",12,0);                      //接收数据
    esp_8266_wificonf_show(15,195,"请设置路由器无线参数为:",(u8*)wifista_ssid,(u8*)
wifista_encryption,(u8*)wifista_password);
    POINT_COLOR = BLUE;
    Show_Str(48+15,110,200,12,(u8*)ESP_ESP8266_WORKMODE_TBL[netpro&0x03],12,0);
    //STA 连接状态
    Show_Str(162+15,110,200,12,(u8*)ESP8266_WORKMODE_TBL[netpro>>4],1 2,0);
    //AP 连接状态
    USART3_RX_STA=0;
    while(1)
    {
        key = KEY_Scan(0);
        if(key == 4)                //WK_UP 退出测试
        {
            res = 0;
            break;
        }
        else if(key == 1)                //KEY0 向 ID0 发送数据
        {
        sprintf((char*)p,"8266 模块 ID0 发数据%02d\r\n",t/10);            //测试数据
```

```c
        Show_Str(15+54,125,200,12,p,12,0);
        esp_8266_send_cmd("AT+CIPSEND=0,25","OK",200);
        //发送指定长度的数据
        delay_ms(200);
        esp_8266_send_data(p,"OK",100);            //发送指定长度的数据
        timex = 100;
        }
        else if(key == 2)
        //KEY1 向 ID1 发送数据
        {
            sprintf((char*)p,"8266 模块 ID1 发数据%02d\r\n",t/10);
            //测试数据
            Show_Str(15+54,125,200,12,p,12,0);
            esp_8266_send_cmd("AT+CIPSEND=1,25","OK",200);
            //发送指定长度的数据
            delay_ms(200);
            esp_8266_send_data(p,"OK",100);        //发送指定长度的数据
            timex = 100;
        }
    if(timex) timex--;
    if(timex == 1)   LCD_Fill(30+54,125,239,122,WHITE);
    t++;
    delay_ms(10);
    if(USART3_RX_STA&0x8000)           //接收到一次数据了
    {
       rlen=USART3_RX_STA&0 x7FFF;
       //得到本次接收到的数据长度
       USART3_RX_BUF[rlen] = 0;
       //添加结束符
       printf("%s",USART3_RX_BUF);
       //发送到串口
       sprintf((char*)p,"收到%d 字节,内容如下",rlen);        //接收到的字节数
       LCD_Fill(15+54,140,239,130,WHITE);
       POINT_COLOR=BRED;
       Show_Str(15+54,140,156,12,p,12,0);
       //显示接收到的数据长度
       POINT_COLOR=BLUE;
       LCD_Fill(15,155,239,319,WHITE);
       Show_Str(15,155,180,190,USART3_RX_BUF,12,0);
```

```
        //显示接收到的数据
        USART3_RX_STA = 0;
        if(constate != '+') t = 1000;
        //状态为还未连接，立即更新连接状态
        else t = 0;
        //状态为已经连接了，10 s 后再检查
    }
    if(t == 1000)          //连续 10 s 没有收到任何数据,检查连接是不是还存在
    {
        LCD_Fill(15+54,125,239,140,WHITE);
        constate = esp_8266_consta_check();          //得到连接状态
        if(constate == '+')    Show_Str(15+54,95,200,12,"连接成功",12,0);
        //连接状态
        else Show_Str(15+54,95,200,12,"连接失败",12,0);
        t = 0;
    }
        if((t%20) == 0)    LED0 = !LED0;
        esp_8266_at_response(1);
    }
        myfree(SRAMIN,p);
        //释放内存
        return res;
}
```

该代码实现了对模块串口 AP + STA 模式各个子模式的测试(TCP 服务器、TCP 客户端、UDP)。首先进行 STA 模式下的配置，接着对 AP 模式进行配置。配置完成后，就可进行数据收发测试。此时，如果连接成功建立，可以通过按 KEY0 发送数据给 ID0 的设备，通过按 KEY1 发送数据给 ID1，外部设备发送过来的数据将显示在接收数据区域。如果一直没有收到数据，则程序每隔 10 s 会检查一次连接是否存在，并将连接状态显示在 LCD 屏上，同时 LED1 每 400 ms 闪烁一次，提示程序正在运行。按 KEY2 可以退出当前测试，回到主界面。

(3) wifista.c 文件里面同样只有一个函数，即 esp_8266_wifista_test，该函数实现了对串口无线 STA 模式的测试，代码如下：

```
//ESP8266 WiFi STA 测试
//用于测试 TCP/UDP 连接
//返回值：0 表示正常；其他为错误代码
u8 netpro = 0;                //网络模式
u8 esp_8266_wifista_test(void)
{
```

```
//u8 netpro=0;                //网络模式
u8 key;
u8 timex = 0;
u8 ipbuf[16];                //IP 缓存
u8 *p;
u16 t = 999;                //加速第一次获取连接状态
u8 res = 0;
u16 rlen = 0;
u8 constate = 0;                //连接状态
p = mymalloc(SRAMIN,32);    //申请 32 B 内存
TEST_8266_send_cmd("AT+CWMODE=1","OK",50);
//设置 WiFi STA 模式
delay_ms(1000);
//设置连接到的 WiFi 网络名称/加密方式/密码
//需要根据自己的路由器设置进行修改
sprintf((char*)p,"AT+CWJAP=\"%s\",\"%s\"",wifista_ssid,wifista_password);
//设置无线参数：ssid，密码
esp_8266_send_cmd(p,"WIFI GOT IP",1000);
//连接目标路由器
PRESTA:netpro |= TEST_8266_netpro_sel(50,30,(u8*)TEST_ESP8266_CW  MODE_TBL[0]);
//选择网络模式
if(netpro&0x02) //UDP
{
    LCD_Clear(WHITE);
    POINT_COLOR = RED;
    Show_Str_Mid(0,30,"TEST-ESP WIFI-STA 测试",16,240);
    Show_Str(30,50,200,16,"正在配置 TEST-ESP 模块, 请稍等...",12,0);
    if(TEST_8266_ip_set("WIFI-STA 远端 UDP IP 设置",(u8*)TEST_ESP8266
    _WORKMODE_TBL[netpro],(u8*)portnum,ipbuf))goto PRESTA;        //IP 输入
    sprintf((char*)p,"AT+CIPSTART=\"UDP\",\"%s\",%s",ipbuf,(u8*)portnum);
    //配置目标 UDP 服务器
    delay_ms(200);
    esp_8266_send_cmd("AT+CIPMUX=0","OK",20);                //单连接模式
    delay_ms(200);
    LCD_Clear(WHITE);
    while(esp_8266_send_cmd(p,"OK",500));
}
else        //TCP
{
```

```
    if(netpro&0x01)        //TCP Client 透传模式测试
    {
        LCD_Clear(WHITE);
        POINT_COLOR = RED;
        Show_Str_Mid(0,30,"TEST-ESP WIFI-STA 测试",16,240);
        Show_Str(30,50,200,16,"正在配置 TEST-ESP 模块,请等...",12,0);
        if(esp_8266_ip_set("WIFI-STA 远端 IP 设置",(u8*)TEST_ESP8266_WORK
        MODE_TBL[netpro],(u8*)portnum,ipbuf))goto PRESTA;        //IP 输入
        esp_8266_send_cmd("AT+CIPMUX=0","OK",20);                //0 为单连接；1 为多连接
        sprintf((char*)p,"AT+CIPSTART=\"TCP\",\"%s\",%s",ipbuf,(u8*)portnum);
        //配置目标 TCP 服务器
        while(esp_8266_send_cmd(p,"OK",200))
        {
            LCD_Clear(WHITE);
            POINT_COLOR = RED;
            Show_Str_Mid(0,40,"WK_UP:返回重选",16,240);
            Show_Str(30,80,200,12,"TEST-ESP 连接 TCP 失败",12,0);
            //连接失败
            key = KEY_Scan(0);
            if(key == 4)goto PRESTA;
        }
        esp_8266_send_cmd("AT+CIPMODE=1","OK",200);
            //传输模式为透传
    }
    else
    {
        LCD_Clear(WHITE);
        POINT_COLOR = RED;
        Show_Str_Mid(0,30,"ESP WIFI-STA 测试", 16, 240);
        Show_Str(30,50,200,16,"正在配置 ESP 模块,请稍等...",12,0);
        esp_8266_send_cmd("AT+CIPMUX=1","OK",20);
        //0 为单连接；1 为多连接
        sprintf((char*)p,"AT+CIPSERVER=1,%s",(u8*)portnum);
        //开启 Server 模式(0 为关闭；1 为打开)，端口号为 portnum
        esp_8266_send_cmd(p,"OK",50);
    }
}
    LCD_Clear(WHITE);
```

```
                POINT_COLOR = RED;
                Show_Str_Mid(0,30,"ESP WIFI-STA 测试",16,240);
                Show_Str(30,50,200,16,"正在配置 ESP 模块, 请稍等...",12,0);
                LCD_Fill(30,50,239,50+12,WHITE);              //清除之前的显示
                Show_Str(30,50,200,16,"WK_UP: 退出测试 KEY0: 发送数",12,0);
                LCD_Fill(30,80,239,80+12,WHITE);
                esp_8266_get_wanip(ipbuf);                    //获取当前模块的 IP
                sprintf((char*)p,"IP 地址:%s 端口:%s",ipbuf,(u8*)portnum);
                Show_Str(30,65,200,12,p,12,0);                //显示 IP 地址和端口
                Show_Str(30,80,200,12,"状态:",12,0);           //连接状态
                Show_Str(120,80,200,12,"模式:",12,0);          //连接状态
                Show_Str(30,100,200,12,"发送数据:",12,0);       //发送数据
                Show_Str(30,115,200,12,"接收数据:",12,0);       //接收数据
                esp_8266_wificonf_show(30,180,"请设置路由器无线参数
                为:",(u8*)wifista_ssid,(u8*)wifista_encryption,(u8*)wifista_password);
                POINT_COLOR=BLUE;
                Show_Str(120+30,80,200,12,(u8*)TEST_ESP8266_WORKMODE_TBL[netpro],12, 0);
                USART3_RX_STA = 0;      //连接状态
        while(1)
        {
            key = KEY_Scan(0);
            if(key == 4)                  //WK_UP 退出测试
            {
            res = 0;
            esp_8266_quit_trans();
            //退出透传
            esp_8266_send_cmd("AT+CIPMODE=0","OK",20);
            //关闭透传模式
            break;
            }
            else if(key==1)        //KEY0 发送数据
            {
                if((netpro==3)||(netpro==2))          //UDP
                {
                    sprintf((char*)p,"TEST-8266%s 测
                    试%02d\r\n",TEST_ESP8266_WORKMODE_TBL[netpro],t/10 );        //测试数据
                    Show_Str(30+54,100,200,12,p,12,0);
                    esp_8266_send_cmd("AT+CIPSEND=25","OK",200);
```

```
        //发送指定长度的数据
        delay_ms(200);
        esp_8266_send_data(p,"OK",100);                    //发送指定长度的数据
        timex = 100;
    }
    else if((netpro==1))            //TCP 客户机
    {
        esp_8266_quit_trans();
        esp_8266_send_cmd("AT+CIPSEND","OK",20);
        //开始透传
        sprintf((char*)p,"TEST-8266%s 测试
        %d\r\n",TEST_ESP8266_ WORKMODE_TBL[netpro],t/10);        //测试数据
        Show_Str(30+54,100,200,12,p,12,0);
        u3_printf("%s",p);
        timex = 100;
    }
    else        //TCP 服务器
    {
    sprintf((char*)p,"TEST-8266%测试%02d\r\n",TEST_ESP8266
    _WORKMODE_TBL[netpro],t/10);            //测试数据
        Show_Str(30+54,100,200,12,p,12,0);
        esp_8266_send_cmd("AT+CIPSEND=0,25","OK",200);
        //发送指定长度的数据
        delay_ms(200);
        esp_8266_send_data(p,"OK",100);            //发送指定长度的数据
        timex = 100;
    }
}else;
if(timex)    timex--;
if(timex==1)    LCD_Fill(30+54,100,239,112,WHITE);
t++;
delay_ms(10);
if(USART3_RX_STA&0x8000)                //接收到一次数据
{
    rlen = USART3_RX_STA&0x7FFF;
    //得到本次接收到的数据长度
    USART3_RX_BUF[rlen] = 0;
    //添加结束符
```

```
        printf("%s",USART3_RX_BUF);
        //发送到串口
        sprintf((char*)p,"收到%d 字节,内容如下",rlen);
        //接收到的字节数
        LCD_Fill(30+54,115,239,130,WHITE);
        POINT_COLOR = BRED;
        Show_Str(30+54,115,156,12,p,12,0);
        //显示接收到的数据长度
        POINT_COLOR = BLUE;
        LCD_Fill(30,130,239,319,WHITE);
        Show_Str(30,130,180,190,USART3_RX_BUF,12,0);
        //显示接收到的数据
        USART3_RX_STA = 0;
        if(constate!=3)    t = 1000;          //状态为还未连接，立即更新连接状态
        else t = 0;                           //状态为已经连接，10 s 后再检查
    }
    if(t==1000)   //连续 10 s 没有收到任何数据,检查连接是不是还存在
    {
        constate = TEST_8266_consta_check();             //得到连接状态
        if(constate == '+')Show_Str(30+30,80,200,12,"连接成功",12,0);
        //连接状态
        else Show_Str(30+30,80,200,12,"连接失败",12,0);
        t = 0;
    }
        if((t%20)==0)LED0 = !LED0;
        esp_8266_at_response(1);
}
```

相比于 apsta.c 这部分代码没有 AP 模式的配置，在此模式下只有三种子模式(TCP 服务器、TCP 客户端和 UDP)，且在该模式下模块需连接到指定 WiFi 热点；如果需要连接到自己的 WiFi 热点，则修改为如下代码即可。

```
//WiFi STA 模式，设置要连接的路由器的无线参数
//应根据路由器设置自行修改
const u8* wifista_ssid="TEST_WIFI";              //路由器 SSID 号
const u8* wifista_encryption="wpawpa2_aes";      //wpa/wpa2 aes 加密方式
const u8* wifista_password="123456987";          //连接密码
```

这里的配置信息为要连接的 WiFi 热点名，SSID 为 TEST_WiFi，加密方式为 wpawpa2_aes；密码为 123456987。

(4) wifiap.c 文件中的函数 esp_8266_wifiap_test 用来测试串口 WiFiAP 模式，该函数代码如下：

```
//ESP8266 WiFi AP 用于测试 TCP/UDP 连接
//返回值：0 表示正常
u8 esp_8266_wifiap_test(void)
{
    u8 netpro = 0;              //网络模式
    u8 key;
    u8 timex = 0;
    u8 ipbuf[16];              //IP 缓存
    u8 *p;
    u16 t = 999;               //加速第一次获取连接状态
    u8 res = 0;
    u16 rlen = 0;
    u8 constate = 0;           //连接状态
    p = mymalloc(SRAMIN,32);          //申请 32 B 内存
    …
    //省略部分代码
    return res;
}
```

以上代码省略了大部分与串口 STA 模式类似的代码，仅列出了关键区别代码。其中 AT+CWSAP 指令的参数 wifiap_ssid、wifiap_encryption、wiap_password 等是在 common.c 里定义的字符串。

整个代码实现了对模块串口无线 AP(COM- WiFi AP)模式各个子模式的测试(TCP 服务器、TCP 客户端、UDP)。该函数根据不同的子模式，按 WiFi AP 配置指令表格来对模块进行配置，从而实现子模式功能。对于客户端模式，还要求输入远端 IP 地址，此时可以通过触摸屏输入远端 IP。剩下的处理同串口 STA(COM-STA)模式的处理方式。

(5) test.c 文件中只有一个 main 函数，main 函数代码如下：

```
int main(void)
{
    u8 key,fontok = 0;
    Stm32_Clock_Init(336,8,2,7);       //设置时钟，168 MHz
    delay_init(168);                   //延时初始化
    uart_init(84,115200);              //初始化串口波特率为 115 200 b/s
    usart3_init(42,115200);            //串口 3 初始化
    LED_Init();                        //初始化 LED
    LCD_Init();                        //LCD 初始化
    esp_8266_test();
```

}

　　以上代码，首先初始化了 ESP8266 模块用到的串口 3，波特率为 115 200 b/s；然后调用 esp_8266_test 函数，进入 ESP8266 模块的主测试程序，对 ESP8266 的各项功能——串口无线 STA(COM-WiFi STA)、串口无线 AP(COM-WiFi AP)、串口无线 AP+STA(COM-WiFi AP+STA)进行测试。

11.3　ZigBee 模块应用开发

　　ZigBee 是基于 IEEE 802.15.4 标准的低功耗个域网协议。根据这个协议规定的技术是一种短距离、低功耗的无线通信技术。其特点是近距离、低复杂度、自组织、低功耗、低数据速率、低成本，主要适用于自动控制和远程控制领域，可以嵌入各种设备。

　　ZigBee 作为无线模块，采用的是 CC2530 芯片，且 CC2530 内部集成了增强型 51 单片机，不需要外接其他的控制器，只要有 51 单片机的编程基础，就可以进行 ZigBee 的应用开发。

11.3.1　ZigBee 模块结构

　　CC2530 核心板如图 11.2 所示。

图 11.2　CC2530 核心板

　　CC2530 的结构特点：体积小(3.6 cm × 2.7 cm)、质量轻、可引出全部 I/O 口、标准 2.54 排针接口，可直接应用在万能板或自制 PCB 上；模块使用 2.4 G 全向天线，可靠传输距离达 250 m，自动重连距离高达 110 m。

　　ZigBee 的结构决定了其功能，从图 11.3 中几种无线传输属性对比中可以发现，ZigBee 的应用范围是低速率远距离。这也造就了 ZigBee 低功耗信息传输的优势，两节普通的 5 号干电池可以使用 6 个月到 2 年的时间，从而免去了频繁充电和更换电池的麻烦。

　　ZigBee 节点所属类别主要分三种，分别是协调器(Coodinator)、路由器(Router)和终端(End Device)。同一网络中需要一个且只能有一个协调器，负责各个节点 16 位地址分配(自动分配)，理论上可以连上 65 536 个节点。ZigBee 的组网方式多种多样，如图 11.4 所示。

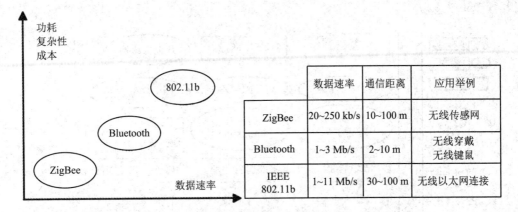

	数据速率	通信距离	应用举例
ZigBee	20~250 kb/s	10~100 m	无线传感网
Bluetooth	1~3 Mb/s	2~10 m	无线穿戴 无线键鼠
IEEE 802.11b	1~11 Mb/s	30~100 m	无线以太网连接

图 11.3　ZigBee、蓝牙、WiFi 传输标准对比图

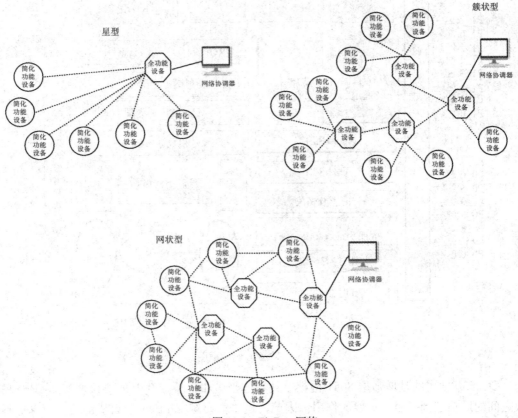

图 11.4　ZigBee 网络

11.3.2　ZigBee 模块协议栈

CC2530 设备系列内核是一个单周期增强型 8051 内核。它有三个不同的存储器访问总线(SFR、DATA 和 CODE/XDATA)，以单周期访问 SFR、DATA 和主 SRAM。它还包括一个调试接口和一个输入的扩展中断单元。增强型 8051 内核使用标准的 8051 指令集。CC2530 的结构框图如图 11.5 所示。

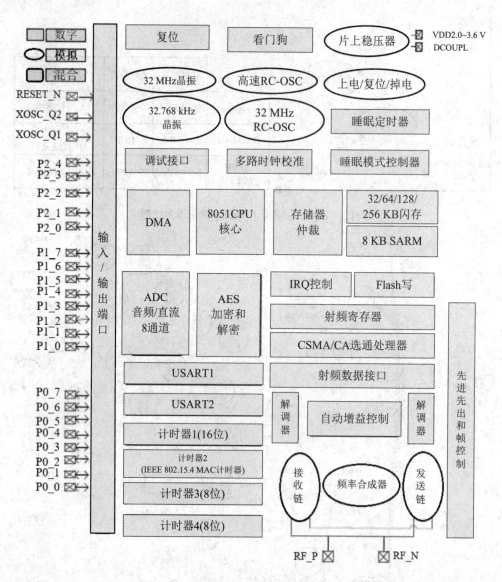

图 11.5 CC2530 结构框图

　　CC2530 使用的是增强型 8051 内核，使用起来更加容易。ZigBee 协议栈在 ZigBee 模块之间的通信起到了至关重要的作用。因此，这里需要对 ZigBee 协议栈的相关概念进行讲解，有助于后面使用 ZigBee 协议栈进行真正的项目开发。

　　什么是 ZigBee 协议栈呢？协议是一系列的通信标准，通信双方需要共同按照这一标准进行正常的数据发射和接收。协议栈是协议的具体实现形式，通俗理解，协议栈就是协议和用户之间的一个接口，开发人员通过使用协议栈来使用这个协议，进而实现无线数据收发。

　　ZigBee 无线网络协议层的架构图如图 11.6 所示。ZigBee 的协议分为两部分：IEEE 802.15.4 定义了 PHY(Physical Layer，物理层)和 MAC(Medium Access Control Layer，介

质访问层)技术规范；ZigBee 联盟定义了 NWK(Network Layer，网络层)、APS(Application Support Sublayer，应用程序支持子层)、APL(Application Layer，应用层)技术规范。ZigBee 协议栈就是将各个层定义的协议都集合在一起，以函数的形式实现，并给用户提供 API(Application Program Interface，应用程序接口)，用户可以直接调用。

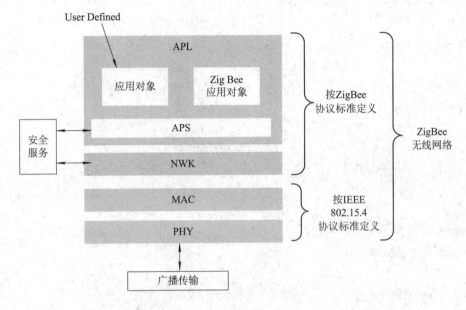

图 11.6　ZigBee 无线网络协议层

在开发一个应用时，协议栈底层与应用层是相互独立的，它们可以从第三方获得，因此我们需要做的只是在应用层进行相应的修改。

ZigBee 协议栈已经实现了 ZigBee 协议，用户可以使用协议栈提供的 API 进行应用程序的开发，在开发过程中完全不必关心 ZigBee 协议的具体实现细节，只需要关注应用层数据使用的函数、数据发送和接收的过程及使用 ZigBee 协议栈进行组网的过程。因此，用户实现一个简单的无线数据通信的一般步骤如下：

(1) 组网：调用协议栈的组网函数、加入网络函数，实现网络的建立与节点的加入。

(2) 发送：发送节点调用协议栈的无线数据发送函数，实现无线数据发送。

(3) 接收：接收节点调用协议栈的无线数据接收函数，实现无线数据接收。

1. 协议栈的工作原理

协议栈是一个小操作系统，它只考虑底层和网络层的内容，将复杂部分屏蔽掉，从而使用户通过 API 函数就可以轻易地使用 ZigBee。

这里通过 main 函数来分析 ZigBee 协议栈，代码如下：

```
int main( void )
{
    osal_int_disable( INTS_ALL );          //关闭所有中断
    HAL_BOARD_INIT();                      //初始化系统时钟
    zmain_vdd_check();                     //检查芯片电压是否正常
```

```
    InitBoard( OB_COLD );                    //初始化 I/O 接口设备、LED、定时器(Timer)等
    HalDriverInit();                         //初始化芯片各硬件模块
    osal_nv_init( NULL );                    //初始化 Flash
    ZmacInit();                              //初始化 MAC 层
    zmain_ext_addr();                        //确定 IEEE64 位地址
    zgInit();                                //初始化非易失变量
    afInit();
    #endif
    osal_init_system();                      //初始化操作系统
    osal_int_enable( INTS_ALL );             //使能全部中断
    InitBoard( OB_READY );                   //初始化按键
    zmain_dev_info();                        //显示设备信息
    #ifdef LCD_SUPPORTED
    zmain_lcd_init();
    #endif
    #ifdef WDT_IN_PM1
    WatchDogEnable( WDTIMX );
    #endif
    osal_start_system();                     //执行操作系统，进去后不会返回
    return 0;
}
```

上述代码开始先执行初始化工作，包括硬件、网络层、任务等的初始化，然后执行 osal_start_system()进入操作系统。这里重点了解以下两个函数：

(1) 初始化操作系统，其调用形式如下：

```
osal_init_system();
```

(2) 运行操作系统，其调用形式如下：

```
osal_start_system();
```

系统初始化函数 osal_init_system()调用了 osalInitTasks()函数对任务进行初始化，其中 osalInitTasks()函数代码如下：

```
void osalInitTasks( void )
{
    uint8 taskID = 0;                        //分配内存，返回指向缓冲区的指针
    tasksEvents = (uint16 *)osal_mem_alloc( sizeof( uint16 ) * tasksCnt);
    //设置所分配的内存空间单元值为 0
    osal_memset( tasksEvents, 0, (sizeof( uint16 ) * tasksCnt));
    //任务优先级由高向低依次排列，高优先级对应 taskID 的值反而小
    macTaskInit(taskID++ );                  //macTaskInit(0)，用户不需考虑
    nwk_init(taskID++ );                     //nwk_init(1)，用户不需考虑
```

```
Hal_Init(taskID++ );                    //Hal_Init(2)，用户需考虑
#if defined( MT_TASK )
MT_TaskInit(taskID++ );
#endif
APS_Init(taskID++ );                    //APS_Init(3)，用户不需考虑
#if defined ( ZIGBEE_FRAGMENTATION)
APSF_Init(taskID++ );
#endif
ZDApp_Init(taskID++ );                  //ZDApp_Init(4)，用户需考虑
#if defined (ZIGBEE_FREQ_AGILITY) || defined(ZIGBEE_PANID_CONFLICT)
ZDNwkMgr_Init(taskID++ );
#endif
SampleApp_Init(taskID );                // SampleApp_Init _Init(5)，用户需考虑
}
```

osalInitTasks 函数对 taskID 进行初始化，每初始化一个，taskID 自加 1。注释中写着需要考虑，表明用户可以根据自己的硬件平台或者需求进行设置；而写着不需考虑的，则不能修改，它们是 TI 公司出厂协议栈已完成的部分。SampleApp_Init(taskID)函数是应用协议栈例程的必要函数，用户通常在这里初始化自己的内容。

osal_start_system()运行操作系统，函数代码如下：

```
/***********************************************************
* @fn osal_start_system
* @brief*
这个是任务系统轮询的主要函数。它将查找发生的事件，然后调用相应的事件执行函数。如果没有
事件登记要发生，则进入睡眠模式*/
void osal_start_system( void )
{
    #if !defined ( ZBIT ) && !defined ( UBIT )
    for(;;)                             //死循环
    #endif
    {
        uint8 idx = 0;
        osalTimeUpdate();              //扫描被触发事件，然后置相应的标志位为1
        Hal_ProcessPoll();
        Do {
        if (tasksEvents[idx])
        {
            break;                     //得到待处理的最高优先级任务索引号  idx
        }
```

```
    } while (++idx < tasksCnt);
    if (idx < tasksCnt)
    {
        uint16 events;
        halIntState_t intState;
        HAL_ENTER_CRITICAL_SECTION(intState);          //进入临界区，保护
        events = tasksEvents[idx];                      //提取需要处理的任务中的事件
        tasksEvents[idx] = 0;                           //清除本次任务的事件
        HAL_EXIT_CRITICAL_SECTION(intState);            //退出临界区
        events = (tasksArr[idx])( idx, events );         //通过指针调用任务处理函数
        HAL_ENTER_CRITICAL_SECTION(intState);           //进入临界区
        tasksEvents[idx] |= events;                     //保存未处理的事件
        HAL_EXIT_CRITICAL_SECTION(intState);            //退出临界区
    }
#if defined( POWER_SAVING )
    else
    {
        osal_pwrmgr_powerconserve();
    }
    #endif
    }
}
```

这里需要注意的是当代码中执行到 events = tasksEvents[idx]语句时，进入定义了任务事件的数组 tasksEvents[idx]中，而该数组在 osalInitTasks(void)函数中与 taskID 是一一对应的。这也说明了 osal_start_system(void)函数 taskID 把任务联系在了一起，并完成了对设备的初始化。协议栈的工作流程如图 11.7 所示。

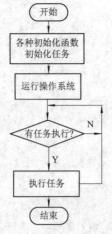

图 11.7　协议栈工作流程

2. ZigBee 协议栈网络管理

ZigBee 协议栈网络管理主要是针对新加入的节点设备。每个 CC2530 芯片出厂时都有一个全球唯一的 32 位 MAC 地址。当设备连入网络时，每个设备都能获得由协调器分配的 16 位短地址，协调器默认地址为 0x0000。很多时候网络就是通过短地址进行管理的，如图 11.8 所示。

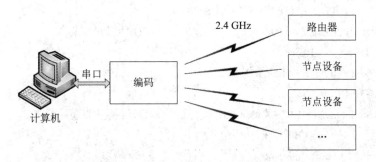

图 11.8　网络管理系统框图

下面通过一个简单的实例来学习协议栈管理网络。

实验平台：ZigBee 节点三个以上，包括协调器、路由器和终端。

实验现象：路由器(编号 1)、终端设备(编号 2)发送自己定义的设备号给协调器，协调器通过接收到的设备号判断设备类型，并且获取设备的短地址，通过串口打印出来。

实验讲解：要实现协调器收集数据的功能，可以使用点播方式传输数据，点播地址为协调器地址(0x0000)，这样避免了路由器和终端之间的互传，也减少了网络数据拥塞。修改点播信息发送函数，代码如下：

```
void SampleApp_SendPointToPointMessage( void )
{
    uint8 device;                                //设备类型变量
    if ( SampleApp_NwkState == DEV_ROUTER )
        device = 0x01;                           //编号 1 表示路由器
    else if (SampleApp_NwkState == DEV_END_DEVICE)
        device = 0x02;                           //编号 2 表示终端
    else
        device = 0x03;                           //编号 3 表示出错
    if ( AF_DataRequest( &Point_To_Point_DstAddr,    //发送设备类型编号
    &SampleApp_epDesc, SAMPLEAPP_POINT_TO_POINT_CLUSTERID, 1,
    &device, &SampleApp_TransID, AF_DISCV_ROUTE,
    AF_DEFAULT_RADIUS ) == afStatus_SUCCESS )
    {                                }
    else
    { // 请求发送时发生错误}
}
```

　　修改完成后，系统设备自动检测自己烧写的类型，然后发送对应的编号。路由器编号为 1，终端编号为 2。数据接收时，对接收到的数据进行判断，区分路由器和终端设备，然后在数据包中取出 16 位短地址，通过串口打印出来。接收函数点播 ID 代码如下：

```
uint16 flashTime,temp;
uint8 asc_16[16] = {'0','1','2','3','4','5','6','7','8','9','A','B','C','D','E','F'};
case SAMPLEAPP_POINT_TO_POINT_CLUSTERID:
temp = pkt->srcAddr.addr.shortAddr;              //读出数据包的 16 位短地址
if( pkt->cmd.Data[0] == 1 )                      //路由器
HalUARTWrite(0,"ROUTER ShortAddr:0x",19);        //提示接收到数据
if( pkt->cmd.Data[0] == 2 )                      //终端
HalUARTWrite(0,"ENDDEVICE ShortAddr:0x",22);     //提示接收到数据
/*****将短地址分解，ASCII 码打印*****/
HalUARTWrite(0,&asc_16[temp/4096],1);
HalUARTWrite(0,&asc_16[temp%4096/256],1);
HalUARTWrite(0,&asc_16[temp%256/16],1);
HalUARTWrite(0,&asc_16[temp%16],1);
HalUARTWrite(0,"\n",1);                          //回车换行
break;
```

　　实验结果：将修改后的程序分别以协调器、路由器、终端的方式下载到三个或以上设备，协调器连接到 PC。上电后每个设备往协调器发送自身编号，协调器通过串口打印数据显示在上位机。

11.3.3　ZigBee 模块编程实践

　　学习 ZigBee 的最终目的是采集传感器信息，建立起无线传感网。接下来，使用 ZigBee 来控制传感器采集数据，这里选择大家熟悉且常用的温度传感器 DS18B20，逐步建立自己的无线传感网。

　　DS18B20 数字温度传感器接线方便、耐磨耐碰、体积小、使用方便且其封装形式多样，可以根据应用场合的不同而改变其外观，适用于各种狭小空间设备数字测温和控制领域。封装后的 DS18B20 可用于电缆沟测温、高炉水循环测温、机房测温、农业大棚测温等各种非极限温度场合。DS18B20 实物如图 11.9 所示。

图 11.9　DS18B20 实物图

实验平台：该实验平台有 ZigBee 模块和 ZigBee 传感器节点。

实验现象：节点通过采集 DS18B20 温度信息，实时发送到协调器。协调器通过串口打印和液晶显示方式展示当前温度。

实验讲解：ZigBee 要完成采集温度传感器信息再发送到协调器的过程，必须在协议栈上完成所有代码的编程。实际上，可以在裸机(不带协议栈)的基础上成功驱动传感器，然后再加载到协议栈上，这样会有事半功倍的效果。将裸机上成功驱动的传感器添加到协议栈代码上，并实现数据传输。

实验过程：实验可以分为以下三个步骤。

(1) 在裸机上完成对 DS18B20 的驱动。

查看温度传感器 DS18B20 下的驱动代码，主函数代码如下：

```
1.    #include "iocc2530.h"
2.    #include "uart.h"
3.    #include "ds18b20.h"
4.    #include "delay.h"
5.    void Initial()                    //系统初始化
6.    {
7.        CLKCONCMD = 0x80;            //选择 32 MHz 振荡器
8.        while(CLKCONSTA&0x40);       //等待晶振稳定
9.        UartInitial();               //串口初始化
10.       P0SEL &= 0xBF;               //DS18B20 的 I/O 口初始化
11.   }
12.   void main()
13.   {
14.       char data[5]="temp=";        //串口提示符
15.       Initial();
16.       while(1)
17.       {
18.           Temp_test();             //温度检测
                                       //温度信息打印
19.           UartTX_Send_String(data,5);
20.           UartSend(temp/10+48);
21.           UartSend(temp%10+48);
22.           UartSend('\n');
23.           Delay_ms(1000);          //延时函数使用定时器方式，延时 1 s
24.       }
25.   }
```

main 函数中：第 15 行主要进行一些初始化工作；第 18 行是在大循环中检测温度；而第 19～22 行则通过串口打印温度信息。

(2) 将程序添加到协议栈代码中。

基础实验证明了 CC2530 可以驱动 DS18B20 传感器。而移植协议栈 z-stack 要注意协议栈上的 I/O 口用途和晶振工作频率。

实验的功能是终端设备读取 DS18B20 温度信息，通过点播方式发送到协调器，协调器通过串口打印信息，这就实现了无线温度采集。使用点播的原因是终端设备有针对性地发送数据给指定设备，这样不会造成数据冗余。具体步骤如下：

① 将裸机程序里面的 DS18B20.c 和 DS18B20.h 文件复制到 SAMPLEAPP-Source 文件夹下。

② 在协议栈的 APP 目录树下单击右键选择"Add"菜单添加 DS18B20.c 文件。

③ 初始化传感器引脚 P0.6。

④ 通过周期性点播函数，1 s 读取温度传感器 1 次，通过液晶显示和串口打印并点对点发送给协调器。代码如下：

```
uint8 T[5];                                         //温度及提示符
Temp_test();                                        //温度检测
T[0] = temp/10+48;
T[1] = temp%10+48;
T[2] = ' ';
T[3] = 'C';
T[4] = '\0';
//串口打印 WEBEE
HalUARTWrite(0,"temp=",5);
HalUARTWrite(0,T,2);
HalUARTWrite(0,"\n",1);
HalLcdWriteString("The temp is:", HAL_LCD_LINE_3 );  //LCD 显示
HalLcdWriteString( T, HAL_LCD_LINE_4 );
```

需要修改 DS18B20.c 文件中的延时函数。打开该文件，将原来的延时函数改成协议栈自带的延时函数，保证时序的正确。另外，协议栈里面要求每个定义了的函数都必须在文件中添加声明，否则会报错。所以要在 DS18B20.c 文件中添加如下声明：

```
void Ds18b20Delay(uint k);
void Ds18b20InputInitial(void);                      //设置端口为输入
void Ds18b20OutputInitial(void);                     //设置端口为输出
uchar Ds18b20Initial(void);
void Ds18b20Write(uchar infor);
uchar Ds18b20Read(void);
void Temp_test(void);                                //温度读取函数
```

(3) 将数据打包并按指定的方式发送给指定设备。

步骤(2)完成了 DS18B20 基于协议栈的驱动，只要按照 51 单片机的编写方式就可以实

现数据发送和接收。在 EndDevice 的点播发送函数中将温度信息发送出去,代码如下:

```
{
    uint8 T[2];                                              //温度
    T[0] = temp / 10 + 48;                                  //格式转换
    T[1] = temp % 10 + 48;
    if ( AF_DataRequest( &Point_To_Point_DstAddr, &SampleApp_epDesc,
    SAMPLEAPP_POINT_TO_POINT_CLUSTERID, 2, T,
    &SampleApp_TransID, AF_DISCV_ROUTE,
    AF_DEFAULT_RADIUS ) == afStatus_SUCCESS )
    {
    }
    else
    {
        //发送请求时发生了错误
    }
}
```

协调器代码如下:

```
case SAMPLEAPP_POINT_TO_POINT_CLUSTERID:
HalUARTWrite(0,"Temp is:",8);                               //提示接收到数据
HalUARTWrite(0,&pkt->cmd.Data[0],2);                        //ASCII 码发给 PC
HalUARTWrite(0,"\n",1);                                     //回车换行
break;
```

以终端方式下载到开发板,当连接上协调器时,可以看到 LCD 显示当前温度信息,同时串口打印出温度传感器信息。

11.4 Bluetooth 模块应用开发

11.4.1 Bluetooth 模块结构

HC05 模块是由广州汇承公司推出的一款高性能主从一体蓝牙(Bluetooth)串口模块,可以同各种带蓝牙功能的计算机、蓝牙主机、手机、PDA、PSP 等智能终端配对。该模块支持非常宽的波特率范围(4800~1 382 400 b/s);并且兼容 5 V 或 3.3 V 单片机系统,可以很方便地与其他产品进行连接,使用非常灵活、方便。

HC05 蓝牙实物图如图 11.10 所示。图中从右到左,依次为模块引出的引脚 1~6,各引脚的详细描述如表 11.15 所示。

图 11.10　HC05 蓝牙实物图

表 11.15　HC05 模块引脚描述

序号	名称	说　　明
1	LED	配对状态输出；配对成功输出高电平，未配对则输出低电平
2	KEY	用于进入 AT 状态；高电平有效(悬空默认为低电平)
3	RXD	模块串口接收脚(TTL 电平，不能直接接 RS232 电平)，可接单片机的 TXD
4	TXD	模块串口发送脚(TTL 电平，不能直接接 RS232 电平)，可接单片机的 RXD
5	GND	地
6	VCC	电源(3.3~5.0 V)

　　HC05 模块与单片机连接只要四根线，即 VCC、GND、TXD 和 RXD，VCC 和 GND 用于给模块供电，TXD 和 RXD 则连接单片机的 RXD 和 TXD。本模块兼容 5 V 和 3.3 V 单片机系统，所以可以很方便地连接至用户的系统。HC05 模块与单片机系统的连接方式 如图 11.11 所示。

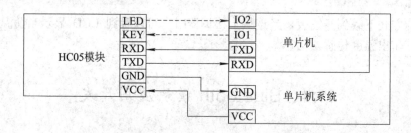

图 11.11　HC05 模块与单片机的连接方式

　　HC05 模块的所有功能都是通过 AT 指令集控制的。模块进入 AT 指令状态有两种方法：

(1) 上电之前将 KEY 设置为 VCC，上电后，模块即进入 AT 指令状态。

(2) 模块上电后，通过将 KEY 接 V_{CC}，使模块进入 AT 状态。

　　推荐使用第一种方法，且通过第一种方法进入 AT 状态后，模块的波特率为 38 400 b/s (8 位数据位，1 位停止位)；通过第二种方法进入 AT 状态后，模块的波特率和通信波特 率一致。

11.4.2　Bluetooth 模块编程实践

蓝牙模块需要使用串口，所以可以在 STM32 串口实验的基础上进行修改。此外，还需要使用定时器和按键的功能，所以还需要有关定时器和按键部分的代码文件。这里使用的是 STM32 的串口 3，hc05.c 文件代码如下：

```c
#include "delay.h"
#include "usart.h"
#include "usart3.h"
#include "hc05.h"
#include "led.h"
#include "string.h"
#include "math.h"
//初始化 TEST-HC05 模块
//返回值：0 表示成功；1 表示失败
u8 HC05_Init(void)
{
    u8 retry = 10,t;
    u8 temp = 1;
    RCC->AHB1ENR |= 1 << 2;          //使能 PORTC 时钟
    RCC->AHB1ENR |= 1 << 5;          //使能 PORTF 时钟
    GPIO_Set(GPIOC,PIN0,GPIO_MODE_IN,0,0,GPIO_PUPD_PU);
    GPIO_Set(GPIOF,PIN6,GPIO_MODE_OUT,GPIO_OTYPE_PP
        ,GPIO_SPEED_100M, GPIO_PUPD_PU);       //PF6 输出高电平
    usart3_init(42,9600);            //初始化串口 3 的波特率为 9600 b/s
    while(retry--)
    {
        HC05_KEY = 1;                //KEY 置高，进入 AT 模式
        delay_ms(10);
        u3_printf("AT\r\n");         //发送 AT 测试指令
        HC05_KEY = 0;                //KEY 拉低，退出 AT 模式
        for(t = 0;t < 10;t++)        //最长等待 50 ms, 用于接收 HC05 模块的回应
        {
            if(USART3_RX_STA&0x 8000)break;
            delay_ms(5);
        }
        if(USART3_RX_STA&0x8000)                 //接收到 1 次数据
        {
            temp = USART3_RX_STA&0x7FFF;         //得到数据长度
```

```
            USART3_RX_STA = 0;
            if(temp==4&&USART3_RX_BUF[0]=='O'&&USART3_RX_BUF[1]=='K')
            {
                temp = 0;                                //接收到 OK 响应
                break;
            }
        }
    }
    if(retry == 0)   temp = 1;                          //检测失败
    return temp;
}
//获取 TEST-HC05 模块的角色
//返回值：0 表示从机；1 表示主机；0xFF 表示获取失败
u8 HC05_Get_Role(void)
{
    u8 retry = 0x0F;
    u8 temp,t;
    while(retry--)
    {
        HC05_KEY = 1;                      //KEY 置高，进入 AT 模式
        delay_ms(10);
        u3_printf("AT+ROLE?\r\n");          //查询角色
        for(t = 0;t < 20;t++)              //最长等待 200 ms，用于接收 HC05 模块的回应
        {
            delay_ms(10);
            if(USART3_RX_STA&0x8000)break;
        }
        HC05_KEY=0;                        //KEY 拉低，退出 AT 模式
        if(USART3_RX_STA&0 x8000)          //接收到一次数据
        {
            temp=USART3_RX_STA&0x7FFF;                   //得到数据长度
            USART3_RX_STA = 0;
            if(temp==13&&USART3_RX_BUF[0]=='+')          //接收到正确的应答
            {
                temp = USART3_RX_BUF[6]-'0';             //得到主从模式值
                break;
            }
        }
    }
}
```

```
    if(retry == 0)    temp=0xFF;                            //查询失败
    return temp;
}
//HC05 设置命令
//此函数用于设置 HC05, 适用于仅返回 OK 应答的 AT 指令
//atstr:AT 指令串, 如"AT+RESET"/"AT+UART=9600,0,0"/
//"AT+ROLE=0"等字符串
//返回值：0 表示设置成功；其他为设置失败
u8 HC05_Set_Cmd(u8* atstr)
{
    u8 retry = 0x0F;
    u8 temp,t;
    while(retry--)
    {
        HC05_KEY = 1;                    //KEY 置高, 进入 AT 模式
        delay_ms(10);
        u3_printf("%s\r\n",atstr);       //发送 AT 字符串
        HC05_KEY = 0;                    //KEY 拉低, 退出 AT 模式
        for(t = 0;t < 20;t++)            //最长等待 100 ms, 用于接收 HC05 模块的回应
        {
        if(USART3_RX_STA&0x8000)break;
        delay_ms(5);
        }
        if(USART3_RX_STA&0x8000)         //接收到一次数据
        {
        temp = USART3_RX_STA&0x7FFF;     //得到数据长度
        USART3_RX_STA = 0;
        if(temp==4&&USART3_RX_BUF[0]=='O') //接收到正确的应答
        {
            temp = 0;
            break;
        }
        }
    if(retry == 0)    temp = 0xFF;                           //设置失败
    return temp;
}
```

此部分代码共三个函数：

(1) HC05_Init()函数用于初始化与 HC05 连接的 I/O 口，并通过 AT 指令检测

TEST-HC05 蓝牙模块是否已经连接。

(2) HC05_Get_Role()函数用于获取 TEST-HC05 蓝牙模块的主从状态，这里使用 "AT+ROLE?"指令获取模块的主从状态。

(3) HC05_Set_Cmd()函数是一个 HC05 蓝牙模块的通用设置指令，通过调用该函数，可以方便地修改 TEST-HC05 蓝牙串口模块的各种设置。

最后，在 main.c 文件中修改代码，以实现对 HC05 蓝牙模块的测试具体代码如下：

```
//显示 HC05 模块的主从状态
void HC05_Role_Show(void)
{
    if(HC05_Get_Role() == 1)
        LCD_ShowString(30,140,200,16,16,"ROLE:Master");        //主机
    else
        LCD_ShowString(30,140,200,16,16,"ROLE:Slave ");        //从机
}
//显示 HC05 模块的连接状态
void HC05_Sta_Show(void)
{
    if(HC05_LED)
        LCD_ShowString(120,140,120,16,16,"STA:Connected ");    //连接成功
    else
        LCD_ShowString(120,140,120,16,16,"STA:Disconnect");    //未连接
}
voidmain(void)
{
    u8 t;
    u8 key;
    u8 sendmask = 0;
    u8 sendcnt = 0;
    u8 sendbuf[20];
    u8 reclen = 0;
    Stm32_Clock_Init(336,8,2,7);         //设置时钟, 168 MHz
    delay_init(168);                     //延时初始化
    uart_init(84,115200);                //初始化串口波特率为 115 200 b/s
    LED_Init();                          //初始化 LED
    KEY_Init();                          //初始化按键
    LCD_Init();                          //初始化 LCD
    POINT_COLOR = RED;
    LCD_ShowString(30,30,200,16,16," STM32F4");
    LCD_ShowString(30,50,200,16,16,"HC05 BLUETOOTH COM TEST");
```

```
delay_ms(1000);                          //等待蓝牙模块上电稳定
while(HC05_Init())                       //初始化 TEST-HC05 模块
{
    LCD_ShowString(30,90,200,16,16,"HC05 Error!");
    delay_ms(500);
    LCD_ShowString(30,90,200,16,16,"Please Check!!!");
    delay_ms(100);
}
LCD_ShowString(30,90,200,16,16,"KEY_UP:ROLE，KEY0:SEND/STOP");
LCD_ShowString(30,110,200,16,16,"HC05 Standby!");
LCD_ShowString(30,160,200,16,16,"Send:");
LCD_ShowString(30,180,200,16,16,"Receive:");
POINT_COLOR = BLUE;
HC05_Role_Show();
delay_ms(100);
USART3_RX_STA = 0;
while(1)
{
    key = KEY_Scan(0);
    if(key == WKUP_PRES)                     //切换模块主从设置
    {
        key = HC05_Get_Role();
        if(key != 0xFF)
        {
            key = !key;                          //状态取反
            if(key == 0)
                HC05_Set_Cmd("AT+ROLE=0");
            else
                HC05_Set_Cmd("AT+ROLE=1");
            HC05_Role_Show();
            HC05_Set_Cmd("AT+RESET");            //复位 TEST-HC05 模块
            delay_ms(200);
        }
    }else if(key == KEY0_PRES)
    {
        Sendmask = !sendmask;                        //发送/停止发送
        if(sendmask==0)LCD_Fill(30+40,160,240,160+16,WHITE);        //清除显示
        }else delay_ms(10);
        if(t == 50)
```

```
    {
        if(sendmask)                          //定时发送
        {
            sprintf((char*)sendbuf,"HC05 %d\r\n",sendcnt);
            //显示发送数据
            LCD_ShowString(30+40,160,200,16,16,sendbuf);
            u3_printf(" HC05 %d\r\n",sendcnt);   //发送到蓝牙模块
            sendcnt++;
            if(sendcnt > 99)    sendcnt = 0;
        }
        HC05_Sta_Show();
        t = 0;
        LED0 = !LED0;
    }
    if(USART3_RX_STA&0x8000)                //接收到一次数据
    {
        LCD_Fill(30,200,240,320,WHITE);       //清除显示
        Reclen = USART3_RX_STA&0x7FFF;        //得到数据长度
        USART3_RX_BUF[reclen] = 0;            //加入结束符
        if(reclen==9||reclen==8)              //控制 DS1 检测
        {
            if(strcmp((const char*)USART3_RX_BUF,"+LED1 ON")==0)
                LED1 = 0;                     //打开 LED1
            if(strcmp((const char*)USART3_RX_BUF,"+LED1 OFF")==0)
                LED1 = 1;                     //关闭 LED1
        }
        LCD_ShowString(30,200,209,119,16,USART3_RX_BUF);
        //显示接收的数据
        USART3_RX_STA = 0;
    }
    t++;
    }
}
```

　　将上述代码编译后下载到实验板，观察实验现象，可以从 LCD 屏幕上看到，当前蓝牙的连接模式为从机模式，未连接状态；发送和接收区域都没有数据；蓝牙模块的 STA 指示灯快速闪烁，示意模块此时为配对状态，且尚未连接。可以演示两个 HC05 蓝牙串口模块的对接。两个 HC05 蓝牙串口模块的对接非常简单，因为 HC05 蓝牙串口模块出厂默认都是 Slave 状态，所以只需要将另外一个 HC05 蓝牙串口模块上电，然后将连接开发板的

HC05 蓝牙串口模块设置为主机(Master)，稍等片刻后，两个 HC05 蓝牙模块就会自动连接成功，同时液晶显示状态为已连接。此时，可以看到两个蓝牙模块的 STA 指示灯都是双闪，表示连接成功，通过串口助手(连接蓝牙从机)向开发板发送数据，将收到来自开发板的数据(按 KEY0，开启/关闭自动发送数据)。单击串口调试助手的"发送"按钮，就可以在开发板的液晶上看到来自蓝牙从机发送的数据。

11.5　NB-IoT 模块应用开发

NB-IoT(Narrow Band Internet of Things，窄带物联网)采用超窄带宽、超低功耗、超大连接、超强覆盖、重复传输、精简网络协议等设计，以牺牲一定速率、时延、移动性能，获取面向 LPWAN(Low Power Wide Area Network，低功耗广域网)物联网的承载能力。NB-IoT 构建于蜂窝网络，只消耗大约 180 kHz 的带宽，使用 License 频段，可采取带内、保护带或独立载波三种部署方式。NB-IoT 与现有网络共存，可直接部署于 GSM(Global System for Mobile Communications，全球移动通信系统)网络、UMTS(Universal Mobile Telecommunications System，通用移动通信系统)网络，以降低部署成本、实现平滑升级。

11.5.1　NB-IoT 模块的结构特点及工作模式

WH-NB73 是由上海稳恒电子公司推出的一款多频段 NB-IoT 模块，其外部结构图如图 11.12 所示。该模块具有实现 UART 转 NB-IoT 双向透传功能；国内全网通，覆盖全球主流区域；支持 NB-IoT 串口、CoAP、UDP；免费接入云服务使用；支持低功耗工作模式；内/外置 SIM 卡，内/外置天线可选；支持 DNS 域名解析；支持注册包、心跳包机制；信号传输强穿透、广覆盖，大连接。WH-NB73 的引脚定义如表 11.16 所示。

图 11.12　WH-NB73 模块

表 11.16　WH-NB73 模块引脚

引脚	名　　称	信号类型	说　　明
1	VCC		电源正极，对地电平 3.1~4.2 V，推荐 3.8 V
2	VCC		电源正极，对地电平 3.1~4.2 V，推荐 3.8 V
3	GND		电源地
4	GND		电源地
8	GPIO	I/O	通用 I/O，暂不开放
9	Rest		复位引脚拉低 200 ms 以上模块复位
14	NETLIGHT	O	网络状态指示引脚，暂不开放
17	GND		电源地
18	ADC	I	预留 A/D 功能，暂不开放
22	VSIM	P	SIM 卡供电
23	SIM_CLK	I	SIM 卡时钟信号
24	SIM_DAT	O	SIM 卡数据信号
25	SIM_RST	O	SIM 卡重启控制
27	SWD_CLK	O	SWD_CLK，暂不开放
28	SWD_DATA	I/O	SWD_DATA，暂不开放
29	V_PAD	P	3.0 V 电压输出，最大供电电流 20 mA。此为模块 I/O 口电源，可作为串口匹配和上拉电源，不建议用于外部电路供电。硬件版本 V1.0 不开放，硬件版本 V1.1 开放
33	UART1_TX	O	UART1 串口，仅用于 LOG 输出
35	UART0_TX	O	UART0 串口，模块通信数据发送
36	UART0_RX	I	UART0 串口，模块通信数据接收
39	GND	P	电源地
40	GND	P	电源地
41	RFID	I/O	射频信号输入/输出引脚
42	GND	P	电源地

　　注意：未在表中登记的引脚为 NC。NC 表示未使用引脚，用户需悬空处理。表中的 P 表示电源类引脚，I 表示输入引脚，O 表示输出引脚，I/O 表示双向数据传输引脚。

　　NB-IoT 模块支持多个频段，可支持国内三家运营商的 NB-IoT 网络。需要注意的是 NB 模块必须使用 NB 专用 SIM 卡。国内三家运营商 NB-IoT 网络的对比如表 11.17 所示。

表 11.17 三家运营商 NB-IoT 网络对比表

运营商	计费方式	云平台	覆盖情况	频段	IP 访问限制
中国电信	次数	电信 IoT 平台	99%	B5	仅可访问少量 IP
中国移动	流量	OneNET	部分	B8/B3	无限制
中国联通	次数/流量	联通 IoT 平台	部分	B3/B8	无限制

WH-NB73 有四种工作模式：CMD 指令模式、CoAP 透传模式、简单透传模式以及 OneNET 模式。参数设置通过串口 AT 指令实现，产品功能结构示意图如图 11.13 所示。

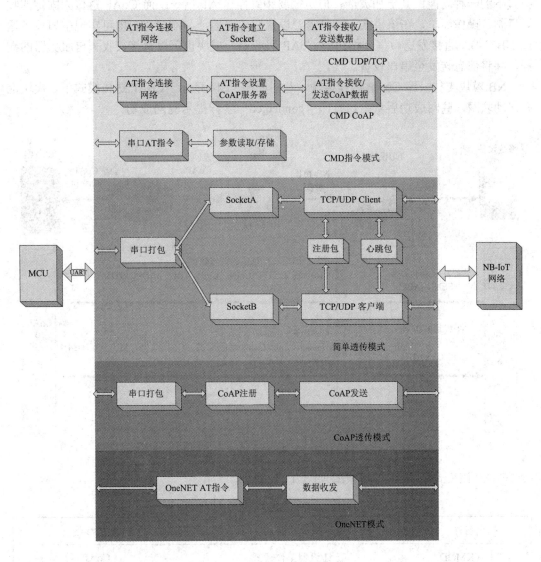

图 11.13　NB-IoT 工作模式

1. CMD 指令模式

模块出厂默认工作在 CMD 指令模式下，CMD 指令模式可立即接收并处理所支持的

AT 指令，且其下的 AT 指令共分为三类：

(1) 参数配置指令，主要对模块的功能参数进行配置。

(2) TCP/UDP 通信指令。TCP/UDP 的功能是采用 AT 指令逐步地建立 Socket 通道，并通过 AT 指令收发数据。

(3) CoAP 通信指令。CoAP 的功能是用来和各种支持 CoAP 的云服务进行数据交互，而数据交互过程通过 AT 指令逐步实现。目前支持的有透传云、电信云、华为云和联通云。

2. CoAP 透传模式

CoAP 透传模式和指令 CoAP 是两种完全不同的设计逻辑，指令 CoAP 是工作在 CMD 模式下的一种功能，其更加灵活，但是需要频繁操作 AT 指令；而 CoAP 透传为固定的收发机制，操作简单，在该模式下，只需要设置服务器地址和端口号，即可实现串口设备通过 NB73-BA 直接发送数据到指定的 CoAP 服务器，模块也可以直接接收来自服务器的数据，并将信息转发至串口设备。

NB 模块支持一路 CoAP 透传传输示意图如图 11.14 所示。CoAP 透传模式下，模块上电自动驻网，驻网成功后从串口打印"connected"字样提示驻网成功。

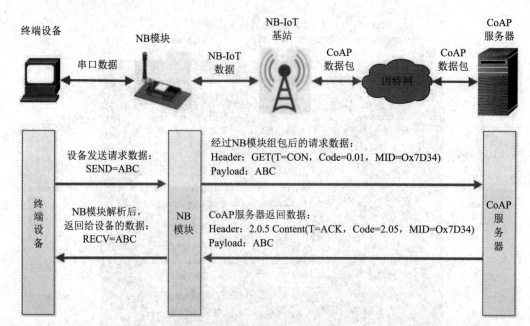

图 11.14　CoAP 透传模式示意图

CoAP 该模式使用到的 AT 指令如表 11.18 所示。

表 11.18　CoAP 模式使用的 AT 指令

指令名称	指令功能	默认参数
AT + WKMOD	查询/设置工作模式	CoAP
AT + NCDP	查询/设置 CoAP 参数	117.60.157.137,5683
AT + CoAPRPY	设置/查询 CoAP 发送确认功能使能	OFF

3. 简单透传模式

简单透传模式使用 TCP/UDP 协议，实现用户终端到远程服务器之间的数据透明传输。这种模式下，用户不需要关注串口数据与网络数据包之间的数据转换过程，只需通过简单的参数设置，即可实现串口设备与网络服务器之间的数据透明通信。

简单透传模式下，模块上电自动驻网，驻网成功后从串口打印"connected"字样提示驻网成功。简单透传模式示意图如图 11.15 所示。

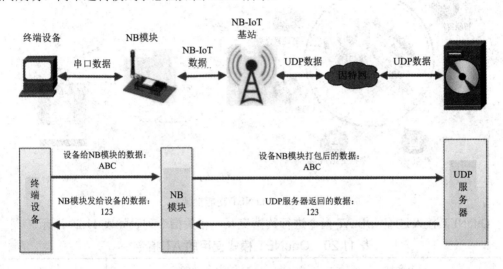

图 11.15　简单透传模式示意图

简单透传模式使用到的 AT 指令如表 11.19 所示。

表 11.19　简单透传模式使用的 AT 指令

指令名称	指令功能	默认参数
AT + WKMOD	查询/设置工作模式	NET
AT + SOCKN	查询/设置 SocketN 参数	UDP,118.190.93.84,2317
AT + SOCKNEN	查询/设置是否使能 SocketN	ON
AT + SOCKPORTN	查询/设置 SocketN 本地端口	8899
AT + SOCKNLK	查询 SocketN TCP 连接状态	—

当应用场景对功耗要求较高时，推荐使用 UDP 协议且服务器地址不要使用域名。

4. OneNET 模式

OneNET 是中国移动物联网有限公司面向公共服务自主研发的开放云平台，为各种跨平台物联网应用、行业解决方案提供简便的海量连接、云端存储、消息分发和大数据分析等优质服务。本模式只对支持移动版本的 NB 模块支持，CT/CTA 模块不支持该模式。

OneNET 作为中国移动通信集团推出的一个专业的物联网开放云平台，提供了丰富的智能硬件开发工具和可靠的服务，助力各类终端设备迅速接入网络，实现数据传输、数据存储、数据管理等完整的交互流程，如图 11.16 所示。

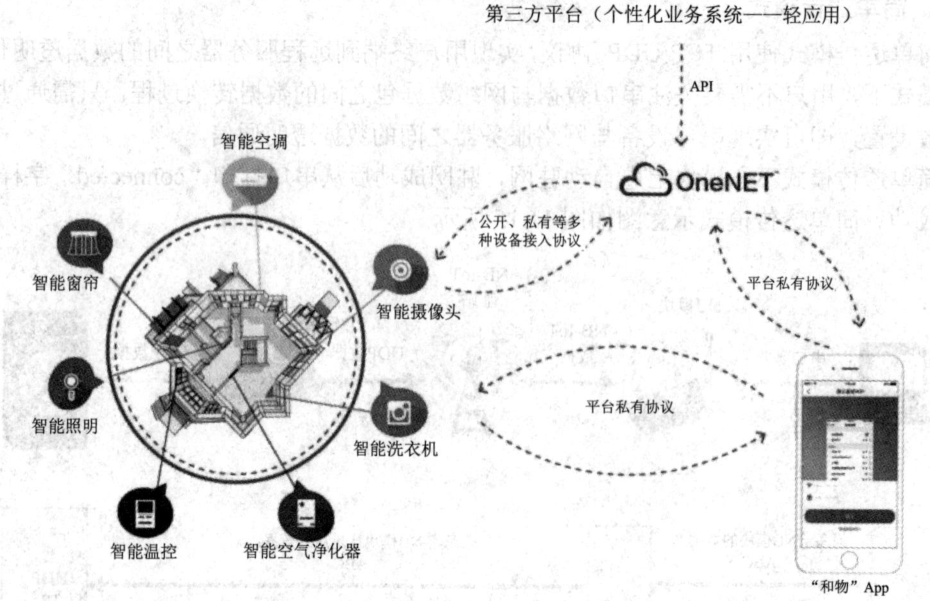

图 11.16　OneNET 功能框架

OneNET 接入过程使用 AT 指令进行数据交互，相关指令列表如表 11.20 所示。

表 11.20　OneNET 模式使用的 AT 指令

指令名称	指令功能	参　　数
AT+WKMOD	查询/设置工作模式	OneNET
AT+MIPLCREATE	创建通信套件	—
AT+MIPLDELETE	删除通信套件	—
AT+MIPLOPEN	注册	—
AT+MIPLCLOSE	注销	—
AT+MIPLADDOBJ	添加对象	—
AT+MIPLDELOBJ	删除对象	—
AT+MIPLUPDATE	更新有效期	—
AT+MIPLVER	OneNET SDK 版本	—
AT+MIPLAUTOUPDATE	自动更新有效期	—
AT+MIPLNOTIFY	数据上报	—
+MIPLREADRSP	响应读命令	—
+MIPLWRITERSP	响应写命令	—
+MIPLEXECUTERSP	响应执行命令	—
+MIPLDISCOVERRSP	响应资源发现命令	—
+MIPLOBSERVERSP	响应资源观测命令	—
+MIPLPARAMETERRSP	响应修改参数命令	—

　　OneNET 模块在特定模式下具有特定的功能，如在简单透传模式下，用户可以选择让 NB 模块发送心跳包，如图 11.17 所示。心跳包可以向网络服务器端发送，也可以向串口设备端发送，但不可同时运行。向网络端发送的主要目的是与服务器保持连接，部分客户对功耗要求不高，想要模块一直保持收发状态，可以使用此功能。在服务器向设备发送固定查询指令的应用中，为了减少通信流量，用户可以选择向串口设备端发送心跳包(查询指令)，来代替从服务器发送查询指令。

　　自定义心跳包内容最长 20 B，通过 AT 指令设置十六进制数据。

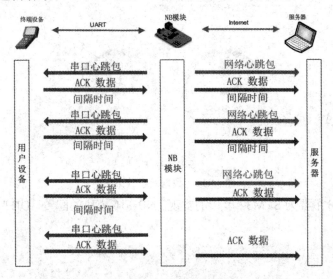

图 11.17　心跳包功能示意图

　　在网络透传模式下，用户可以选择让模块向服务器发送注册包。注册包是为了让服务器能够识别数据来源设备，或作为获取服务器功能授权的密码。注册包可以在模块与服务器建立连接时发送，也可以在每个数据包的最前端加入注册包数据，作为一个数据包。注册包的数据可以是 ICCID 码、IMEI 码、IMSI 码或自定义注册数据。其中，自定义数据最长支持 32B，通过 AT 指令设置十六进制字符串。相关的 AT 指令如表 11.21 所示。

表 11.21　发送数据包相关 AT 指令

指令名称	指令功能	默认参数
AT + REGEN	设置/查询注册包使能	"off"
AT + REGTCP	设置/查询注册方式	"FIRST"
AT + REGUSR	设置/查询注册包内容	7777772E7573722E636E

11.5.2　NB-IoT 模块编程实践

　　以 NB-IOT 模块在 OneNET 模式下连接移动公司的 OneNET 网络为例。本例程使用 STM32 单片机采集温湿度数据和控制一盏 LED，然后将温湿度数值和 LED 状态通过 WH-NB73 模块上报到 OneNET 平台。

　　该例程接入流程如下：

(1) 账号注册；

(2) 创建产品；

(3) 添加设备；

(4) 上报数据；

(5) 展示数据。

NB-IoT 上传数据到 OneNET 平台的显示效果如图 11.18 所示。此外，OneNET 平台可选择不同的显示效果。

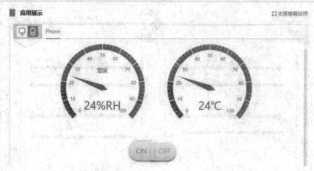

图 11.18　数据展示效果图

代码编程部分主要为 STM32 串口的实现、NB-IoT 模块的配置、DHT11 温度传感器配置，具体如下：

```c
int NB73_onenet_init(void)
{
    temperature_enable = false;
    humidity_enable = false;
    led_enable = false;
    notify_fail_cnt = 0;
    static int idx = 0;
    if(cis_cmd_table[idx] != NULL)
    {
        uart_send_stream(cis_cmd_table[idx]);
        idx++;
        return 1;
    }
    else
    {
        idx = 0;
        nb73_state = NB73_RUNNING;
        return 0;
    }
}
```

```c
uint32_t NB73_get_id(char *data, uint8_t index)
{
    int i = 0;
    char *temp = NULL;
    for(i = 0; i < index; i++)
    {
        temp = strstr(data, ",");
        if(temp == NULL)
        {
            temp = strstr(data, ":");
        }
        data = data + (temp - data) + 1;
    }
    return atoi(data);
}
void nb73_task(void)
{
    uint32_t now_tick;
    char dht11_temp[8];
    char dht11_hum[8];
    uint8_t dht11_data[5];
    char *ptr = (char *)rx_buffer;
    if(rx_done == true)
    {
        rx_done = false;
        rx_len = 0;
        if(strstr(ptr, NB73_BOOT_INFO))
        {
            nb73_state = NB73_NETWORK;
        }
        else if(strstr(ptr, NB73_NETWORK_ATTACHED))
        {
            if(nb73_state == NB73_NETWORK)
            {
                nb73_state = NB73_ONENET_INIT;
            }
            network_cnt = 0;
        }
        else if(strstr(ptr, NB73_NETWORK_DETACHED))
```

```
    {
        if(nb73_state == NB73_RUNNING)
        {
            network_cnt++;
            if(network_cnt > 5)
            {
                HAL_NVIC_SystemReset();
            }
        }
    }
    …
}
```

　　NB73_onenet_init( )初始化模块，连接 OneNET 云平台；NB73_get_id( )函数获取设备 ID 号；nb73_task( )函数主要是通过 AT 指令来控制 NB-IoT 模块，将传感器模块采集的数据上传到 OneNET 云平台。数据上报的主要流程如图 11.19 所示。

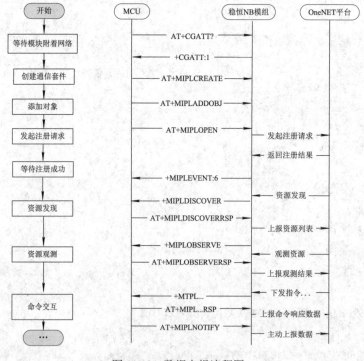

图 11.19　数据上报流程图

11.6　LoRa 模块应用开发

　　当采用 LPWA 技术之后，设计人员可以做到两者都兼容，最大限度地实现更长距离通信与更低功耗，同时还可节省额外的中继成本，LoRa 无线通信技术便是 LPWAN 技术的代表之一。

11.6.1 LoRa 模块的结构特点及数据管理

SX1278 是由升特公司设计的一款采用 SMD 封装,体积小、微功率、低功耗、高性能远距离 LoRa 无线串口模块,如图 11.20 所示。该模块采用高效的 ISM 频段射频 SX1278 扩频芯片,工作频率 410~441 MHz,以 1 MHz 频率为步进信道,共 32 个信道;可以修改发射功率(最大 20 dBm,最大 100 mW)、空中速率、工作模式等各种参数;支持空中唤醒功能,低接收功耗;接收灵敏度达−136 dBm,传输距离 3000 m;自动分包传输,保证数据包的完整性。

图 11.20 LoRa 模块 SX1278

LoRa 模块通过邮票孔与外部电路连接,各引脚的详细描述如表 11.22 所示。

表 11.22 LoRa 模块引脚说明表

引 脚	名 称	方 向	说 明
1、3、9、15	GND		地线
2	ANT		天线
4	GPIO1		未用
5	GPIO0		未用
6	MD0	输入	配置进入参数设置;上电时与 AUX 引脚配合进入固件升级模式
7、8	VCC		3.3~5 V 电源输入
10	RXD	输入	TTL 串口输入,连接到外部 TXD 引脚
11	TXD	输出	TTL 串口输出,连接到外部 RXD 引脚
12	AUX	输入/输出	用于指示模块工作状态,用户唤醒外部 MCU;上电时与 MD0 引脚配合进入固件升级模式
13、14	NC		未使用

LoRa 数据帧格式和 LoRa 的数据缓存区 FIFO 展示了 Lora 通信的数据管理。

1. 数据帧结构

LoRa 数据包由前导码、可选报头、有效负载和有效负载检验码四部分组成,如图 11.21 所示。

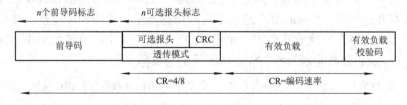

图 11.21 数据结构图

图 11.21 中:

(1) 前导码(Preamble)用于保持接收机与输入的数据流同步。

(2) 可选报头(Header)分为显式报头和隐式报头。显式报头包含有效负载的相关信息；隐式报头中有效负载长度、编码率及 CRC 为固定或已知。

(3) 有效负载(Payload)是一个长度不固定的字段。

(4) 有效负载校验(Payload CRC)存储了对这一帧数据进行循环冗余校验的校验码。

2. LoRa 的数据缓存区 FIFO

SX1278 配备了 256 B 的 RAM 数据缓存，该缓存仅能通过启动 LoRa 模式(即设置 RegOpMode 的 LongRangeMode 位)进行访问。RAM 区可以完全由用户定制，用于访问接收或发送数据。LoRa FIFO 数据缓存只能通过 SPI 接口访问。FIFO 数据缓存拥有双端口配置，因此可以在缓存内同时存储要发送和接收的信息。器件上电后，应保证一半的可用内存用于 Rx(RegFifoRxBaseAddr 被初始化至地址 0x00)，另外一半的可用内存用于 Tx(RegFifoTxBaseAddr 被初始化至地址 0x80)。这些 FIFO 数据缓存保存与最后接收操作相关的数据，除睡眠模式外，在其他操作模式下均可读。在切换到新的接收模式时，它会自动清除旧内容。发送缓存区指针 RegFifoTxBaseAddr 和接受缓冲区指针 RegFifoRxBaseAddr 分别指向缓冲区的某一个位置，这个位置可以由用户自己设置，即要用多大的空间由用户决定。如果一次性收发的数据量很大(小于 256 B)，则可以把整个 FIFO 缓冲区当作接收或者发送缓冲区，如图 11.22 所示。

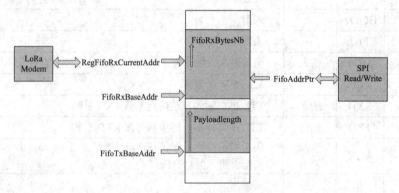

图 11.22　FIFO 缓冲区

11.6.2　LoRa 模块编程实践

本节以 LoRa 组网的智能家居项目为例讲解 LoRa 无线组网技术。该案例使用的传感器有温湿度传感器、光敏传感器、雨滴检测传感器、火焰检测传感器、人体红外检测传感器、烟雾检测传感器等。LoRa 节点通过不同的传感器采集不同的环境量，转换为数字信号后，通过 LoRa 发送一帧数据格式，如图 11.23 所示。其中，设备类型用来区分不同的节点设备，Payload 数据区则为各个节点传输采集的数据。

数据头+命令+：(冒号)+节点号+设备类型+ Payload 数据区+ CRC 校验

4 B　　2 B　　1 B　　1 B　　1 B　　不定长　　2 B

图 11.23　LoRa 发送一帧数据格式

(1) 数据头：用于筛选 LoRa 网络中的信息，此功能保留。

(2) 命令：可以根据需要扩充，以下命令用于组网和数据收发。

BS：网关广播。

JR：节点入网请求。

JA：网关允许入网。

NN：存在新设备未入网。

DR：网关数据请求。

DS：节点发送数据。

DA：节点数据发送完成。

CS：给节点发送命令。

CD：发送给网关的数据。

CA：节点命令回复。

MS：开始监控。

MO：监控结束。

NA：命令无应答。

NS：拉取组网信息。

NO：不拉取组网信息。

(3) 冒号：固定的字符，没有特殊含义。

(4) 节点号：编号范围为 1～255。LoRa 网络中节点号是独一无二的，不能重复。

(5) 设备类型：节点上的传感器，每一类传感器数据都用独一无二的字符表示，如表
11.23 所示。

表 11.23 设备类型及编号

设备类型	字符编号	设备类型	字符编号
温度	a	火焰检测	g
湿度	b	电机开关	i
光强	h	人体红外检测	j
RGB 灯	f	烟雾检测	c
雨滴检测	e		

组网流程如图 11.24 所示，具体如下：

(1) 所有节点上电处于等待入网状态。

(2) 网关上电后，开始下发入网广播信息 BC。

(3) 节点接收到 BC 命令后，给网关发送一个入网请求 JR。

(4) 网关收到节点入网请求，下发一个运行入网的应答，网关注册该节点号。

(5) 节点收到入网许可后，进入数据待发状态，一旦网关下发数据请求，节点将上传
传感器数据。

(6) 网关在连续发出 15 条入网广播后，没有节点应答，则组网完成，进入数据请求状态。

(7) 节点在 10 min 内未收到网关的数据，则认为该节点掉线，进入组网状态。

(8) 网关在时间间隔 10 min，会做一次组网，将新加入的节点组册到网关。

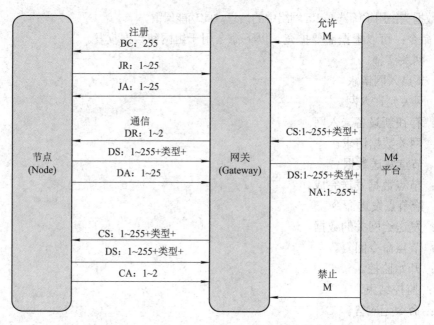

图 11.24　组网流程图

按照上述 LoRa 组网过程，获取各节点数据，传输到网关进行数据处理，最终显示在屏幕上。重要代码的编写如下：

```
void SX1276Write( uint8_t addr, uint8_t data )
{
    SX1276WriteBuffer( addr, &data, 1 );
}

void SX1276Read( uint8_t addr, uint8_t *data )
{
    SX1276ReadBuffer( addr, data, 1 );
}

void SX1276WriteBuffer( uint8_t addr, uint8_t *buffer, uint8_t size )
{
    uint8_t i;
    GPIO_WriteBit( NSS_IOPORT, NSS_PIN, Bit_RESET );        //NSS = 0;
    SpiInOut( addr | 0x80 );
    for( i = 0; i < size; i++ )
    {
        SpiInOut( buffer[i] );
    }
    GPIO_WriteBit( NSS_IOPORT, NSS_PIN, Bit_SET );          //NSS = 1;
```

```
}

void SX1276ReadBuffer( uint8_t addr, uint8_t *buffer, uint8_t size )
{
    uint8_t i;
    GPIO_WriteBit( NSS_IOPORT, NSS_PIN, Bit_RESET );          //NSS = 0;
    SpiInOut( addr & 0x7F );
    for( i = 0; i < size; i++ )
    {
        buffer[i] = SpiInOut( 0 );
    }
    GPIO_WriteBit( NSS_IOPORT, NSS_PIN, Bit_SET );            //NSS = 1;
}

void SX1276WriteFifo( uint8_t *buffer, uint8_t size )
{
    SX1276WriteBuffer( 0, buffer, size );
}

void SX1276ReadFifo( uint8_t *buffer, uint8_t size )
{
    SX1276ReadBuffer( 0, buffer, size );
}
#endif // USE_SX1276_RADIO

// LoRa 组网阶段的代码，在组网时运行
void setup_network(void)
{
    …
}

// LoRa 数据传输相关代码
void polling_clients(void)
{

}
//判断该节点在网络中是否存在
uint8_t node_exist(uint8_t node_num)
{
```

```
    uint8_t n;
    if(node_num == 0)return 0;
    for(n = 0;n < sizeof(clients);n++)
    {
        if(clients[n] == node_num)
        {
            return 1;
        }
    }
    return 0;
}

void Rcv_Data_In_Time(void)
{
    uint8_t buf[RF_FIFO_SIZE-RF_HEADER_LEN] = {0};
    uint8_t len = sizeof(buf);
    if(waitAvailableTimeout(100))
    {
        memset(buf,0,RF_FIFO_SIZE-RF_HEADER_LEN);
        if(RH_recv(buf,&len))
        {
            uart1_putstr(buf,len);
            uart1_print((uint8_t*)"\r\n");
            if(buf[0] == 'D' && buf[1] == 'S')
            {
                if(node_exist(buf[3]) == 1)
                {
                    if(m_start == 1)
                    {
                        uart2_putstr(buf,len);
                    }
                }
            }
            //如果是新节点请求入网
            if(buf[0]=='N' && buf[1]=='N')
            {
                uart1_print((uint8_t*)"Refresh network after timeout\r\n");
                network_finish = 0;
                total_polling_time = 0;
```

```
            }
        }
    }
}
// LoRa 发送固定长度的数据
uint8_t RH_send(uint8_t* data, uint8_t len)
{
    if(len > RF_FIFO_SIZE-4)
        return 0;
    while(lora_mode == RFLR_OPMODE_TRANSMITTER);
    SX1276LoRaSetOpMode(RFLR_OPMODE_STANDBY);
    SX1276Write( REG_LR_FIFOADDRPTR, 0);
    SX1276Write( REG_LR_FIFO, rxheader.rxHeaderTo);
    SX1276Write( REG_LR_FIFO, rxheader.rxHeaderFrom);
    SX1276Write( REG_LR_FIFO, rxheader.rxHeaderId);
    SX1276Write( REG_LR_FIFO, rxheader.rxHeaderFlags);
    SX1276WriteFifo(data, len);
    SX1276Write( REG_LR_PAYLOADLENGTH, len+RF_HEADER_LEN);
    setModeTx();
    return true;
}

//设置为 LoRa 为发送模式
void setModeTx(void)
{
    SX1276LR->RegIrqFlagsMask = RFLR_IRQFLAGS_RXTIMEOUT |
        RFLR_IRQFLAGS_RXDONE |
        RFLR_IRQFLAGS_PAYLOADCRCERROR |
        RFLR_IRQFLAGS_VALIDHEADER |
        RFLR_IRQFLAGS_TXDONE |
        RFLR_IRQFLAGS_CADDONE |
        RFLR_IRQFLAGS_FHSSCHANGEDCHANNEL |
        RFLR_IRQFLAGS_CADDETECTED;
        SX1276Write( REG_LR_IRQFLAGSMASK, SX1276LR->RegIrqFlagsMask );
        // DIO 映射 LoRaTM 模式事件包括 TxDone RxTimeoutFhssChangeChannelCadDone
        SX1276LR->RegDioMapping1 = RFLR_DIOMAPPING1_DIO0_01 |
        RFLR_DIOMAPPING1_DIO1_00 | RFLR_DIOMAPPING1_DIO2_00 |
        RFLR_DIOMAPPING1_DIO3_01;
        // CadDetected 模式事件就绪
        SX1276LR->RegDioMapping2 = RFLR_DIOMAPPING2_DIO4_01 |
```

```
        RFLR_DIOMAPPING2_DIO5_00;
    SX1276WriteBuffer( REG_LR_DIOMAPPING1, &SX1276LR->RegDioMapping1, 2 );
    SX1276LoRaSetOpMode(RFLR_OPMODE_TRANSMITTER);
}
//等待发送完成
uint8_t waitPacketSent(void)
{
    while(lora_mode == RFLR_OPMODE_TRANSMITTER )
    {
        Delay(5);
    }
    return true;
}
// uint16_t timeout：超时阻塞时长
uint8_t waitAvailableTimeout(uint16_t timeout)
{
    uint32_t count = 0;
    uint32_t sys_tick = 0;
    uint32_t starttime = 0;
    INTX_DISABLE();
    starttime = GET_TICK_COUNT();
    INTX_ENABLE();
    while(1)
    {
        INTX_DISABLE();
        sys_tick = TickCounter;
        INTX_ENABLE();
        if(sys_tick < starttime)
            count = (0xFFFFFF – starttime + sys_tick);
        else count = sys_tick - starttime;
        if(count > timeout)    return false;
        if(available())
        {
            return true;
        }
        Delay(5);
    }
}
//判断接收数据是否完成
uint8_t available(void)
```

```
{
    uint8_t temp = 0;
    if(lora_mode == RFLR_OPMODE_TRANSMITTER )
    {
        return false;
    }
    if(lora_mode != RFLR_OPMODE_RECEIVER)
    {
        setModeRx();
    }
    INTX_DISABLE();
    temp = rxBufValid;
    INTX_ENABLE();
    return temp;
}
//设置 LoRa 为接收模式
void setModeRx(void)
{
    SX1276LR->RegIrqFlagsMask = RFLR_IRQFLAGS_RXTIMEOUT |
    RFLR_IRQFLAGS_RXDONE |
    RFLR_IRQFLAGS_PAYLOADCRCERROR |
    RFLR_IRQFLAGS_VALIDHEADER |
    RFLR_IRQFLAGS_TXDONE |
    RFLR_IRQFLAGS_CADDONE |
    RFLR_IRQFLAGS_FHSSCHANGEDCHANNEL |
    RFLR_IRQFLAGS_CADDETECTED;
    SX1276Write( REG_LR_IRQFLAGSMASK,
    SX1276LR->RegIrqFlagsMask );

    /接收完成。接收超时，FhssChangeChannel 通道检测完成
    SX1276LR->RegDioMapping1 = RFLR_DIOMAPPING1_DIO0_00 |
    RFLR_DIOMAPPING1_DIO1_00 | RFLR_DIOMAPPING1_DIO2_00 |
    RFLR_DIOMAPPING1_DIO3_00;
    //模式到模式设置完成
    SX1276LR->RegDioMapping2 = RFLR_DIOMAPPING2_DIO4_00 |
    RFLR_DIOMAPPING2_DIO5_00;
    SX1276WriteBuffer( REG_LR_DIOMAPPING1,
    &SX1276LR->RegDioMapping1, 2 );
    SX1276LoRaSetOpMode(RFLR_OPMODE_RECEIVER);
```

```
    Delay(2);
}
//复位 LoRa 模块
void hz_lora_reset(void)
{
    uint32_t startTick;
    GPIO_WriteBit( GPIOA, GPIO_Pin_8, Bit_RESET );        //等待 1 ms
    startTick = GET_TICK_COUNT();
    while( ( GET_TICK_COUNT( ) - startTick ) < TICK_RATE_MS( 1 ) );
    GPIO_WriteBit( GPIOA, GPIO_Pin_8, Bit_SET );          //等待 6 ms
    startTick = GET_TICK_COUNT( );
    while( ( GET_TICK_COUNT( ) - startTick ) < TICK_RATE_MS( 6 ) );
    SX1276SetLoRaOn( true );                  //初始化 LoRa 调制解调器
    SX1276LoRaInit();
}
//关闭所有中断(不包括 fault 和 NMI 中断)
__asm void INTX_DISABLE(void)
{
    CPSID    I
    BX       LR
}
//开启所有中断
__asm void INTX_ENABLE(void)
{
    CPSIE    I
    BX       LR
}
```

可将编译后的程序下载到实验开发板中进行验证。

思 考 与 练 习

1. 简述 AT 指令的特点。
2. 简述 WiFi 模块的应用场景及开发流程。
3. 简述 ZigBee 模块的应用场景及开发流程。
4. 简述 Bluetooth 模块的应用场景及开发流程。
5. 简述 NB-IoT 模块的应用场景及开发流程。
6. 简述 LoRa 模块的应用场景及开发流程。

附录 英文缩略词中文对照

A

ARM(Advanced RISC Machines) 公司名称、品牌名

APB(Advanced Peripheral Bus) 高级外设总线

APSR(Application Program Status Register) 程序状态寄存器

API(Application Programming Interface) 应用程序接口

AHB(Advanced High-Performance Bus) 高级高性能总线

AMBA(Advanced Microprocessor Bus Architecture) 高级微处理器总线架构

ADC(Analog-to-Digital Converter) 模/数转换

AWD(Analog Watchdog) 模拟看门狗

B

BOR(Brownout Reset) 欠压复位

BKP(backup) 备份区域

C

CPU(Central Processing Unit) 中央处理器单元

CPU ID(Central Processing Unit Identification) 中央处理器单元标识

CISC(Complex Instruction Set Computing) 复杂指令集计算机

CAN(Controller Area Network) 控制器区域网

CSS(Clock Security System) 系统安全时钟

CMSIS(Cortex Microcontroller Software Interface Standard) Cortex 微控制器软件接口标准

COAP(Constrained Application Protocol) 受限应用协议(web 协议)

CPOL(Clock Polarity) 时钟极性

CPHA(Clock Phase) 时钟相位

D

DAP(Debug Access Port) 调试访问接口

DSP(Digital Signal Processing) 数字信号处理

DMIPS(Dhrystone Million Instructions executed Per Second) 每秒执行百万条指令(常用于处理器的整型运算性能的测量)

DAC(Digital-to-Analog Converter) 数/模转换

DCMI(Digital Camera Interface) 数码相机接口

DMA(Direct Memory Access) 直接存储器访问

E

ETM(Embedded Trace Macrocell)　嵌入式跟踪宏单元

EPSR(Execution Program Status Register)　执行程序状态寄存器

External PPB(External Private Peripheral Bus)　外部私有总线

EXTI(External Interrupt/Event Controller)　外部中断/事件控制器

F

FP(Floating Point)　浮点运算

FPU(Floating Point Unit)　浮点运算单元

FSMC(Flexible Static Memory Controller)　可变静态存储控制器

FIQ(Fast Interrupt)　快速中断

G

GCC(GNU Compiler Collection)　GNU 编译器套件

GSM(Global System for Mobile Communications)　全球移动通信系统

GPIO(General-Purpose Input Output)　通用输入/输出

H

HSE(High Speed External Clock Signal)　高速外部时钟信号

HSI(High Speed Internal Clock Signal)　高速内部时钟信号

I

IPSR(Interrupt Program Status Register)　中断程序状态寄存器

Internal PPB(Internal Private Peripheral Bus)　内部私有总线

I2S(Inter-IC Sound)　集成电路内置音频总线

I2C(Inter-Integrated Circuit)　集成电路间通信总线

ISP(In-System Programming)　在线系统编程

IRQ(Interrupt Request)　中断请求

IDE(Integrated Development Environment)　集成开发工具

L

LR(Link Register)　链接寄存器

LQFP(Low-profile Quad Flat Package)　薄型四方扁平封装

LSE(Low Speed External clock signal)　外部低速时钟信号

LSI(Low Speed Internal clock signal)　外部低速时钟信号

LSB(Least Significant Bit)　最低位有效

LIN(Local Interconnection Network)　局域互联网

LPWAN(Low Power Wide Area Network)　低功耗广域网

M

MSP(Main Stack Pointer)　主堆栈指针

MPU(Memory Protection Unit)　存储保护单元

N

NVIC(Nested Vectored Interrupt Controller)　嵌套向量中断控制器

NMI(Non-maskable Interrupt)　不可屏蔽中断

O

OS(Operating System)　操作系统

P

PSP(Process Stack Pointer)　进程堆栈指针

PSR(Program Status Register)　程序状态寄存器

POR(Power-On Reset)　上电复位

PDR(Power-Down Reset)　掉电复位

PWR(Power controller)　电源控制

PVD(Programmable Voltage Detector)　可编程电压监测器

PVDO(PVD Output)　可编程电压监测器输出

PLL(Phase Locked Loop)　锁相环

PCB(Printed Circuit Board)　印制电路板

R

RCC(Reset and Clock Control)　复位和时钟控制

RISC(Reduced Instruction Set Computing)　精简指令集计算机

RTC(Real-Time Clock)　实时时钟

S

SCS(System Control Space)　系统控制空间

SIMD(Single Instruction Multiple Data)　单指令流多数据流

SWD(Serial Wire Debug)　串行调试

SP(Stack Pointer)　堆栈指针

SRAM(Static Random-Access Memory)　静态随机存取存储器

SPI(Serial Peripheral Interface)　串行外围设备接口

JTAG(Joint Test Action Group)　联合测试工作组

SDA(Serial Data)　串行数据

SCL(Serial Clock)　串行同步时钟

U

UAL(Unified Assembly Language)　统一汇编语言

USART(Universal Synchronous Asynchronous Receiver Transmitter)　通用同步异步
　　收发器

UART(Universal Asynchronous Receiver Transmitter)　通用异步收发器

USB OTG FS(USB On-The-Go Full-Speed)　USB 全速运行

USB OTG HS(USB On-The-Go High-Speed)　USB 高速运行

UI(Update Interrupt)　更新中断

UMTS(Universal Mobile Telecommunications System)　通用移动通信系统

W

WIC(Wake-up Interrupt Controller)　唤醒中断控制器

参 考 文 献

[1] ST 公司.rm0090-stm32f405415-stm32f407417-stm32f427437-and-stm32f429439-advanced-armbased-32bit-mcus-stmicroelectronics.4 版.2013.

[2] ST 公司. ARM Cortex-M4 32b MCU+FPU 210DMIPS up to 1MB Flash/192+4KB RAM USB OTG HS/FS Ethernet 17 TIMs 3 ADCs 15 comm interfaces & camera.2 版.2012.

[3] ST 公司. PM0214 Programming manual STM32F3 and STM32F4 Series Cortex®-M4 programming manual.4 版.2014.

[4] YIU J. Cortex-M3 权威指南[M]. 宋岩，译. 北京：北京航空航天大学出版社，2009.

[5] 周立功，王祖麟，陈明计，等。ARM 嵌入式系统基础教程[M]. 2 版. 北京：北京航空航天大学出版社，2008.

[6] 陈志旺. STM32 微控制器快速上手[M]. 2 版. 北京：电子工业出版社，2012.

[7] 沈红卫，任沙浦，等.STM32 单片机应用与全案例实践[M]. 北京：电子工业出版社，2017.